"十四五"应用型本科院校系列教材/机械工程类

U0223302

主　编　孙曙光
副主编　郝举红　李媛媛
　　　　张　晗　孟凡荣
主　审　张德生

机械AutoCAD 2022设计基础

Basics of Mechanical Design with AutoCAD 2022

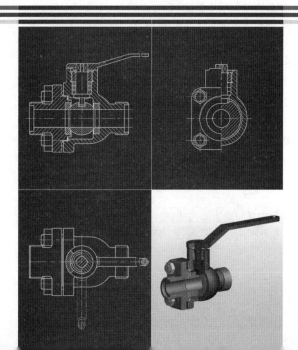

哈尔滨工业大学出版社

内容简介

本书重点介绍了 AutoCAD 2022 中文版的新功能及各种基本用法、操作技巧和应用实例。本书最大的特点是,在进行知识点讲解的同时,列举了大量的实例,使读者能在实践中掌握 AutoCAD 2022 的使用方法和技巧。

全书分为基础篇和提高篇两部分,共 14 章。基础篇共 11 章,主要介绍了 AutoCAD 2022 基础知识,二维绘图命令,二维图形的编辑命令,精确绘制图形,控制图形显示,图层管理,创建文字和表格,标注图形尺寸,图块和填充,辅助工具和命令,图形输入输出与打印。提高篇共 3 章,主要以实例为中心,与工程制图紧密结合,突出绘图技巧与方法的应用,以达到理论知识与实际应用有机结合的效果。

本书内容丰富、结构严谨、叙述清晰、通俗易懂,主要作为机械类应用型本科院校、高职高专院校、中等职业技术学校相关专业的教学用书;也可作为机械 CAD 设计的初学者的教材;还可作为机械工程技术人员的参考工具书。

图书在版编目(CIP)数据

机械 AutoCAD2022 设计基础/孙曙光主编. —哈尔滨:哈尔滨工业大学出版社,2023.8(2025.1 重印)

ISBN 978-7-5767-0836-3

Ⅰ.①机…　Ⅱ.①孙…　Ⅲ.①机械设计-计算机辅助设计-AutoCAD 软件　Ⅳ.①TH122

中国国家版本馆 CIP 数据核字(2023)第 100622 号

策划编辑　杜　燕
责任编辑　谢晓彤
出版发行　哈尔滨工业大学出版社
社　　址　哈尔滨市南岗区复华四道街 10 号　邮编 150006
传　　真　0451-86414749
网　　址　http://hitpress.hit.edu.cn
印　　刷　哈尔滨市工大节能印刷厂
开　　本　787 mm×1 092 mm　1/16　印张 23.5　字数 554 千字
版　　次　2023 年 8 月第 1 版　2023 年 8 月第 1 次印刷
　　　　　2025 年 1 月第 2 次印刷
书　　号　ISBN 978-7-5767-0836-3
定　　价　63.80 元

序

哈尔滨工业大学出版社策划的《"十四五"应用型本科院校系列教材》即将付梓,诚可贺也。

该系列教材卷帙浩繁,凡百余种,涉及众多学科门类,定位准确,内容新颖,体系完整,实用性强,突出实践能力培养。不仅便于教师教学和学生学习,而且满足就业市场对应用型人才的迫切需求。

应用型本科院校的人才培养目标是面对现代社会生产、建设、管理、服务等一线岗位,培养能直接从事实际工作、解决具体问题、维持工作有效运行的高等应用型人才。应用型本科与研究型本科和高职高专院校在人才培养上有着明显的区别,其培养的人才特征是:①就业导向与社会需求高度吻合;②扎实的理论基础和过硬的实践能力紧密结合;③具备良好的人文素质和科学技术素质;④富于面对职业应用的创新精神。因此,应用型本科院校只有着力培养"进入角色快、业务水平高、动手能力强、综合素质好"的人才,才能在激烈的就业市场竞争中站稳脚跟。

目前国内应用型本科院校所采用的教材往往只是对理论性较强的本科院校教材的简单删减,针对性、应用性不够突出,因材施教的目的难以达到。因此亟须既有一定的理论深度又注重实践能力培养的系列教材,以满足应用型本科院校教学目标、培养方向和办学特色的需要。

哈尔滨工业大学出版社出版的《"十四五"应用型本科院校系列教材》,在选题设计思路上认真贯彻教育部关于培养适应地方、区域经济和社会发展需要的"本科应用型高级专门人才"精神,根据黑龙江省委原书记吉炳轩同志提出的关于加强应用型本科院校建设的意见,在应用型本科试点院校成功经验总结的基础上,特邀请黑龙江省9所知名的应用型本科院校的专家、学者联合编写。

本系列教材突出与办学定位、教学目标的一致性和适应性,既严格遵照学科体系的知识构成和教材编写的一般规律,又针对应用型本科人才培养目标及与之相适应的教学特点，精心设计写作体例，科学安排知识内容，围绕应用讲授理论，做到"基础知识够用、实践技能实用、专业理论管用"。同时注意适当融入新理论、新技术、新工艺、新成果，并且制作了与本书配套的 PPT 多媒体教学课件，形成立体化教材，供教师参考使用。

《"十四五"应用型本科院校系列教材》的编辑出版，是适应"科教兴国"战略对复合型、应用型人才的需求，是推动相对滞后的应用型本科院校教材建设的一种有益尝试，在应用型创新人才培养方面是一件具有开创意义的工作，为应用型人才的培养提供了及时、可靠、坚实的保证。

希望本系列教材在使用过程中，通过编者、作者和读者的共同努力，厚积薄发、推陈出新、细上加细、精益求精，不断丰富、不断完善、不断创新，力争成为同类教材中的精品。

前　言

随着工业技术的发展，人民生活水平的提高，产品要求日趋多样化，电子化、数字化等要求产品更新换代快，如何缩短产品设计周期、提高设计质量、降低设计成本是机械制造业亟待解决的问题，计算机辅助设计（Computer Aided Design，CAD）技术的出现，使这些问题的解决成为现实。CAD 利用计算机及其图形设备辅助设计人员进行设计工作，在工程和产品设计中，计算机可以帮助设计人员担负计算、信息存储和绘图等项工作。

AutoCAD 是由 Autodesk 公司开发的一套通用的计算机辅助设计软件。它具有易于掌握、使用方便、结构体系开放等优点，具有绘制二维图形和三维图形、标注尺寸、渲染图形及打印、输出图纸等功能，被广泛应用于机械、建筑、电子、航天、造船、石油化工、土木工程等领域。AutoCAD 版本发展经过 V 系列、R 系列、2000 系列到目前 AutoCAD 2022。

本书以 AutoCAD 2022 中文版为例，系统讲述了该软件的主要功能。在编写过程中，充分考虑应用型本科教育的特点，学练结合并注意强调机械类工程制图标准，使用大量插图，图文并茂。为满足不同基础读者的学习要求，本书分为基础篇和提高篇两部分。基础篇从最基础讲起，由浅入深，循序渐进，适用于初学的读者；提高篇则融入机械制图设计标准，并以一级减速器中零件图和装配图为例，介绍绘图的技巧，适用于有一定基础的读者进一步地提高。每章配有思考与练习题，帮助读者快捷、灵活掌握所学知识，并学以致用。

基础篇内容全面，涵盖了软件的安装、设置、绘图、标注、编辑及打印出图的全过程，讲解详细、条理清晰，采用 AutoCAD 2022 软件中真实的对话框、操控板、按钮等进行讲解，使初学者能够直观、准确地操作软件，从而大幅度提高学习效率，保证学习效果。

提高篇具体讲解 AutoCAD 2022 的一些相关知识点、及时给出总结和相关提示，以具体零件图和装配图作为实例，并结合工程制图，突出常用绘图技巧与方法的应用，实例内容由浅入深、从易到难，在潜移默化中完成理论引导向实践操作的过渡，以达到理论知识与实际应用有机结合的效果。

机械 AutoCAD 2022 设计基础作为机械制图和机械设计后续课，总学时为 30～70 学时，可按基础篇和提高篇组织教学。通过两个阶段的学习和训练，学生能够较好掌握机械 AutoCAD 2022 设计的应用。

本书由孙曙光担任主编，郝举红、李媛媛、张晗和孟凡荣担任副主编，张德生担任主审，编写组成员及分工是：上海电子信息职业技术学院孙曙光（第 12 章，附录），哈尔滨远东理工学院郝举红（第 1 章，第 6 章，第 10 章），黑龙江东方学院李媛媛（第 2 章，第 4 章，第 7 章），黑龙江东方学院张晗（第 3 章），黑龙江东方学院孟凡荣（第 13 章，第 14 章），黑龙江东方学院唐硕（第 9 章，第 11 章），黑龙江职业学院王萌（第 5 章，第 8 章）。

由于编者水平有限，书中疏漏之处在所难免，殷切期望广大读者予以批评指正。

编　者

2023 年 5 月

目　　录

基　础　篇

提　高　篇

基础篇

第 1 章

AutoCAD 2022 基础知识

【学习目标】

了解 AutoCAD 2022 中文版的一些基础知识,让读者对 AutoCAD 2022 有一个较为清晰的初步认识,为接下来系统而深入地学习 AutoCAD 2022 打下较为扎实的基础。

【知识要点】

AutoCAD 2022 简介,AutoCAD 2022 新功能,安装、工作界面,图形文件管理,基本操作等。

1.1 计算机绘图与 AutoCAD 2022 简介

1.1.1 计算机绘图的概念与 AutoCAD 2022 简述

人类利用图形表达思想、传递信息,比文字具有更悠久的历史。图形的表达方式比起文字的表达方式,信息量更大。一幅图能容纳很多用文字难以表达的信息,更加直观,可以使人一目了然。

在现代工业生产中,工程图是工程界的语言,例如,建筑图纸能让人理解设计师的设计思想,指挥建筑施工;产品设计图是工厂中进行生产的技术依据等。绘图是现代工业和设计的重要环节,如工程图、设计图,虽然有些烦琐,但是仍要求画得相当精确。

计算机绘图是 20 世纪 50 年代开始的,它由数控机床演变而来。1952 年,美国麻省理工学院研制成功了第一台三维坐标数控铣床。1958 年,Gerber 公司根据数控机床工作原理研制出平板绘图仪。1959 年,美国 Calcomp 公司研制出滚筒式绘图仪。

近几十年来,计算机辅助设计技术(简称 CAD 技术)得到了飞速发展,其应用领域也日益扩大,甚至有取代传统的手工设计和手工绘图之势。传统的手工设计和手工绘图,其设计工期较长,计算工作量大,效率较低,并且容易出错;使用 CAD 技术,则可以很方便地绘制和编辑图形,可以为图形建立准确的尺寸标注及相关数据库,可以逼真地建立产品三维模型等。从某种意义上来讲,CAD 技术改变了传统的设计方法,使设计水平提升到了一个崭新的高度,例如,使用 CAD 技术可以大大降低设计人员的劳动强度,并提高其设计效率和设计质量。

AutoCAD(Automatic Computer Aided Design)是一款值得推荐的计算机辅助设计软件,它是由美国 Autodesk 公司在 20 世纪成功开发的。经过几十年的不断发展,AutoCAD 已经从功能相对单一发展成集二维设计、三维设计、渲染显示、数据管理、互联网通信、二次开发等功能为一体的通用计算机辅助设计软件,具有性能稳定、功能强大、兼容及扩展性好、易学易用、操作方便等诸多优点,在机械、建筑、电气工程、石油化工、航空航天、服装设计、模具制造、广告制作、工业设计、土木工程等领域已得到广泛应用。

1.1.2 AutoCAD 2022 新功能概述

1. AutoCAD 2022 中文版新增特性

(1)跟踪。

安全地查看并直接将反馈添加到 DWG 文件,无须更改现有工程图。

(2)计数。

使用 COUNT 命令自动计算块或几何图元。

(3)分享。

将图形的受控副本发送给团队成员和同事,随时随地进行访问。

(4)推送到 Autodesk Docs。

将 CAD 图形作为 PDF 从 AutoCAD 推送到 Autodesk Docs。

(5)浮动窗口。

在 AutoCAD 的同一实例中,移开图形窗口以并排显示或在多个显示器上显示。

2. AutoCAD 2022 中文版新增功能

(1)图形历史记录。

比较图形的过去和当前版本,并查看您的工作演变情况。

(2)外部参照比较。

比较两个版本的 DWG,包括外部参照。

(3)"块"选项板。

从桌面上的 AutoCAD 或 AutoCAD Web 应用程序中查看和访问块内容。

(4)快速测量。

只需悬停鼠标即可显示图形中附近的所有测量值。

(5)云存储连接。

利用 Autodesk 云和一流云存储服务提供商的服务,可在 AutoCAD 中访问任何 DWG 文件。

(6)随时随地使用 AutoCAD。

通过使用 AutoCAD Web 应用程序的浏览器或通过 AutoCAD 移动应用程序创建、编辑和查看 CAD 图形。

打开 AutoCAD 2022 后,可在左下角"新特性"处查看和学习 AutoCAD 2022 的新功能知识。开始界面如图 1.1 所示。

图 1.1　开始界面

用户也可以采用如下的方法来查看新功能专题研习。

①在 AutoCAD 开始界面的左上角单击 **A** ▼ 按钮,打开菜单浏览器,如图 1.2 所示。

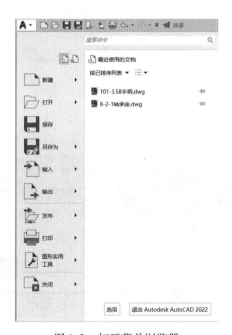

图 1.2　打开菜单浏览器

②在菜单浏览器中选择"帮助",如图 1.3 所示。

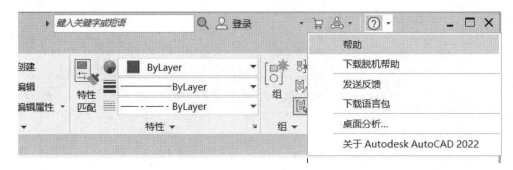

图 1.3   选择"帮助"

③利用该窗口来进行相关的新增功能查看。

1.2   AutoCAD 2022 中文版的安装

AutoCAD 2022 中文版的安装步骤如下。

（1）启动安装程序以后，会进行安装初始化，过几分钟就会弹出如图 1.4 所示的选择接受协议界面，选择"我同意使用条款"，然后单击【下一步】。

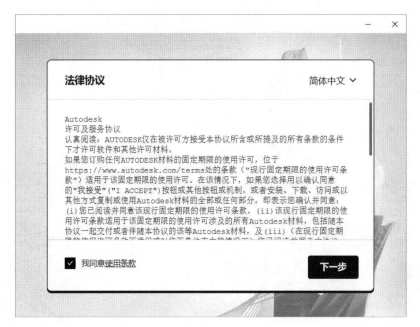

图 1.4   选择接受协议界面

（2）自定义安装路径，运行安装路径界面如图 1.5 所示。安装路径可自行更改，根据需要选择软件的安装位置，单击【…】进行安装路径选择，然后单击【下一步】。

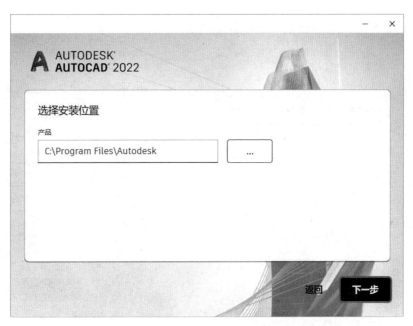

图 1.5　运行安装路径界面

（3）选择其他组件界面如图 1.6 所示。Autodesk AutoCAD 性能报告工具可根据实际情况选择是否安装,然后单击【安装】。

图 1.6　选择其他组件界面

（4）开始安装 AutoCAD 2022,注意这一步的安装时间较长,运行安装 AutoCAD 2022 界面如图 1.7 所示。

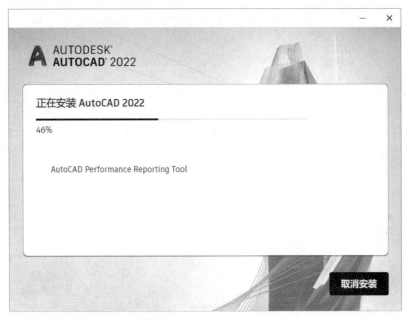

图 1.7　运行安装 AutoCAD 2022 界面

（5）开始同时安装 AutoCAD 2022 性能报告工具，运行安装 AutoCAD 2022 性能报告
工具界面如图 1.8 所示，单击【开始】。

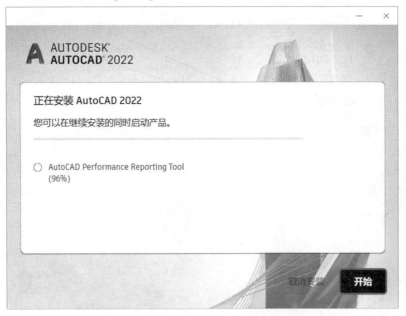

图 1.8　运行安装 AutoCAD 2022 性能报告工具界面

（6）安装完成界面如图 1.9 所示。单击【重新启动】，完成安装。

图 1.9　安装完成界面

（7）安装完成后，桌面上会出现一个图标，运行桌面"AutoCAD 2022-简体中文"界面如图 1.10 所示，单击"AutoCAD 2022-简体中文（Simplified Chinese）"打开程序，单击后进入安装初始化。

图 1.10　运行桌面"AutoCAD 2022-简体中文"界面

（8）进入 Autodesk ID 登录界面，如图 1.11 所示，选择输入序列号，单击【选择】。

图 1.11　Autodesk ID 登录界面

（9）进入"Autodesk 许可"界面，如图 1.12 所示，单击【激活】。

图 1.12　"Autodesk 许可"界面

（10）出现激活选项，输入序列号和产品密钥界面如图 1.13 所示，单击【下一步】。

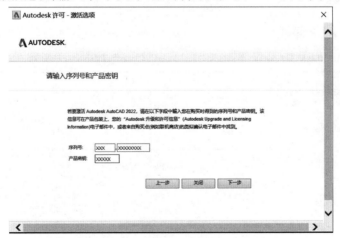

图 1.13　输入序列号和产品密钥界面

（11）成功激活，单击【OK】，成功激活界面如图 1.14 所示。

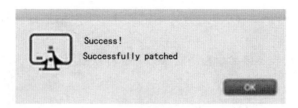

图 1.14　成功激活界面

1.3　AutoCAD 2022 中文版的工作界面

工作界面是由菜单栏、工具栏、选项板和功能区控制面板组成的集合,它使设计人员可以在专门的、面向任务的绘图环境中进行设计工作。使用工作界面时,只会显示与任务相关的菜单、工具栏和选项板等。AutoCAD 2022 提供了草绘与注释工作界面、三维建模工作界面和三维基础工作界面,其中,草绘与注释工作界面是系统默认的工作界面。用户可以根据设计情况选用所需要的工作界面。

1.3.1　菜单栏

在 AutoCAD 工作界面的左上角单击 按钮将打开下拉菜单栏,包含"文件""编辑""视图""插入""格式""工具""绘图""标注""修改""参数""窗口"和"帮助"菜单,"视图"菜单如图 1.15 所示。每个菜单都包含一级或多级子菜单。在各菜单中,应注意以下几点。

图 1.15　"视图"菜单

①命令后跟有 符号,表示该命令下还有子命令。

②命令后跟有快捷键,如(W),表示打开该菜单时,按下快捷键即可执行相应命令。

③命令后跟有组合键,如 Ctrl+O,表示直接按组合键即可执行相应命令。

④命令后跟有...符号,表示执行该命令可打开一个对话框,以提供进一步的选择和设置。

⑤命令呈现灰色,表示该命令在当前状态下不可以使用。

1.3.2 工具栏

AutoCAD 2022 提供了很多实用的工具栏,上面集中了快捷方式的按钮。当将鼠标或定点设备移到工具栏按钮上时,工具栏提示将显示该按钮的名称。

用户可以显示或隐藏工具栏,并将所做选择另存为一个工作空间。在界面上右击任意一个工具栏,打开快捷菜单(图1.16),利用该快捷菜单可以设置哪些工具栏显示,哪些工具栏隐藏。

图1.16 设置工具栏快捷菜单

工具栏可以以浮动的方式显示,也可以以固定的方式显示。浮动工具栏可以显示在绘图区的任意位置,可将浮动工具栏拖曳至新位置、调整其大小或将其固定;而固定工具栏则附着在绘图区的任意边上,固定在绘图区上边界的工具栏位于功能区下方。

设置好工具栏后,可以右击任意一个工具栏,从快捷菜单中选择"锁定位置"→"全部"→"锁定"命令,从而将所有工具栏的位置锁定。当然,用户可以使用该快捷菜单的"锁定位置"级联菜单中的相关命令来锁定浮动工具栏/面板、固定工具栏/面板等。

1.3.3 绘图区

顾名思义,绘图区就是绘图工作的焦点区域,图形绘制操作和图形显示都在该区域内进行。在绘图区中,注意两方面问题,分别为十字光标和坐标系图标显示。

1.十字光标

鼠标光标以十字形式显示在绘图区内,故称其为十字光标。定位图元、选择对象、绘制及编辑图形基本上都需要使用十字光标。

用户可以执行下列操作来设置十字光标在绘图区中的显示大小。

① 从菜单栏中选择"工具"→"选项"命令,打开"选项"对话框。

② 在"显示"选项卡的"十字光标大小"选项组中,输入有效数值或拖曳滑块来设置十字光标的显示大小(图 1.17)。有效值的范围是全屏幕的 1% ~ 100%。当设置为 100% 时,将看不到十字光标的末端,其默认尺寸为 5%。

③ 在"选项"对话框中单击【确定】。

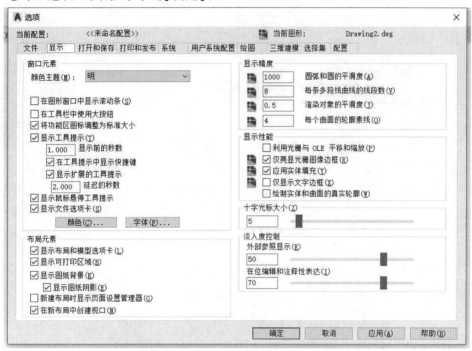

图 1.17　设置十字光标的显示大小界面

2. 坐标系图标显示

默认时,在二维空间的绘图区左下角显示如图 1.18 所示的坐标系图标。

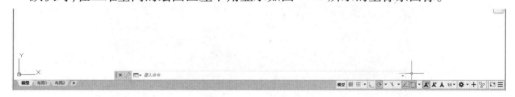

图 1.18　坐标系图标

在 AutoCAD 2022 系统中,用户需要了解世界坐标系(WCS)和用户坐标系(UCS)。WCS 是固定坐标系,而 UCS 是可移动坐标系。通常在二维视图中,WCS 的 X 轴为水平方向,Y 轴为垂直方向,WCS 的原点为 X 轴和 Y 轴的交点(0,0)。在设计时,图形文件中的所有对象均可由其 WCS 坐标定义,然而,在很多时候使用可移动的 UCS 创建和编辑对象更方便。

1.3.4　系统命令行和文本窗口

AutoCAD 2022 命令窗口如图 1.19 所示,位于绘图窗口的底部,在命令窗口的命令行中可以输入命令或系统变量等来进行绘图操作或者其他设置。当在菜单栏或工具栏中选择工具命令执行相关操作时,在命令窗口中也会显示命令提示和命令记录。初学者应该多注意命令窗口的提示,以便了解相关命令的执行情况。

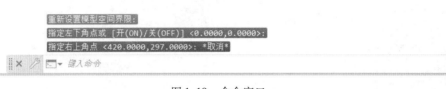

图 1.19　命令窗口

AutoCAD 文本窗口是记录 AutoCAD 命令的窗口,是放大的命令窗口。如果按 F2 键,系统将弹出如图 1.20 所示的 AutoCAD 文本窗口。在文本窗口中,除了可以很方便地查看历史记录、输入命令或系统变量等进行绘图操作之外,还可以执行其"编辑"菜单中的命令,对命令、记录进行复制、粘贴等处理。若再次按 F2 键,则将该 AutoCAD 文本窗口隐藏。

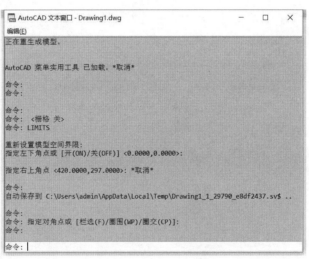

图 1.20　AutoCAD 文本窗口

1.3.5　状态栏

状态栏包括应用程序状态栏和图形状态栏,它们提供了有关打开和关闭图形工具的有用信息和按钮。其中,应用程序状态栏可显示光标的坐标值、绘图工具、导航工具以及用于快速查看和注释、缩放的工具,如图 1.21 所示。图形状态栏显示缩放、注释等若干工具,位于绘图区的底部。图形状态栏关闭时,图形状态栏上的工具移至应用程序状态栏。

要打开图形状态栏(图 1.22),需要在应用程序状态栏中单击 ☰ 按钮,从弹出的如图 1.22所示的图形状态栏中选择相应命令。

图 1.21　应用程序状态栏

图 1.22　打开图形状态栏

1.3.6　工具选项板窗口

在 AutoCAD 2022 中,用户可以进入菜单栏单击"工具"→"选项板"级联菜单 (图1.23)中的"工具选项板"命令,打开如图1.24 所示的工具选项板。工具选项板是工具选项板窗口中的选项卡形式区域,它提供了一种用来组织、共享和放置块、图案填充及其他工具的有效方法。工具选项板还可以包含由第三方开发人员提供的自定义工具。在某些设计场合,使用工具选项板可以带来某些设计好处,即如果工具选项板的某个选项卡中提供所需要的图例,那么可以切换到工具选项板的该选项卡,使用鼠标拖曳的方式将其中所需要的图例拖到绘图区中放置即可,这样在一定程度上提高了绘图效率。

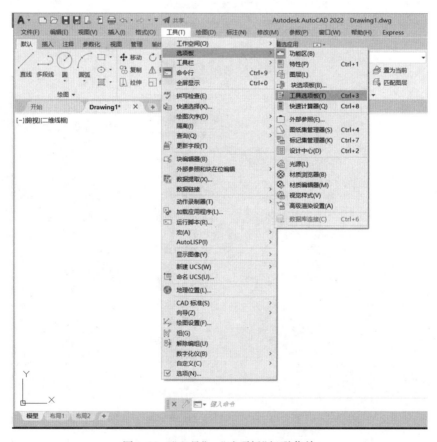

图1.23　"工具"→"选项板"级联菜单

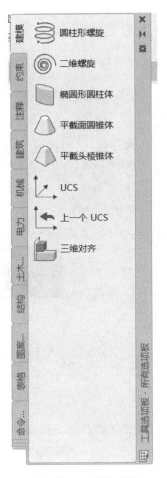

图 1.24　工具选项板

1.3.7　对话框和快捷菜单

对话框就是人们常说的弹出一个窗口,如下面所学习的"图形另存为"对话框、"选择样板"对话框、"选择文件"对话框等,都是常用到的对话框。

快捷菜单又称为上下文关联菜单。在绘图区、工具栏、状态栏、模型选项卡、布局选项卡及一些对话框上单击鼠标右键,将会弹出不同的快捷菜单,该快捷菜单中的命令与 Auto-CAD 当前状态有关。它可以在不必启动菜单栏的情况下,快速、高效地完成某些操作,使用起来很方便。

1.4　图形文件管理和退出 AutoCAD

AutoCAD 图形文件管理包括创建图形文件、打开图形文件、保存图形文件和关闭图形文件等,这些操作命令都位于"文件"菜单中。

1.4.1 创建新的 AutoCAD 图形文件

在 AutoCAD 系统中,可以执行如下命令操作之一来创建图形文件。

①面板标题: ▢ 按钮;

②菜单栏:"文件"→"新建";

③命令行:new(或别名 qnew)。

启动新建命令后,系统会打开"选择样板"对话框,如图 1.25 所示。

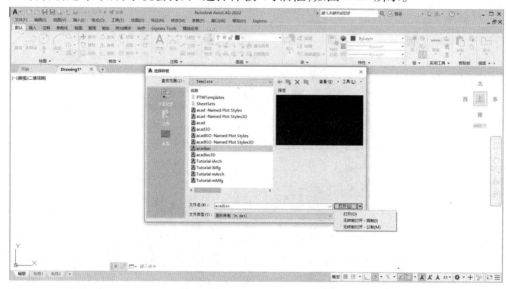

图 1.25 "选择样板"对话框

(1)在"选择样板"对话框的"文件类型"中选择"图形(∗.dwg)",在打开方式中选择"无样板打开–公制"创建新图形文件。用户利用这种方式可以根据自己的需要对绘图环境进行设置,创建自己的模板,并可将其保存为∗.dwt 文件,在绘图时调用。

(2)在"选择样板"对话框的"文件类型"中选择"图形样板(∗.dwt)",在样板列表框中选中某一样板文件。这时,在对话框右侧的"预览"框中将显示出该样板的预览图像。单击【打开】,以选中的样板文件为样板,创建新图形。

1.4.2 打开已有的 AutoCAD 图形文件

在 AutoCAD 系统中,可以执行如下命令操作之一来打开图形文件。

①面板标题: ▣ 按钮;

②菜单栏:文件→打开;

③命令行:open;

④组合键:Ctrl+O。

执行上述其中一种操作之后,系统弹出如图 1.26 所示的"选择文件"对话框,浏览并选择需要的图形文件,然后单击【打开】,从而打开所选图形文件。

如果在"选择文件"对话框中单击位于【打开】右侧的 ▼(下三角形)按钮,将打开如

图 1.26　"选择文件"对话框

图 1.27 所示的打开方式下拉菜单,从中可以选择 4 种方式打开图形文件,分别为"打开""以只读方式打开""局部打开"和"以只读方式局部打开"。当以"打开"和"局部打开"方式打开图形文件时,用户可以对打开的图形文件进行编辑;当以"以只读方式打开"和"以只读方式局部打开"方式打开图形文件时,用户无法对打开的图形文件进行编辑。

图 1.27　打开方式下拉菜单

下面介绍"以只读方式打开"选项、"局部打开"选项和"以只读方式局部打开"选项的功能含义。

①以只读方式打开:以只读方式打开一个文件。用户不能用原始文件名来保存对文件的修改。

②局部打开:选择此选项,则弹出如图 1.28 所示的"局部打开"对话框,从中可以设置要加载几何图形的视图和图层。

③以只读方式局部打开:以只读方式打开指定的图形部分。

此外,还可以通过下列方式来打开图形。

①直接在 Windows 资源管理器中双击图形文件;

②将图形从 Windows 资源管理器拖曳到 AutoCAD 中;

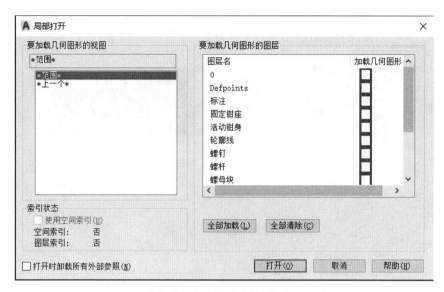

图 1.28 "局部打开"对话框

③使用设计中心打开图形；

④使用图纸集管理器可以在图纸集中找到并打开图形。

1.4.3 打开多个 AutoCAD 图形文件

在 AutoCAD 系统中，可以执行如下命令操作之一来打开多个图形文件。

①面板标题：**A** ▾→"打开"；

②菜单栏：窗口→层叠/水平平铺/垂直平铺/排列图标。

当用户需要快速参照其他图形、在图形之间复制和粘贴，或者使用定点设备右键将所选对象从一个图形拖曳到另一个图形中时，可以在单个 AutoCAD 任务中打开多个图形。以垂直平铺的方式打开多个图形文件，如图 1.29 所示。

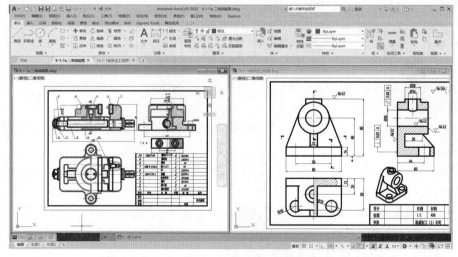

图 1.29 以垂直平铺的方式打开多个图形文件

如果打开了多个图形,只要在想要打开的图形的任意位置单击便可激活它。使用 Ctrl+F6 键或 Ctrl+Tab 键可以在打开的图形之间来回切换。但是,在某些时间较长的操作(例如重生成图形)期间,不能切换图形。

使用"窗口"菜单可以控制在 AutoCAD 任务中显示多个图形的方式,既可以使打开的图形层叠显示,也可以将它们垂直平铺或水平平铺,如图 1.30 所示。如果有多个最小化图形,则可以使用"排列图标"选项,使 AutoCAD 窗口中最小化图形的图标整齐排列;也可以从"窗口"菜单底部打开的图形列表中选择图形。

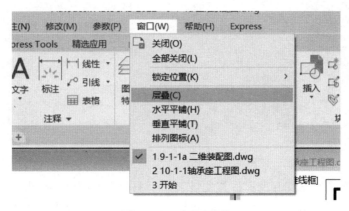

图 1.30　"窗口"菜单

1.4.4　保存 AutoCAD 图形文件

在实际设计工作中,要养成及时保存图形文件的习惯,以避免因意外死机而造成图形文件丢失。保存图形文件的命令主要有两种,即"保存"和"另存为",这两个命令位于菜单栏"文件"菜单中。

在 AutoCAD 系统中,可以执行如下命令操作之一来保存图形文件。

①面板标题:**A** ▾→"保存";

②菜单栏:文件→保存;

③命令行:qsave。

如果图形已命名,qsave 保存图形时就不显示"图形另存为"对话框;如果图形未命名,则显示"图形另存为"对话框,如图 1.31 所示,输入文件名并保存图形。也可以选择"另存为"命令,将当前图形以新的名字保存。

图 1.31　"图形另存为"对话框

AutoCAD 2022 默认保存的文件类型是"AutoCAD 2018 图形(＊.dwg)",此外还可以将图形文件保存为＊.dws、＊.dwt 和＊.dxf 等其他文件类型,为了让低版本的 AutoCAD 软件能够打开图形文件,可以将图形保存为图形格式(＊.dwg)或图形交换格式(＊.dxf)的早期版本,选择文件类型选项如图 1.32 所示。

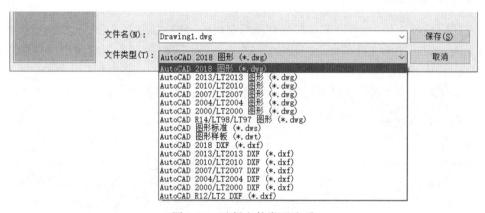

图 1.32　选择文件类型选项

1.4.5　退出 AutoCAD 2022

在 AutoCAD 系统中,可以执行如下命令操作之一来退出 AutoCAD 2022。

①面板标题: ![A]→ 退出 Autodesk AutoCAD 2022 ,"退出 Autodesk AutoCAD 2022"按钮如图 1.33所示;

图 1.33　"退出 Autodesk AutoCAD 2022"按钮

②菜单栏:文件→退出,选择"文件"菜单中的"退出"命令如图 1.34 所示;

③命令行:quit 或 exit,在命令行中输入 QUIT 命令如图 1.35 所示;

④快捷键:Ctrl+Q 或 Alt+F4。

⑤在 AutoCAD 2022 窗口右上角位置处单击 按钮。

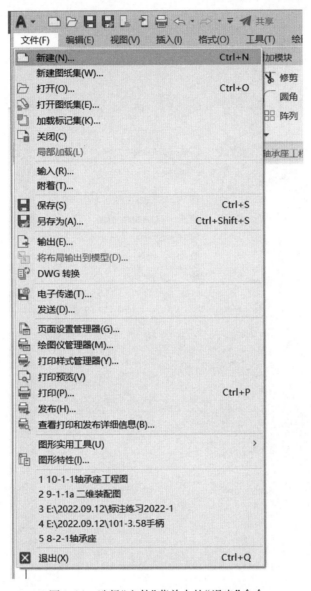

图 1.34　选择"文件"菜单中的"退出"命令

图 1.35　在命令行中输入 QUIT 命令

1.5　AutoCAD 的基本操作

任何一种软件都有其最基本的操作,AutoCAD 2022 也不例外。该软件友好的用户界面以及与 Word 类似的窗口设计,可使读者产生似曾相识的感觉,因此,更易学习与记忆。

1.5.1　激活命令的几种方式

在 AutoCAD 中,菜单命令、工具按钮、在命令行中输入命令、快捷菜单和系统变量大多是相互对应的,用户可以选择以下任何一种方式激活命令。

①菜单命令;

②单击某个工具栏按钮执行命令;

③单击面板选项板控制台按钮执行命令;

④使用命令行输入命令;

⑤使用快捷菜单执行命令;

⑥使用系统变量执行命令。

系统接收命令后,会在命令行中显示命令选项以及每一条指令的所选项,用户可根据提示信息按步骤完成命令。

1.5.2　结束命令的几种方式

在命令执行过程中,用户可以随时按 Esc 键终止正在执行的任何命令。Esc 键是 Windows 程序用于取消操作的标准键。

1.5.3　使用命令行操作

在 AutoCAD 2022 中,用户可以在当前命令行提示下输入命令、对象参数等内容。其基本格式如下。

命令:circle

指定圆的圆心或[三点(3P)/两点(2P)/切点、切点、半径(T)]:

指定圆的半径或[直径(D)]<50.0000>:100

用户在使用时应遵循以下约定。

"[　]"中是系统提供的选项,用"/"隔开;

"(　)"中是执行该选项的快捷键;

"<　>"中是系统提供的缺省值,缺省值如满足要求,用户直接按回车键即可。

在命令行中单击鼠标右键,AutoCAD 将弹出一个快捷菜单。用户可以通过它来选择最近使用过的 6 个命令、复制选定的文字或全部命令历史、粘贴文字以及打开"选项"对话框。

在命令行中,用户还可以使用 Backspace 或 Delete 键删除命令行中的文字,也可以选中命令历史,并执行"粘贴到命令行"命令,将其粘贴到命令行中。

1.5.4　使用透明命令

在 AutoCAD 中,透明命令是指在执行其他命令的过程中可以执行的命令。例如,用户在画图时,希望缩放视图,这时,用户可以透明地激活 zoom 命令,即在输入的透明命令前输入单引号,或单击工具栏命令图标。完成透明命令后,将继续执行画图命令。

许多命令和系统变量都可以穿插使用透明命令,这对编辑和修改大图形特别方便。常使用的透明命令多为修改图形设置的命令和绘图辅助工具命令,例如 pan、snap、grid、zoom 等。命令行中透明命令的提示前有"≫"作为标记。

1.5.5　使用鼠标执行命令

在绘图窗口中,光标通常显示为 ⌖ 形式。当光标移至菜单选项、工具与对话框内时,它会变成一个箭头。无论光标是 ⌖ 形式还是箭头形式,当单击或者按动鼠标键时,都会执行相应的命令或动作。在 AutoCAD 中,鼠标键是按照下述规则定义的。

①拾取键:通常指鼠标左键,用于指定屏幕上的点,也可以用来选择 Windows 对象、AutoCAD 对象、工具栏按钮和菜单命令等。单击、双击都是对拾取键而言的。

②回车键:指鼠标右键,相当于 Enter 键,用于结束当前使用的命令。也常用于单击鼠标右键弹出快捷菜单的操作。

③弹出菜单:当使用 Shift 键和鼠标右键的组合时,系统将弹出一个快捷菜单用来设置捕捉点的方法。

1.5.6　使用键盘输入命令

在 AutoCAD 中,大部分的绘图、编辑功能都需要通过键盘输入来完成。用户通过键盘输入命令和系统变量。此外,键盘还是输入文本对象、数值参数、点的坐标和进行参数选择的唯一方法。

1.5.7　使用系统变量

系统变量用于控制 AutoCAD 的某些功能和设计环境、命令的工作方式,它可以打开或关闭捕捉、栅格或正文等绘图模式,设置默认的填充图案,或存储当前图形和 AutoCAD 配置的有关信息。

系统变量通常有 6～10 个字符长的缩写名称。许多系统变量有简单的开关设置。用户可以在对话框中修改系统变量,也可以直接在命令行中修改系统变量。

1.5.8　命令的重复、撤销与重做

在 AutoCAD 中,用户可以方便地重复执行同一条命令,或撤销前面执行的一条或多条命令。此外,撤销前面执行的命令后,还可以通过重做来恢复前面执行的命令。

1.重复命令

在 AutoCAD 中,用户可以使用多种方法来重复执行 AutoCAD 命令。

(1)要重复执行上一条命令,可以按 Enter 键或空格键,或在绘图区中单击鼠标右键,从弹出的快捷菜单中选择"重复"命令。

(2)要重复执行最近使用的 6 条命令中的某条命令,可以在命令窗口或文本窗口中

单击右键,从弹出的快捷菜单中选择"近期使用的命令"子菜单中最近使用过的 6 条命令之一。

(3)多次重复执行同一条命令,可以在命令提示下输入 multiple 命令,然后在"输入要重复的命令名"提示下输入需要重复执行的命令。这样,AutoCAD 将重复执行该命令。

2. 撤销前面所进行的操作

(1)在 AutoCAD 中,用户可以使用 undo 命令按顺序放弃最近一个或撤销前面进行的多步操作。在命令提示行中输入 undo 命令,或单击工具栏按钮执行命令。

命令行提示:

命令:undo

输入要放弃的操作数目或[自动(A)/控制(C)/开始(BE)/结束(E)/标记(M)/后退(B)]<1>:

命令行中各选项意义如下。

①在命令行中输入要放弃的操作数目。例如,要放弃最近的 5 个操作,应输入 5。AutoCAD 将显示放弃的命令或系统变量设置。

②用户可以使用"标记(M)"选项来标记一个操作,然后用"后退(B)"选项放弃在标记的操作之后执行的所有操作。

③可以使用"开始(BE)"选项和"结束(E)"选项来放弃一组预先定义的操作。

(2)如果要重做使用 undo 命令放弃的一步或几步操作,可以使用 redo 命令来进行。用户可以在命令行中输入 redo 命令,或单击工具栏按钮执行命令。

1.6 设置 AutoCAD 的绘图环境

用户可以根据个人操作习惯或具体的设计约定来设置 AutoCAD 绘图环境。本节简述绘图环境设置的一般方法及步骤。

1.6.1 设置绘图选项

(1)在 AutoCAD 工作界面的左上角单击 **A** ▾ 按钮,将打开菜单浏览器。

(2)在菜单栏中选择"工具"→"选项"命令,打开"选项"对话框,如图 1.36 所示。

(3)"选项"对话框提供了"文件""显示""打开和保存""打印和发布""系统""用户系统配置""绘图""三维建模""选择集""配置"选项卡,利用这些选项卡可进行绘图环境的相关设置。

(4)在"选项"对话框中单击【应用】或【确定】,完成绘图环境设置。

图 1.36 "选项"对话框

1.6.2 设置图形单位

在 AutoCAD 系统中,可以执行如下命令操作之一来设置图形单位。

①面板标题: **A ▾** →"图形实用工具"→"单位";

②菜单栏:格式→单位。

打开"图形单位"对话框,设置绘图时使用的长度单位、角度单位以及单位的显示格式和精度等参数,如图 1.37 所示。

图 1.37 "图形单位"对话框

对话框中的"长度"选项组和"角度"选项组分别对长度和角度单位的类型和精度进行设置。

①"类型"下拉列表:设置长度和角度类型。

②"精度"下拉列表:设置长度和角度的精度。

对于长度单位,"类型"下拉列表中有 5 个选项供用户使用,它们分别是:

①分数:用分数表示小数部分的单位制;

②工程:数值单位为英尺(1 ft=0.304 8 m)、英寸(1 in=2.54 cm);

③建筑:数值单位为英尺、英寸;

④科学;

⑤小数(默认长度单位)。

同样,对于角度单位,"类型"下拉列表中也有多个选项供用户使用,"角度"单位设置如图 1.38 所示。

①百分度:将一个圆切成 400 等份,也就是一个直角等于 100 百分度;

②度/分/秒:按 60 进制划分;

③弧度:180°对应 π 弧度,即 3.14 个弧度;

④勘测单位:角度从北线开始测量;

⑤十进制度数(默认角度单位)。

进行长度和角度单位设置后,还要进行设计中心块的图形单位的设置。该下拉列表可以设置块插入时的测量单位。当所插入图块的单位不同于当前的绘图单位时,该图块会按此时设置的单位进行缩放、插入。如果此时选择"无单位"项,则插入的块将保持原有的大小。

在"图形单位"对话框中,单击【方向】,可以利用打开的"方向控制"对话框设置起始角度(角)的方向,如图 1.39 所示。默认情况下,角度 0°方向是指向右(即正东方或 3 点钟)的方向。

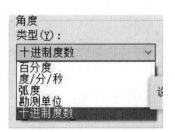

图 1.38　"角度"单位设置

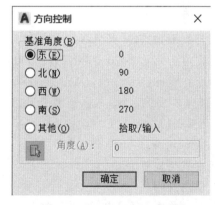

图 1.39　"方向控制"对话框

在"方向控制"对话框中,当选中"其他"单选按钮时,可以单击拾取角度按钮 ,切换到图形窗口中,通过拾取两个点确定基准角度的 0°方向。

1.6.3　设置图形界限

1. 命令调用方式

①菜单栏:格式→图形界限;

②命令行:limits。

设置"图形界限"对话框如图 1.40 所示。

图 1.40　设置"图形界限"对话框

命令行提示:

重新设置模型空间界限:

指定左下角点或[开(ON)/关(OFF)]<0.0000,0.0000>:↙

指定右上角点 <420.0000,297.0000>:↙

命令:zoom ↙

指定窗口的角点,输入比例因子(nX 或 nXP),或者

[全部(A)/中心(C)/动态(D)/范围(E)/上一个(P)/比例(S)/窗口(W)/对象(O)]<实时>: a ↙

正在重生成模型。

2. 使用说明

根据系统提示输入图形边界左下角的坐标(0,0),再输入图形边界右上角的坐标(420,297)。完成后,单击状态栏栅格按钮 ，单击鼠标右键选择网格设置,取消勾选"显示超出界限的栅格",然后单击【确定】,网格设置如图 1.41 所示。双击鼠标滚轮可看到栅格线(或点)充满由对角点(0,0)和(420,297)构成的矩形区域,栅格矩形区域如图 1.42 所示(注:输入坐标时,请以英文输入法输入标点符号,否则坐标无效)。

图 1.41　网格设置

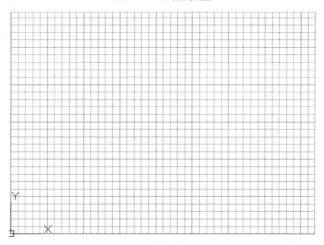

图 1.42　栅格矩形区域

开(ON)：使绘图边界有效。在绘图边界以外无法拾取点。

关(OFF)：使绘图边界无效(默认项)，可以在绘图边界以外绘制对象或拾取点、实体。

1.6.4　设置选项参数

在 AutoCAD 中，用户可根据个人使用习惯对一些参数进行必要的设置，以提高绘图效率。

1.命令启用

在 AutoCAD 系统中，可以执行如下命令操作之一来打开"选项"对话框。

①面板标题：A→选项按钮；

②菜单栏：工具→选项；

③快捷菜单:在命令行窗口或绘图区单击鼠标右键,选择"选项"命令;

④命令行:options。

2. 选项卡说明

用户可以在"选项"对话框中选择有关选项,对系统进行配置,下面对几个主要的选项进行说明。

①"文件"选项卡:"文件"选项卡中列出了程序在其中搜索支持文件、驱动程序文件、自动保存文件、菜单文件等路径位置,还列出了用户定义的可选设置,"文件"选项卡如图1.43 所示。

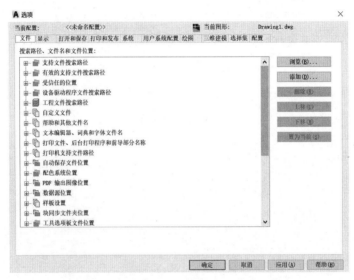

图 1.43 "文件"选项卡

②"显示"选项卡:用于用户自定义显示 AutoCAD 窗口,"显示"选项卡如图 1.44 所示。

图 1.44 "显示"选项卡

a. "窗口元素"选项组:用于控制绘图环境特有的显示设置,包括在图形窗口中显示滚动条、在工具栏中使用大按钮、将功能区图标调整为标准大小、显示工具提示(如在工具提示中显示快捷键等)、显示鼠标悬停工具提示、显示文件选项卡、对窗口中元素的颜色进行设置、设置命令行窗口中文字字体等内容。

b. "布局元素"选项组:用于控制现有布局和新布局,是指一个图纸空间环境,用户在其中设置图形进行打印。

c. "显示精度"选项组:用于控制对象的显示质量。如果设置较高的值以提高显示质量,则性能将受到影响(注:在设置实体显示分辨率时,显示质量越高,分辨率越高,计算机计算的时间越长。因此,合理设定显示精度非常重要)。

d. "十字光标大小"选项组:用于控制十字光标的大小,系统默认尺寸为 5%。十字光标的大小可以通过在左边的文本框中输入参数值(1%~100%)来设置,也可以拖曳右边的滑块来调整。

③"打开和保存"选项卡:用于设置保存文件格式、文件安全措施以及外部参照文件加载方式等,"打开和保存"选项卡如图 1.45 所示。其中,使用最多的是"文件安全措施"选项组,主要用于设定自动保存的时间间隔,以免数据丢失及检测错误。

④"打印和发布"选项卡:用于设置 AutoCAD 默认的打印输出设备及常规打印选项等,"打印和发布"选项卡如图 1.46 所示。

图 1.45 "打开和保存"选项卡

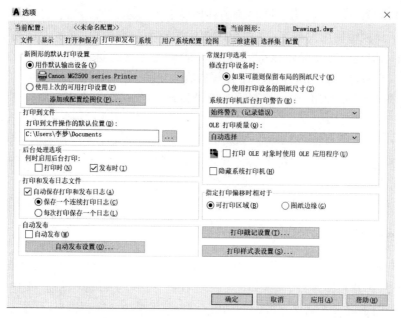

图 1.46 "打印和发布"选项卡

⑤"用户系统配置"选项卡：用于设置是否使用快捷菜单、插入对象比例以及坐标数据输入的优先级等，"用户系统配置"选项卡如图 1.47 所示。

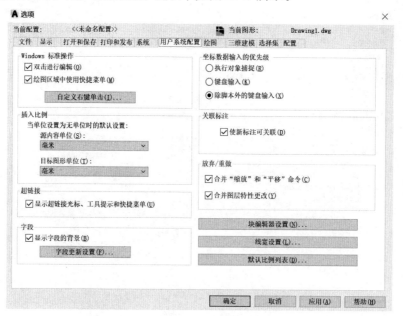

图 1.47 "用户系统配置"选项卡

a. "Windows 标准操作"选项组：用于控制单击鼠标左键、右键的操作。

b. "插入比例"选项组：用于控制在图形中插入块和图形时使用的默认比例。

c. "字段"选项组：用于设置与字段相关的系统配置。

d. "坐标数据输入的优先级"选项组：用于控制程序响应坐标数据输入的方式。

e."关联标注"选项组:用于控制是创建新的关联标注对象还是创建传统的关联标注对象。

⑥"绘图"选项卡:用于设置自动捕捉、自动捕捉标记的颜色/大小以及靶框大小等,"绘图"选项卡如图 1.48 所示。

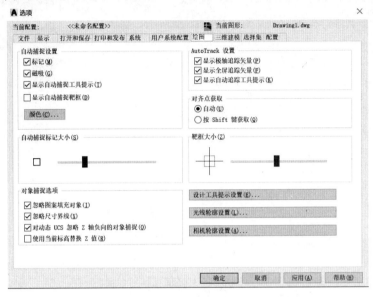

图 1.48　"绘图"选项卡

⑦"三维建模"选项卡:用于设置在三维建模环境中十字光标、在视图窗口中的显示工具及三维对象的显示等。

⑧"选择集"选项卡:用于设置选择集模式、拾取框大小以及夹点的大小和显示等,"选择集"选项卡如图 1.49 所示。

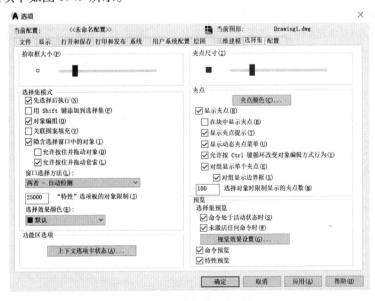

图 1.49　"选择集"选项卡

⑨"配置"选项卡:用于系统配置文件的创建、重命名、删除及重置等操作,其中,重置使用的频率较高,"配置"选项卡如图 1.50 所示。

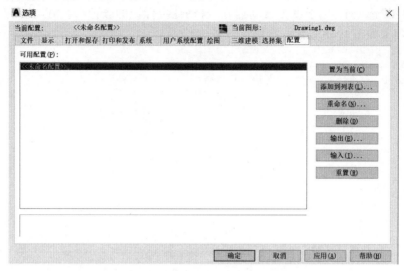

图 1.50 "配置"选项卡

思考与练习

1. AutoCAD 2022 的草图与注释工作界面包括哪几部分,它们的主要功能是什么?

2. 如何打开和关闭 AutoCAD 2022 的工具栏?

3. 请新建一个图形文件,然后进行保存该图形文件及关闭该图形文件的操作。

4. 命令有哪几种输入方式,如何调用?

5. 什么是透明命令? 常用的透明命令有哪些?

6. 在 AutoCAD 2022 中,用户可以使用哪几种方法来重复执行命令? 要撤销前面所执行的命令又该如何操作?

第 *2* 章

二维绘图命令

【学习目标】

通过本章的学习,掌握简单二维图形常用的绘图命令,如点、直线、多段线、多线的绘制方法;圆、圆弧、椭圆的绘制方法;样条曲线的绘制方法。

【知识要点】

AutoCAD 2022 提供绘制点、直线、射线及构造线、正多边形、矩形、多段线和多线、圆、圆弧和圆环、椭圆和椭圆弧、样条曲线等的方法与以上二维图形常用的绘图命令。

二维绘图命令是绘制图形的基础。从常用"默认"选项卡中的"绘图"面板(图 2.1)和"绘图"菜单(图 2.2)调用这些命令。

图2.1　常用"默认"选项卡中的"绘图"面板　　　　图2.2　"绘图"菜单

2.1 创建线对象

创建线对象主要有直线、射线、构造线 3 种,如图 2.3 所示。

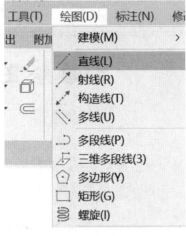

图 2.3 线对象

2.1.1 绘制直线

直线是最简单、常用的图形。line 命令用于画直线段,既可画一条线段,也可连续画多条相连接的线段。用 line 命令不仅可以画二维(2D)线段,而且也可以画三维(3D)线段。

1.命令调用方式

①面板标题:"默认"→"绘图"→ 按钮,如图 2.1 所示;

②菜单栏:绘图→ 直线 (L) 按钮,如图 2.3 所示;

③命令行:line(或别名 l)。

2.直线的绘制方法

①输入绝对坐标或相对坐标的方式。

②输入数值指定距离的方式。

用以上 3 种命令调用方式均可绘制直线,下面以命令操作方式为例,说明直线的绘制方法。

【例 2.1】 绘制如图 2.4 所示的图形。

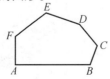

图 2.4 用直线命令绘制图形

命令：line ↙
指定第一点 ↙ 　　　　　　　　　　　　　　　//执行直线命令,选择起点 A
指定下一点或 [放弃(U)]：100 ↙ 　　　　　　//输入数值100,指定 A 到 B 的距离
指定下一点或 [放弃(U)]：30 ↙ 　　　　　　//输入数值30,指定 B 到 C 的距离
指定下一点或 [闭合(C)/放弃(U)]：48 ↙ 　//输入数值48,指定 C 到 D 的距离
指定下一点或 [闭合(C)/放弃(U)]：50 ↙ 　//输入数值50,指定 D 到 E 的距离
指定下一点或 [闭合(C)/放弃(U)]：52 ↙ 　//输入数值52,指定 E 到 F 的距离
指定下一点或 [闭合(C)/放弃(U)]：C ↙ 　　//切换到闭合选项,回车结束命令
命令行中各选项的功能如下。
①放弃(U)：单击键盘的 U 键,表示放弃和取消最后画出的一条直线。
②闭合(C)：单击键盘的 C 键,表示将直线闭合。

2.1.2　绘制射线

射线是将一端点固定后,另一端进行无限延伸的直线,在制图中经常用作辅助线。
1. 命令调用方式
①面板标题："默认"→"绘图"→ 按钮,如图2.1 所示;
②菜单栏:绘图→ 射线(R) 按钮,如图2.3 所示;
③命令行:ray。
2. 射线的绘制方法
用以上3 种命令调用方式均可绘制射线,下面以命令操作
方式为例,说明射线的绘制方法。
【例2.2】　绘制如图2.5 所示的图形。

命令:ray ↙ 　　　　　　　　//执行射线命令
指定起点:指定 A 点 ↙ //输入坐标值或捕捉确定初始端点　　　图2.5　绘制射线
指定通过点:↙

　　　　//可以在不同方向指定无数个另一端点,直到按 Enter 或 Esc 键退出为止

2.1.3　绘制构造线

构造线是一条两端无限延伸的直线,它没有起点和终点,在制图中经常用作辅助线。
1. 命令调用方式
①面板标题："默认"→"绘图"→ 按钮,如图2.1 所示;
②菜单栏："绘图"→ 构造线(T) 按钮,如图2.3 所示;
③命令行:xline(或别名 xl)。
2. 构造线的绘制方法
执行 xline 命令,命令行提示:
指定点或[水平(H)/垂直(V)/角度(A)/二等分(B)/偏移(O)]:
命令行中各选项命令的功能如下。

①水平(H):创建一条通过指定点的水平构造线。

②垂直(V):创建一条通过指定点的垂直构造线。

③角度(A):以指定的角度创建一条构造线。

④二等分(B):创建二等分指定角的构造线,即作一个角的角平分线。

⑤偏移(O):创建平行于指定直线的构造线。用户可指定偏移距离,并选择合适的基线,然后指明构造线相对于基线的位置。

用以上3种命令调用方式均可绘制构造线,下面以命令操作方式为例,说明构造线的绘制方法。

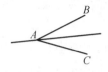

【例 2.3】 绘制∠BAC 的角平分线,图形如图 2.6 所示。

命令:xline

指定点或[水平(H)/垂直(V)/角度(A)/二等分(B)/   图 2.6 ∠BAC 的角平分线

偏移(O)]:B

指定角的顶点: //捕捉点 A

指定角的起点: //捕捉点 B

指定角的端点: //捕捉点 C

指定角的端点:↙

2.2 创建多边形对象

创建多边形对象主要有矩形、正多边形两种,其对话框如图 2.7 和图 2.8 所示。

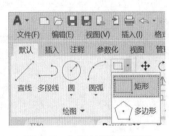

图 2.7 "多边形"对话框

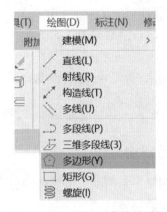

图 2.8 "多边形"子菜单对话框

2.2.1 绘制矩形

使用绘制矩形命令时,只要确定矩形的两个对角点的坐标位置,矩形就会自动生成。对角点的选择没有先后顺序。

1.命令调用方式

①面板标题:"默认"→"绘图"→▭▾按钮→▭ 矩形 按钮,如图 2.7 所示;

②菜单栏:绘图→  按钮,如图 2.8 所示;

③命令行:rectang(或别名 rec)。

2. 矩形的绘制方法

确定矩形的两个对角点的坐标位置,矩形就会自动生成。角点可以运用坐标值方式输入,也可以直接用鼠标拖曳方式来确定。用以上 3 种命令调用方式均可绘制矩形,下面以命令操作方式为例,说明矩形的绘制方法。

【例 2.4】　绘制如图 2.9 所示的矩形。

命令: rectang ✓　　　　　　　　　　　　　　　　　　　//执行矩形命令

指定第一个角点或[倒角(C)/标高(E)/圆角(F)/厚度(T)/宽度(W)]:点取 A 点

　　　　　　　　　　　　　　　　　　　　　　　　　　//输入第一个角点

指定另一个角点或[面积(A)/尺寸(D)/旋转(R)]:点取 B 点　　//输入第二个角点

命令行中各选项命令的功能如下。

①倒角(C):确定矩形第一个倒角与第二个倒角的距离值,
画出具有倒角的矩形。

②标高(E):确定矩形的标高。

③圆角(F):确定矩形的圆角半径值。

④厚度(T):确定矩形在三维空间中的厚度值。

⑤宽度(W):确定矩形的线型宽度。

图 2.9　绘制矩形

【例 2.5】　绘制如图 2.10 所示的带倒角的矩形。

命令: rectang ✓　　　　　　　　　　　　　　　　　　　//执行矩形命令

指定第一个角点或[倒角(C)/标高(E)/圆角(F)/厚度(T)/宽度(W)]:C ✓

　　　　　　　　　　　　　　　　　　　　　　　　　　//切换到倒角选项

指定矩形的第一个倒角距离<0.0000>:30 ✓　　//输入第一个倒角距离

指定矩形的第二个倒角距离<30.0000>:✓　　　//输入第二个倒角距离

指定第一个角点或[倒角(C)/标高(E)/圆角(F)/厚度(T)/宽度(W)]:点取 A 点

　　　　　　　　　　　　　　　　　　　　　　　//输入矩形的第一个角点

指定另一个角点或[面积(A)/尺寸(D)/旋转(R)]:点取 B 点

　　　　　　　　　　　　　　　　　　　　　　　//输入矩形的第二个角点

【例 2.6】　绘制如图 2.11 所示的带倒圆角的矩形。

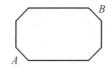

图 2.10　绘制带倒角的矩形　　　　图 2.11　绘制带倒圆角的矩形

命令: rectang ✓　　　　　　　　　　　　　　　　　　　//执行矩形命令

指定第一个角点或[倒角(C)/标高(E)/圆角(F)/厚度(T)/宽度(W)]: F ✓

　　　　　　　　　　　　　　　　　　　　　　　　　　//切换到圆角选项

指定矩形的圆角半径 <0.0000>: 30 ✓   //输入圆角半径
指定第一个角点或[倒角(C)/标高(E)/圆角(F)/厚度(T)/宽度(W)]: 点取 A 点
                                        //输入矩形的第一个角点
指定另一个角点或[面积(A)/尺寸(D)/旋转(R)]: 点取 B 点
                                        //输入矩形的第二个角点

2.2.2　绘制正多边形

正多边形是二维绘制图形中使用频率较多的一种简单的图形。在 AutoCAD 中可以精确绘制边数为 3 ~ 1 024 的正多边形,并提供了边长、内接圆、外切圆 3 种绘制方式。

1. 命令调用方式

①面板标题:"默认"→"绘图"→![ ]按钮→⬠多边形 按钮,如图 2.7 所示;

②菜单栏:绘图→⬠ 多边形(Y) 按钮,如图 2.8 所示;

③命令行:polygon(或别名 pol)。

2. 正多边形的绘制方法

(1)中心点方式。

中心点方式包括内接圆方式和外切圆方式。

①内接圆方式。

绘制内接正多边形就是先确定正多边形中心的位置,然后输入圆的半径,AutoCAD 将以该半径所在的轴线为对称轴来绘制正多边形。

【例 2.7】　绘制如图 2.12 所示的六边形。

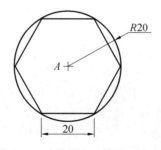

图 2.12　内接圆方式绘制正多边形

命令: polygon ✓   //执行正多边形命令
输入边的数目 <4>: 6 ✓   //输入正多边形边的数目
指定正多边形的中心点或 [边(E)]: 点取 A 点   //指定正多边形的中心点
输入选项 [内接于圆(I)/外切于圆(C)] <I>:✓   //I 为默认选项,内接于圆方式
指定圆的半径: <正交 开> 20 ✓   //输入圆的半径

②外切圆方式。

绘制外切正多边形就是先确定正多边形中心的位置,然后输入外切圆的半径,Auto-CAD 将以该半径所在的直线为对称轴来绘制正多边形。

【例 2.8】　绘制如图 2.13 所示的六边形。

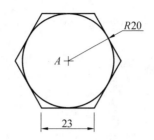

图 2.13　外切圆方式绘制正多边形

命令:polygon ↙　　　　　　　　　　　　　　　　//执行正多边形命令
输入边的数目 <4>: 6 ↙　　　　　　　　　　　　　//输入正多边形边的数目
指定正多边形的中心点或［边(E)］:点取 A 点　　　//指定正多边形的中心点
输入选项［内接于圆(I)/外切于圆(C)］<I>: C ↙　　//键入 C,选择外切于圆方式
指定圆的半径: 20 ↙　　　　　　　　　　　　　　//输入圆的半径

(2)边长方式。

当正多边形的一条边两端点间距离确定后,AutoCAD 将以逆时针方向绘制正多边形。

【例 2.9】　绘制如图 2.14 所示的正六边形。

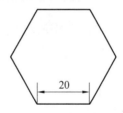

图 2.14　边长方式绘制正多边形

命令: polygon ↙　　　　　　　　　　　　　　　//执行正多边形命令
输入边的数目 <4>: 6 ↙　　　　　　　　　　　　//输入正多边形边的数目
指定正多边形的中心点或［边(E)］: E ↙　　　　　//键入 E,切换到边选项
指定边的第一个端点:点取 A 点　　　　　　　　　//输入边的第一个端点
指定边的第二个端点: 20 ↙　　　　　　　　　　//输入边的第二个端点

2.3　创建圆弧类对象

创建圆弧类对象主要有圆、圆弧、圆环、椭圆、椭圆弧等 5 种。“绘图”面板中的“圆弧类”对话框和“圆弧类”子菜单对话框如图 2.15 和图 2.16 所示。

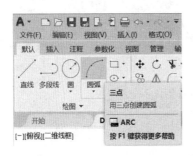

图 2.15　"绘图"面板中的"圆弧类"对话框　　　图 2.16　"圆弧类"子菜单对话框

2.3.1　绘制圆

圆是常见的图形对象,可以在机械制图中表示孔、轴、柱等。

1. 命令调用方式

①面板标题:"默认"→"绘图"→⊕圆 按钮,如图 2.15 所示;

②菜单栏:绘图→圆(C)按钮,如图 2.16 所示;

③命令行:circle(或别名 c)。

2. 圆的绘制方法

在 AutoCAD 2022 中,用户可以用以下 6 种方式绘制圆,"绘图"面板中的"圆"对话框和"圆"子菜单对话框如图 2.17 和图 2.18 所示。用以上 3 种命令调用方式均可绘制圆。下面以命令操作方式为例,说明圆的绘制方法。

图 2.17　"绘图"面板中的"圆"对话框　　　图 2.18　"圆"子菜单对话框

（1）圆心、半径法。

通过指定圆的圆心和半径来绘制圆。

【例 2.10】　绘制如图 2.19 所示的图形，圆半径为 20。

命令：circle　　　　　　　　　　　　　　　　　　　　　//执行圆命令

指定圆的圆心或［三点(3P)/两点(2P)/切点、切点、半径(T)］：点取圆心

　　　　　　　　　　　　　　　　　　　　　　　　　　//指定圆心

指定圆的半径或［直径(D)］<50.0000>：20 ↙　　　　//输入圆的半径

（2）圆心、直径法。

通过指定圆的圆心和直径来绘制圆。

【例 2.11】　绘制如图 2.20 所示的图形，圆直径为 40。

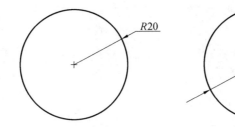

图 2.19　圆心、半径法绘制圆　　　　图 2.20　圆心、直径法绘制圆

命令：circle　　　　　　　　　　　　　　　　　　　　　//执行圆命令

指定圆的圆心或［三点(3P)/两点(2P)/切点、切点、半径(T)］：点取圆心

　　　　　　　　　　　　　　　　　　　　　　　　　　//指定圆心

指定圆的半径或［直径(D)］<45.0000>：D　　　　//键入 D，切换到直径选项

指定圆的直径 <90.0000>：40 ↙　　　　　　　//输入圆的直径

（3）两点法。

通过指定圆直径上的两个端点来绘制圆，且两点距离为圆的直径。

【例 2.12】　指定任意两个点，以这两个点的连线为直径，绘制如图 2.21 所示的图形。

命令：circle　　　　　　　　　　　　　　　　　　　　　//执行圆命令

指定圆的圆心或［三点(3P)/两点(2P)/切点、切点、半径(T)］：2P

　　　　　　　　　　　　　　　　　　　　　　　　　//切换到两点选项

指定圆直径的第一个端点：点取 A 点　　　　　　//指定直径端点第一点

指定圆直径的第二个端点：点取 B 点　　　　　　//指定直径端点第二点

（4）三点法。

通过指定不在同一条直线上的三个点来绘制圆。

【例 2.13】 通过 *A*、*B*、*C* 三个点,绘制如图 2.22 所示的图形。

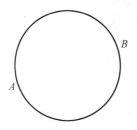

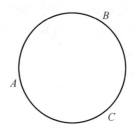

图 2.21　两点法绘制圆　　　　　图 2.22　三点法绘制圆

命令:circle　　　　　　　　　　　　　　　　　　　　//执行圆命令
指定圆的圆心或[三点(3P)/两点(2P)/切点、切点、半径(T)]:3P

　　　　　　　　　　　　　　　　　　　　　　　　//切换到三点选项
指定圆上的第一个点:点取 *A* 点　　　　　　　　//指定圆上第一个点
指定圆上的第二个点:点取 *B* 点　　　　　　　　//指定圆上第二个点
指定圆上的第三个点:点取 *C* 点　　　　　　　　//指定圆上第三个点
(5)切点、切点、半径法。

通过指定圆的半径,绘制一个与两个对
象相切的圆。在绘图过程中,需要先指定和
圆相切的两个对象,再指定圆的半径。

【例 2.14】 用切点、切点、半径法绘制
如图 2.23 所示的图形。

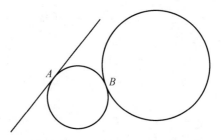

命令:circle　　　　//执行圆命令
指定圆的圆心或[三点(3P)/两点(2P)/
切点、切点、半径(T)]:T

　　　　//切换到切点、切点、半径选项

图 2.23　切点、切点、半径法绘制圆

指定对象与圆的第一个切点:点取 *A* 点　　　　//在直线上指定切点 *A*
指定对象与圆的第二个切点:点取 *B* 点　　　　//在大圆上指定切点 *B*
指定圆的半径 <12.0324>: 30 ↙　　　　　　　　//指定公切圆半径
(6)相切、相切、相切法。

通过依次指定与圆相切的三个对象来绘制圆。

【例 2.15】 用相切、相切、相切法绘制如图 2.24 所
示的图形。

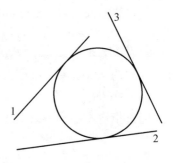

命令:circle　　　　　　　//执行圆命令
指定圆的圆心或[三点(3P)/两点(2P)/切点、切点、
半径(T)]:3P　　　　　　　//切换到三点选项
指定圆上的第一个点:

　　//移动鼠标到边 1 上出现相切标记,单击鼠标　图 2.24　相切、相切、相切法绘制圆

指定圆上的第二个点：　　　　　　　//移动鼠标到边 2 上出现相切标记，单击鼠标

指定圆上的第三个点：　　　　　　　//移动鼠标到边 3 上出现相切标记，单击鼠标

2.3.2　绘制圆弧

圆弧是圆的一部分，具有与圆相同的属性，它属于重要的曲线类图形，AutoCAD 提供了 11 种方式用来绘制圆弧。下面将介绍具体使用方法。

1. 命令调用方式

①面板标题：“默认”→“绘图”→ 圆弧 按钮，如图 2.25 所示；

②菜单栏：绘图→ 圆弧(A) 按钮，如图 2.26 所示；

③命令行：arc（或别名 a）。

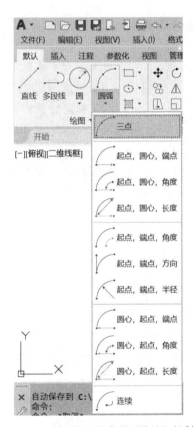

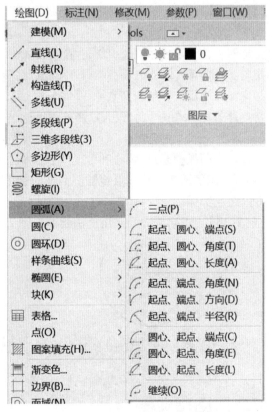

图 2.25　"绘图"面板中的"圆弧"对话框　　　　图 2.26　"圆弧"子菜单对话框

2. 圆弧的绘制方法

在 AutoCAD 中，用户可以用以下 11 种方式绘制圆弧。用以上 3 种命令调用方式均可绘制圆弧，下面以命令操作方式为例，说明圆弧的绘制方法。

（1）三点法。

通过指定的三个点绘制一个圆弧，要依次指定圆弧的起点、中间点和终点。通过起点和终点确定圆弧的弦长，中间点确定圆弧的凸度。

【例 2.16】 用三点法绘制如图 2.27 所示的圆弧。

命令：arc　　　　　　　　　　//执行圆弧命令

指定圆弧的起点或［圆心（C）］：点取 A 点

　　　　　　　　　　　　　　　//指定圆弧起点

指定圆弧的第二个点或［圆心（C）/端点（E）］：点取

B 点　　　　　　　　　　//指定经过圆弧任意一点

指定圆弧的端点：点取 C 点　　//指定圆弧端点

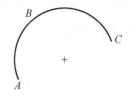

图 2.27　三点法绘制圆弧

（2）起点、圆心、端点法。

通过指定圆弧的起点、圆心和端点绘制圆弧。

【例 2.17】 用起点、圆心、端点法绘制如图 2.28 所示的圆弧。

命令：arc　　　　　　　　　　　　　　　　　　//执行圆弧命令

指定圆弧的起点或［圆心（C）］：点取 A 点　　　　　//指定圆弧起点

指定圆弧的第二个点或［圆心（C）/端点（E）］：C↙　　//键入 C，切换到圆心选项

指定圆弧的圆心：点取 B 点　　　　　　　　　　　　//指定圆弧的圆心

指定圆弧的端点或［角度（A）/弦长（L）］：点取 C 点　//指定圆弧端点

（3）起点、圆心、角度法。

通过指定圆弧的起点、圆心和角度绘制圆弧。设置逆时针为角度方向，如果输入正角度值，则所绘制的圆弧是从起点绕圆心沿逆时针方向绘出的；如果输入负角度值，则沿顺时针方向绘制圆弧。

【例 2.18】 用起点、圆心、角度法绘制如图 2.29 所示的圆弧。

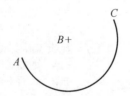

图 2.28　起点、圆心、端点法绘制圆弧

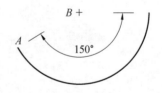

图 2.29　起点、圆心、角度法绘制圆弧

命令：arc　　　　　　　　　　　　　　　　　　//执行圆弧命令

指定圆弧的起点或［圆心（C）］：点取 A 点　　　　　//指定圆弧起点

指定圆弧的第二个点或［圆心（C）/端点（E）］：C↙　　//键入 C，切换到圆心选项

指定圆弧的圆心：点取 B 点↙　　　　　　　　　　　//指定圆弧的圆心

指定圆弧的端点或［角度（A）/弦长（L）］：A↙　　　//键入 A，切换到角度选项

指定包含角：150　　　　　　　　　　　　　　　　//输入圆弧包含角度 150

（4）起点、圆心、长度法。

通过指定圆弧的起点、圆心和弦长绘制圆弧。

【例 2.19】　用起点、圆心、长度法绘制如图 2.30 所示的圆弧。

命令：arc　　　　　　　　　　　　　　　　　　　　　　//执行圆弧命令

指定圆弧的起点或 ［圆心（C）］：点取 *A* 点　　　　　　　//指定圆弧起点

指定圆弧的第二个点或 ［圆心（C）/端点（E）］：C↙　　//键入 C，切换到圆心选项

指定圆弧的圆心：点取 *B* 点↙　　　　　　　　　　　　//指定圆弧的圆心

指定圆弧的端点或 ［角度（A）/弦长（L）］：100　　　　　//输入弦长 100

（5）起点、端点、角度法。

通过指定圆弧的起点、端点、角度绘制圆弧。

【例 2.20】　用起点、端点、角度法绘制如图 2.31 所示的圆弧。

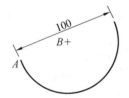

图 2.30　起点、圆心、长度法绘制圆弧　　　图 2.31　起点、端点、角度法绘制圆弧

命令：arc　　　　　　　　　　　　　　　　　　　　　　//执行圆弧命令

指定圆弧的起点或 ［圆心（C）］：点取 *A* 点　　　　　　　//指定圆弧起点

指定圆弧的第二个点或 ［圆心（C）/端点（E）］：E↙　　//键入 E，切换到端点选项

指定圆弧的端点：点取 *B* 点↙　　　　　　　　　　　　//指定圆弧端点

指定圆弧的圆心或 ［角度（A）/方向（D）/半径（R）］：A↙

　　　　　　　　　　　　　　　　　　　　　//键入 A，切换到角度选项

指定包含角：150　　　　　　　　　　　//输入圆弧包含角度 150

（6）起点、端点、方向法。

通过指定圆弧的起点、端点、起点切线方向绘制圆弧。

【例 2.21】　用起点、端点、方向法绘制如图 2.32 所示的圆弧。

命令：arc　　　　　　　　　　　　　　　　　　　　　　//执行圆弧命令

指定圆弧的起点或 ［圆心（C）］：点取 *A* 点　　　　　　　//指定圆弧起点

指定圆弧的第二个点或 ［圆心（C）/端点（E）］：E↙　　//键入 E，切换到端点选项

指定圆弧的端点：点取 *B* 点↙　　　　　　　　　　　　//指定圆弧端点

指定圆弧的圆心或 ［角度（A）/方向（D）/半径（R）］：D↙

　　　　　　　　　　　　　　　　　　　　　//键入 D，切换到方向选项

指定圆弧的起点切向：点取 *C* 点　　　　　　　　//指定圆弧的方向点

（7）起点、端点、半径法。

通过指定圆弧的起点、端点、半径绘制圆弧。

【例 2.22】 用起点、端点、半径法绘制如图 2.33 所示的圆弧。

图 2.32　起点、端点、方向法绘制圆弧　　　图 2.33　起点、端点、半径法绘制圆弧

命令：arc　　　　　　　　　　　　　　　　　　　　　//执行圆弧命令
指定圆弧的起点或［圆心(C)］：点取 A 点　　　　　　//指定圆弧起点
指定圆弧的第二个点或［圆心(C)/端点(E)］：E ↙　　//键入 E,切换到端点选项
指定圆弧的端点：点取 B 点↙　　　　　　　　　　　//指定圆弧端点
指定圆弧的圆心或［角度(A)/方向(D)/半径(R)］：R ↙

　　　　　　　　　　　　　　　　　　　　　　　　　//键入 R,切换到半径选项
指定圆弧的半径：75　　　　　　　　　　　　　　　　//输入圆弧半径

(8)圆心、起点、端点法。

通过指定圆弧的圆心、起点、端点绘制圆弧。

(9)圆心、起点、角度法。

通过指定圆弧的圆心、起点、角度绘制圆弧。

(10)圆心、起点、长度法。

通过指定圆弧的圆心、起点、长度绘制圆弧。

(11)继续。

选择该命令,并在命令行的"指定圆弧的起点或［圆心(C)］:"提示下直接按 Enter 键,系统将以最后一次绘制的线段或圆弧过程中确定的最后一点作为新圆弧的起点,以最后所绘线段方向或圆弧终止点处的切线方向为新圆弧在起始点处的切线方向,然后再指定一点,就可以绘制出一个圆弧。

2.3.3　绘制圆环

用户可通过指定圆环的内、外直径绘制圆环,也可以绘制填充圆。

1.命令调用方式

①面板标题:"默认"→"绘图"→◎按钮,如图 2.34 所示;

②菜单栏:绘图→◎ 圆环(D) 按钮,如图 2.35 所示;

③命令行:donut(或别名 do)。

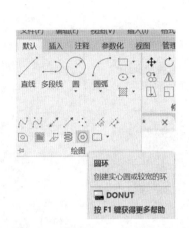

图 2.34 "绘图"面板中的"圆环"对话框　　　　图 2.35 "圆环"子菜单对话框

2. 圆环的绘制方法

用以上 3 种命令调用方式均可绘制圆环。下面以命令操作方式为例,说明圆环的绘制方法。

【例 2.23】 绘制如图 2.36 所示的圆环。

命令: donut　　　　　　　　　　　　　　//执行圆环命令

指定圆环的内径 <0.0000>: 10 ✓　　　　//输入圆环内径

指定圆环的外径 <1.0000>: 20 ✓　　　　//输入圆环外径

指定圆环的中心点或 <退出>:点取 A 点

　　　　　　　　　　　　　　//指定圆环中心点

指定圆环的中心点或 <退出>:✓　　　　//回车结束命令

图 2.36 绘制圆环

2.3.4 绘制椭圆

在 AutoCAD 中,用户可以通过椭圆中心、长轴、短轴 3 个参数来确定椭圆形状,当长轴与短轴相等时,便是一个圆了(特例)。

1. 命令调用方式

①面板标题:"默认"→"绘图"→ ⊕ ▼按钮,如图 2.37 所示;

②菜单栏:绘图→◢ 椭圆(E)按钮,如图 2.38 所示;

③命令行:ellipse(或别名 el)。

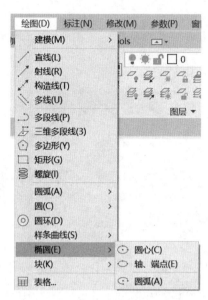

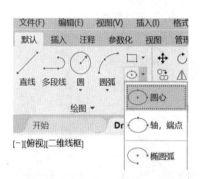

图 2.37 "绘图"面板中的"椭圆"对话框   图 2.38 "椭圆"子菜单对话框

2. 椭圆的绘制方法

以上 3 种命令调用方式均可绘制椭圆。下面以命令操作方式为例,说明椭圆的绘制方法。

(1)轴、端点法。

指定椭圆的 3 个轴端点来绘制椭圆。

【例 2.24】 用轴、端点法绘制如图 2.39 所示的椭圆。

命令:ellipse   //执行椭圆命令

指定椭圆的轴端点或[圆弧(A)/中心点(C)]:点取 A 点   //指定第一个轴的起点

指定轴的另一个端点:点取 B 点   //指定第一个轴的端点

指定另一条半轴长度或[旋转(R)]:点取 C 点   //指定第二个轴的半轴长度

(2)圆心法。

指定椭圆中心和长、短轴的一端点来绘制椭圆。

【例 2.25】 用圆心法绘制如图 2.40 所示的图形。

命令:ellipse   //执行椭圆命令

指定椭圆的轴端点或[圆弧(A)/中心点(C)]:C↙   //键入 C,切换到中心点选项

指定椭圆的中心点:点取 O 点   //指定椭圆的中心点

指定轴的端点:点取 A 点   //指定一个轴的端点

指定另一条半轴长度或[旋转(R)]:点取 B 点   //指定另一个轴的端点

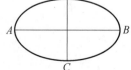

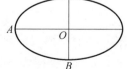

图 2.39 轴、端点法绘制椭圆   图 2.40 圆心法绘制椭圆

（3）椭圆弧法。

可以指定旋转角来绘制椭圆。旋转角是指其中一轴相对另一轴的旋转角度,当旋转角度为零时,将画成一个圆,当旋转角度大于89.4时,命令无效。

【例2.26】　用椭圆弧法绘制如图2.41所示的椭圆。

命令:ellipse　　　　　　　　　　//执行椭圆命令

指定椭圆的轴端点或［圆弧(A)/中心点(C)］:点取 A 点　　　　　　　　　　//指定一个轴的端点

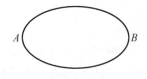

图2.41　椭圆弧法绘制椭圆

指定轴的另一个端点:点取 B 点

　　　　　　　　　　//指定另一个轴的端点

指定另一条半轴长度或［旋转(R)］:R✓　　　//键入 R,切换到旋转角选项

指定绕长轴旋转的角度:30✓　　　　　　　　//输入旋转角度

2.3.5　绘制椭圆弧

在 AutoCAD 中可以方便地绘制椭圆弧。绘制椭圆弧的方法与上面讲的椭圆绘制方法基本类似。执行绘制椭圆弧命令,按照提示首先创建一个椭圆,然后在已有椭圆的基础上截取一段椭圆弧。

1.命令调用方式

①面板标题:"默认"→"绘图"→ ◎▼ 按钮→ 椭圆弧 按钮,如图2.37所示;

②菜单栏:绘图→ 椭圆(E) → 圆弧(A) 按钮,如图2.38所示;

③命令行:ellipse。

2.椭圆弧的绘制方法

用以上3种命令调用方式均可绘制椭圆弧。下面以命令操作方式为例,说明椭圆的绘制方法。

【例2.27】　绘制如图2.42所示的椭圆弧。

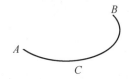

图2.42　绘制椭圆弧

命令:ellipse　　　　　　　　　　　　　　　　　　　//执行椭圆命令

指定椭圆的轴端点或［圆弧(A)/中心点(C)］:A　　　//键入 A,切换到圆弧方式

指定椭圆弧的轴端点或［中心点(C)］:点取 A 点　　　//指定第一个轴的端点

指定轴的另一个端点:点取 B 点　　　　　　　　　　//指定第一个轴的另一个端点

指定另一条半轴长度或［旋转(R)］:点取 C 点　　　　//指定另一个轴的端点

指定起始角度或［参数(P)］:45　　　　　　　　　　//输入起始角度

指定终止角度或［参数(P)/包含角度(I)］:-150　　　//输入终止角度

2.4 创建点对象

创建点对象主要包括点样式的设置、绘制单点、绘制多点、定数等分对象、定距等分对象等内容。

点是图形中的基本元素,任何线、面都是由点组成的,且点可以作标记等分,也可以通过设置点的样式等进行辅助绘制图形。

点的输入方法有:

①用鼠标左键确定位置进行点的输入;

②在命令行中输入指定点的坐标;

③利用点捕捉方式捕捉点;

④根据系统提示输入与上一点的距离。

2.4.1 设置点的样式

在默认情况下,点对象的样式为一个小圆点,如果要改变点的显示效果,可以根据用户需要,改变点的不同样式来满足绘图的需求。

命令调用方式如下。

①菜单栏:格式→ 点样式(P)... 按钮,如图 2.43 所示;

②命令行:ddptype(或别名 ddp)。

执行上述方式之一,系统打开"点样式"对话框,如图 2.44 所示。

图 2.43 "点样式"子菜单对话框

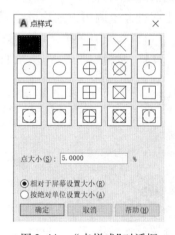

图 2.44 "点样式"对话框

"点样式"对话框中各选项功能如下。

①点样式:提供了 20 种样式,可以任意选择其中的一种。

②点大小:设置点的显示大小。

③相对于屏幕设置大小:点的显示大小可以根据屏幕尺寸的百分比设置。

④按绝对单位设置大小:点的显示大小可在"点大小"下指定的实际单位中设置。

2.4.2 点的绘制方法

命令调用方式如下。

①面板标题:"默认"→"绘图"→ ⁘ 按钮,如图 2.45 所示;

②菜单栏:绘图→点→ 单点(S) 按钮/ ⁘ 多点(P) 按钮,如图 2.46 所示;

③命令行:point(或别名 po)。

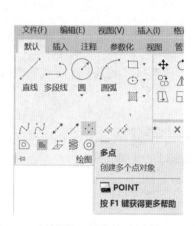

图 2.45 "绘图"面板中的"绘制点"对话框

图 2.46 "绘制点"子菜单对话框

2.4.3 定数等分

定数等分是将所选对象等分为指定数目的相等长度。

1.命令调用方式

①面板标题:"默认"→"绘图"→点 → 按钮,如图 2.47 所示;

②菜单栏:绘图→点→ 定数等分(D)按钮,如图 2.48 所示;

③命令行:divide(或别名 div)。

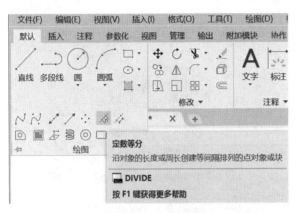

图 2.47 "绘图"面板中的"定数等分"对话框 　　　图 2.48 "定数等分"子菜单对话框

2. 定数等分点的绘制方法

【例 2.28】 绘制如图 2.49 所示的一条水平直线,并将其四等分。

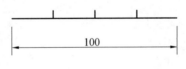

100

图 2.49 定数等分点的绘制

命令: divide 　　　　　　　　　　　　　　//执行定数等分命令
选择要定数等分的对象:选择直线 　　　　　　　//选择要定数等分的对象
输入线段数目或 [块(B)]: 4✓ 　　　　　　　//输入线段等分数目

2.4.4 定距等分

定距等分是将所选对象按指定的长度进行等分。

1. 命令调用方式

①面板标题:"默认"→"绘图"→点→⚞按钮,如图 2.50 所示;
②菜单栏:绘图→点→⚞ **定距等分(M)** 按钮,如图 2.51 所示;
③命令行:measure(或别名 me)。

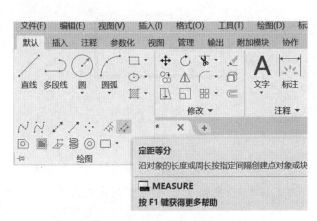

图 2.50　"绘图"面板中的"定距等分"对话框　　　　图 2.51　"定距等分"子菜单对话框

2. 定距等分点的绘制方法

【例 2.29】　绘制如图 2.52 所示的一条线段,将线段以每段距离为 30 进行等分。

命令:measure　　　　　　　　//执行定距等分命令

选择要定距等分的对象:选择线段

　　　　　　　　//选择要定距等分的对象

指定线段长度或[块(B)]:30↙　　　　//输入距离值

图 2.52　定距等分点的绘制

执行定距等分命令后,线段被分为 4 段,出现 3 个等分点,但最后一段线段不够等分距离所以不能等分。

注意:定数等分和定距等分的等分点可以用图块替代,也可以作为辅助绘制图形的点。

2.5　创建多线

创建多线主要包括绘制多线、设置多线样式、编辑多线等。

2.5.1　绘制多线

多线是指由多条平行线构成的直线,AutoCAD 2022 允许绘制 1~16 条平行线。连续绘制的多线是一个图元。多线常用于绘制建筑图中的墙体及电子线路图。

1. 命令调用方式

①菜单栏:绘图→ 多线(U) 按钮,如图 2.53 所示;

②命令行:mline(或别名 ml)。

2. 多线的绘制方法

【例 2.30】 绘制如图 2.54 所示的图形。

图 2.53 "多线"子菜单对话框

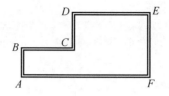

图 2.54 多线绘制

命令：mline　　　　　　　　　　　　　　　　　　　　//执行多线命令

当前设置：对正 = 上,比例 = 1.00,样式 = STANDARD　　//显示当前的设置信息

指定起点或 [对正(J)/比例(S)/样式(ST)]：点取 A 点　//指定多线的第一个端点

指定下一点：点取 B 点　　　　　　　　　　　　　　　//指定多线的第二个端点

指定下一点或 [放弃(U)]：点取 C 点　　　　　　　　//指定多线的第三个端点

指定下一点或 [闭合(C)/放弃(U)]：点取 D 点　　　　//指定多线的第四个端点

指定下一点或 [闭合(C)/放弃(U)]：点取 E 点　　　　//指定多线的第五个端点

指定下一点或 [闭合(C)/放弃(U)]：点取 F 点　　　　//指定多线的第六个端点

指定下一点或 [闭合(C)/放弃(U)]：↙　　　　　　　　//回车结束多线命令

命令行中各选项命令的功能如下。

①对正(J)：设置多线对正方式。多线的测量基准线是由"对正"控制的,它包括上(T)/无(Z)/下(B)三种形式。

a."上"：多线上方线段与捕捉点对齐,如图 2.55(a)所示。

b."无"：多线中间位置与捕捉点对齐,如图 2.55(b)所示。

c."下"：多线下方线段与捕捉点对齐,如图 2.55(c)所示。

②比例(S)：用于控制多线的宽度,比例越大则多线越宽。

③样式(ST)：选择多线的样式,默认样式为 STANDARD。

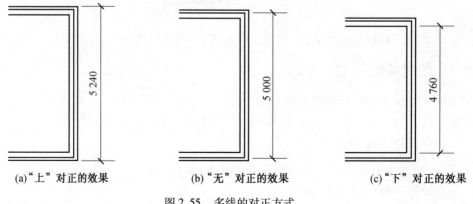

(a)"上"对正的效果　　　(b)"无"对正的效果　　　(c)"下"对正的效果

图 2.55 多线的对正方式

2.5.2　设置多线样式

用户可以根据需要来设置多线的样式,下面介绍多线样式的设置方法。

1.多线样式的设置方法

①菜单栏:格式→ 多线样式(M)... 按钮,如图 2.56 所示;

②命令行:mlstyle。

执行上述命令之一,系统将弹出"多线样式"对话框,如图 2.57 所示,用户可以根据需要创建多线样式。

图 2.56　"多线样式"子菜单对话框　　　　图 2.57　"多线样式"对话框

"多线样式"对话框中各选项功能如下。

①"样式"列表:显示已经加载的多线样式。

②置为当前:将在"样式"列表框中选中的多线样式设置为当前样式。

③新建:可以创建新的多线样式。

④修改:修改创建的多线样式。

⑤重命名:为选定的多线样式重命名。

⑥删除:删除"样式"列表框中的多线样式。

⑦加载:将保存在计算机其他位置的多线样式添加到软件当中。

⑧保存:将当前的多线样式保存到文件。

⑨"说明"选项区:显示选定样式的说明性文字。

⑩"预览"选项区:显示所选多线样式的外观。

2.设置多线样式的具体过程

(1)格式→多线样式,如图 2.56 所示。

(2)在打开的"多线样式"对话框中单击【新建】,打开"创建新的多线样式"对话框,如图 2.58 所示。

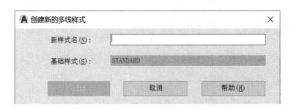

图 2.58 "创建新的多线样式"对话框

（3）在该对话框的"新样式名"文本框中输入新样式的名称"标准"，单击【继续】，将打开如图 2.59 所示的"新建多线样式:标准"对话框。

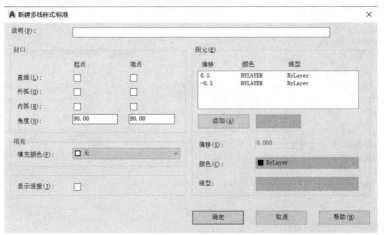

图 2.59 "新建多线样式:标准"对话框

（4）在该对话框的"说明"文本框中输入关于该样式的说明性文字。

（5）在"封口"选项区，用户可设置多线起点和端点处的样式，多线的封口形式如图 2.60 所示。

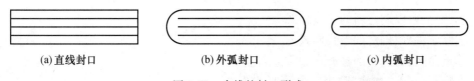

(a)直线封口　　　　　(b)外弧封口　　　　　(c)内弧封口

图 2.60 多线的封口形式

"封口"选项区各选项功能如下。

①直线:在多线的起始和终止位置添加横线。

②外弧:为多线设置圆弧状端点。

③内弧:将处于多线两端点内部并为偶数的线设置为弧形。

④角度:指定端点封口的角度，其设置范围为 $10° \sim 170°$。

填充:设置是否对多线进行填充，并设置多线填充的颜色。

显示连接:在多线的转折处出现连接线。

（6）在"图元"选项区，用户可分别设置组成多线的各条平行线的特征，如偏移、颜色和线型等。

"图元"选项区各选项的含义如下。

①添加:在多线中增加一条平行线。

②删除:删除在"图元"列表中选取的平行线。

③偏移:指定所选平行线的偏移量。

④颜色:在下拉列表框中设置被选取平行线的颜色。

⑤线型:可单击【线型】来设置被选取平行线的线型。

注意:当多线样式已经使用时,该样式的多线特性就不能被再次修改,如果要修改,可以在绘图窗口删除用该样式绘制的多线。

2.5.3　编辑多线

要对已绘制的多线进行编辑时,可双击已绘制的多线,"多线编辑工具"对话框如图2.61所示。

图2.61　"多线编辑工具"对话框

2.6　创建多段线

创建多段线主要包括绘制多段线、编辑多段线等。

2.6.1　绘制多段线

多段线是由许多连续的线和弧组成的,因为这些线和弧组成的是一个整体对象,所以选取多段线时会将所有线和弧都选中,并且多段线可以设置线宽。

1.命令调用方式

①面板标题:"默认"→"绘图"→ 多段线 按钮,如图2.62所示;

②菜单栏:绘图→ 多段线(P) 按钮,如图2.63所示;

③命令行：pline(或别名 pl)。

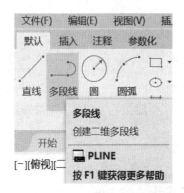

图 2.62 "绘图"面板"多段线"对话框

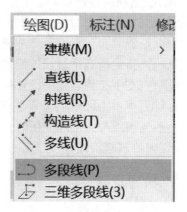

图 2.63 "多段线"子菜单对话框

2. 多段线的绘制

当执行上述命令时，命令行提示：

指定下一个点或 [圆弧(A)/半宽(H)/长度(L)/放弃(U)/宽度(W)]：

命令行中各选项命令的功能如下。

①圆弧(A)：可以从绘制直线方式切换到绘制圆弧方式。

②半宽(H)：确定多段线的半宽值。

③长度(L)：确定多段线的长度。

④放弃(U)：取消上一步线段或圆弧的操作。

⑤宽度(W)：设置多段线的起点和终点的宽度，操作方法与半宽选项类似。

3. 绘制多段线的方法

【例 2.31】 绘制如图 2.64 所示的图形。

命令：pline✓ //执行多段线命令

指定起点：100,100✓ //用绝对直角坐标,指定多段线起点

当前线宽为 0.0000：✓ //显示当前线宽

指定下一个点或 [圆弧(A)/半宽(H)/长度(L)/放弃(U)/宽度(W)]：W✓ //键入 W,改变线宽

指定起点宽度 <0.0000>: 15✓ //输入起点线宽

图 2.64 绘制多段线

指定端点宽度 <15.0000>：✓ //回车确定端点线宽值为 15

指定下一个点或 [圆弧(A)/半宽(H)/长度(L)/放弃(U)/宽度(W)]：100✓

//指定 A、B 两点的距离

指定下一点或 [圆弧(A)/闭合(C)/半宽(H)/长度(L)/放弃(U)/宽度(W)]：A✓

//键入 A,切换到绘制圆弧选项

指定圆弧的端点或[角度(A)/圆心(CE)/闭合(CL)/方向(D)/半宽(H)/直线(L)/半径(R)/第二个点(S)/放弃(U)/宽度(W)]：H✓ //键入 H,改变半宽

指定起点半宽 <7.5000>：✓ //回车确定起点线宽值为 15

指定端点半宽 <7.5000>: 5 ∠　　　　　　　　　　　　　　//键入端点线宽

指定圆弧的端点或[角度(A)/圆心(CE)/闭合(CL)/方向(D)/半宽(H)/直线(L)/半径(R)/第二个点(S)/放弃(U)/宽度(W)]:点取 C 点　　　　//确定圆弧的端点

指定圆弧的端点或[角度(A)/圆心(CE)/闭合(CL)/方向(D)/半宽(H)/直线(L)/半径(R)/第二个点(S)/放弃(U)/宽度(W)]: L∠　　　　//键入 L,切换到绘制直线选项

指定下一点或[圆弧(A)/闭合(C)/半宽(H)/长度(L)/放弃(U)/宽度(W)]: W ∠　　　　　　　　　　　　　　　　　　　　　　　//键入 W,改变线宽

指定起点宽度 <10.0000>:∠　　　　　　　　//回车确定起点线宽值为 10

指定端点宽度 <10.0000>: 0 ∠　　　　　　　　//输入端点线宽为 0

指定下一点或[圆弧(A)/闭合(C)/半宽(H)/长度(L)/放弃(U)/宽度(W)]:100 ∠　　　　　　　　　　　　　　　　　　//输入数值指定 C 点到 D 点的距离

指定下一点或[圆弧(A)/闭合(C)/半宽(H)/长度(L)/放弃(U)/宽度(W)]: ∠　　　　　　　　　　　　　　　　　　　　　　　　　　　//回车结束命令

注意:多段线是否填充,受 fill 命令控制。执行该命令,输入 off,即可使填充处于关闭状态。

2.6.2　编辑多段线

1. 命令调用方式

①面板标题:"默认"→"修改"→ 按钮,如图 2.65 所示;

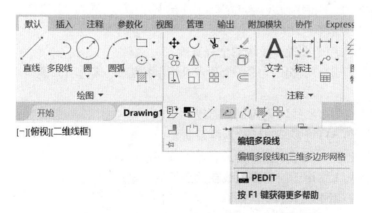

图 2.65　"修改"面板中的"编辑多段线"对话框

②菜单栏:修改→ 对象→ 多段线(P) 按钮,如图 2.66 所示;

③命令行:pedit。

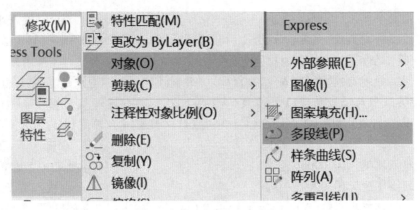

图 2.66　"编辑多段线"子菜单对话框

2. 多段线的编辑

当执行上述命令时,命令行提示:

命令:pedit

选择多段线或［多条(M)］:

输入选项［闭合(C)/合并(J)/宽度(W)/编辑顶点(E)/拟合(F)/样条曲线(S)/非曲线化(D)/线型生成(L)/放弃(U)］:

命令行中各选项命令的功能如下。

①闭合(C):封闭所编辑的多段线,即自动以最后一段的绘图模式(直线或圆弧)连接原多段线的起点和终点。

②合并(J):用于将多段线端点精确相连的其他直线、圆弧、多段线合并为一条多段线,该多段线必须是不封闭的。

③宽度(W):用于设置多段线的全程宽度。

④编辑顶点(E):对多段线的各个顶点进行单独编辑,该选项只能对单个的多段线操作。

⑤拟合(F):将多段线转化为拟合曲线。

⑥样条曲线(S):将多段线转化为样条曲线。

⑦非曲线化(D):用于取消拟合或样条曲线,返回直线状态。

⑧线型生成(L):用于控制多段线在顶点处的线型。

⑨放弃(U):用于取消上一次的修改操作。

2.7　创建样条曲线

在 AutoCAD 的二维绘图中,样条曲线主要用于波浪线、相贯线、截交线的绘制。样条曲线的形状主要由数据点、拟合点与控制点控制。

2.7.1　绘制样条曲线

1. 命令调用方式

①面板标题:"默认"→"绘图"→ 按钮,如图 2.67 所示;

②菜单栏:绘图→ 样条曲线(S) 按钮,如图 2.68 所示;

③命令行:spline(或别名 spl)。

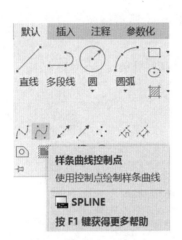

图 2.67　"绘图"面板中的"样条曲线"对话框

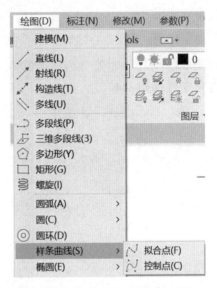

图 2.68　"样条曲线"子菜单对话框

2. 样条曲线的绘制

【例 2.32】　绘制如图 2.69 所示的样条曲线。

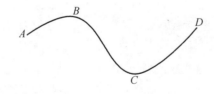

图 2.69　绘制样条曲线

命令：spline　　　　　　　　　　　　　　　　　　　　　　//执行样条曲线命令

指定第一个点或［对象(O)］:点取 A 点　　　　　　　　　　//指定第一点

指定下一点:点取 B 点　　　　　　　　　　　　　　　　　//指定第二点

指定下一点或［闭合(C)/拟合公差(F)］<起点切向>:点取 C 点　　//指定第三点

指定下一点或［闭合(C)/拟合公差(F)］<起点切向>:点取 D 点　　//指定第四点

指定下一点或［闭合(C)/拟合公差(F)］<起点切向>:↙　　　//指定结束点

指定起点切向:↙　　　　　//确定起点切向方向,直接回车切向为系统默认方向

指定端点切向:↙　　　　　//确定端点切向方向,直接回车切向为系统默认方向

命令行中各选项命令的功能如下。

①闭合(C):将样条曲线首尾封闭连接,使样条曲线闭合。

②拟合公差(F):实际样条曲线与输入的控制点之间所允许偏移距离的最大值,公差值越小,样条曲线就越接近拟合点,默认值为0。

③取消(U):该选项不在提示中出现,用户可在选取任一点后输入U,取消该段曲线。

2.7.2 编辑样条曲线

1. 命令调用方式

①面板标题:"默认"→"修改"→按钮,如图 2.70 所示;

②菜单栏:修改→对象→ 样条曲线(S) 按钮,如图 2.71 所示;

③命令行:splinedit。

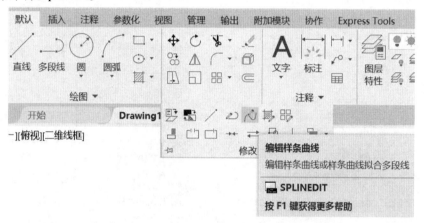

图 2.70 修改面板"编辑样条曲线"对话框

图 2.71 "编辑样条曲线"子菜单对话框

2. 样条曲线的编辑

当执行上述命令时,命令行提示:

命令: splinedit

选择样条曲线:

输入选项［拟合数据(F)/闭合(C)/移动顶点(M)/精度(R)/反转(E)/放弃(U)］:

命令行中各选项命令的功能如下。

①拟合数据(F):用于编辑样条曲线所通过的某些拟合点。

选择该选项后,命令行提示:

输入拟合数据选项

[添加(A)/闭合(C)/删除(D)/移动(M)/清理(P)/相切(T)/公差(L)/退出(X)]<退出>:

该提示中各选项命令的功能如下。

a.添加(A):增加拟合点,此时将改变样条曲线的形状,并且增加拟合点符合当前公差。

b.闭合(C):用于控制是否封闭样条曲线。

c.删除(D):删除样条曲线拟合点集中的一些拟合点。

d.移动(M):移动拟合点。

e.清理(P):从图形数据库中清除样条曲线的拟合数据信息。

f.相切(T):修改样条曲线在起点和端点的切线方向。

g.公差(L):重新设置拟合公差的值。

h.退出(X):退出当前的拟合数据操作,返回到上一级提示。

②闭合(C):用于控制是否封闭样条曲线。

③移动顶点(M):移动当前拟合点。

④精度(R):用于设置样条曲线的精度。

选择该选项后,命令行提示:

输入精度选项[添加控制点(A)/提高阶数(E)/权值(W)/退出(X)]<退出>:

该提示中各选项命令的功能如下。

a.添加控制点(A):用于增加控制点。

b.提高阶数(E):用于控制样条曲线的阶数,阶数越高控制点越多,此时样条曲线越光滑,允许输入的最大阶数值是 26。

c.权值(W):用于改变样条曲线接近或远离控制点,它将修改样条曲线的形状。

d.退出(X):退出当前精度设置,返回控制点编辑状态。

⑤反转(E):用于改变样条曲线的方向,始末点交换。

⑥放弃(U):用于取消上一次的修改操作。

思考与练习

1.绘制边长为 80 的五角星。

2.绘制粗糙度符号,如图 2.72 所示(H_2 取决于标注内容)。

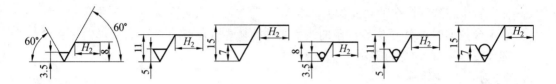

图 2.72　粗糙度符号图

3. 绘制两圆弧相切于一点 C 的图形,如图 2.73 所示。

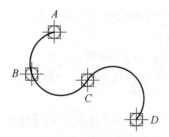

图 2.73　两圆弧连接

4. 绘制长为 200 的线段并进行定数等分和定距等分。

5. 绘制一条多段线并进行编辑,使多段线成为样条曲线。

第 3 章

二维图形的编辑命令

【学习目标】

在用 AutoCAD 绘制二维图形时,一般直接绘制的图形不能一次满足要求,因此需要对图形进行修改与编辑。在 AutoCAD 的"修改"菜单中包含了大部分编辑命令,选择该菜单中的命令或子命令可以帮助用户合理地构造和组织编辑二维图形,以保证绘图的准确性,简化绘图操作。

【知识要点】

通过本章的学习,读者应掌握使用二维对象的选择、删除、复制、镜像、移动、对齐、偏移、阵列、旋转、延伸、圆角、拉伸等命令编辑对象的方法以及综合运用多种图形编辑命令绘制图形的方法。

3.1 选择对象

在 AutoCAD 中编辑修改目标对象时,用户可以先选取需要修改的对象,再输入相应的编辑命令,也可以在输入编辑命令后,再选择需要修改的对象。

3.1.1 在使用编辑命令前直接选择对象

在 AutoCAD 中对二维图形进行编辑时,大部分编辑命令都可以先选择对象,再输入编辑命令。AutoCAD 软件为用户提供了多种选择对象的方式,如直接单击方式选择对象、窗选方式选择对象和其他选择对象的方式。

1. 直接单击方式

直接单击方式是一种默认的选择对象的方式,方法是将鼠标靠近所要选择的对象时,对象出现如图 3.1 所示变化,此时用鼠标左键直接单击所需编辑的对象,被编辑的对象以虚线形式显示,如图 3.2 所示。

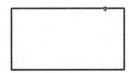

图 3.1　鼠标靠近对象时　　　　图 3.2　单击选择对象后

2. 窗选方式

（1）矩形窗口窗选方式。

输入命令后,系统提示选择对象时,输入 W,则完全在矩形窗口之内的所有实体均被选中。例如,如图 3.3 所示,在对阶梯轴进行修剪操作时,输入修剪操作,系统提示选择对象,此时用户输入 W(默认情况下就是窗选方式),在阶梯轴左上方选取一点后,向右下方移动鼠标,此时系统以蓝色动态显示选取点与鼠标之间的矩形区域,当鼠标移动到图中所示位置时,再次单击选取一点,最终选取效果如图 3.4 所示,完全在矩形区域内的线段才被选中。

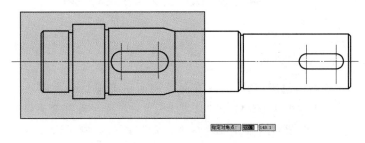

图 3.3 选择框位置

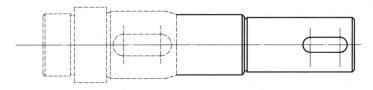

图 3.4 窗选方式下的最终选取效果

（2）交叉窗选方式。

当在命令的方式下输入 C 时,光标在屏幕上拾取点,则矩形窗口之内的所有实体或与矩形实体相交的实体均被选中。例如上述阶梯轴,同样是图 3.3 所示位置,在系统提示选择对象后输入 C,最终选取效果如图 3.5 所示。在窗口内以及与窗口相交的部分全部被选择。

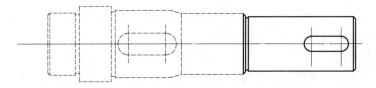

图 3.5 交叉窗选方式下的最终选取效果

（3）默认窗选方式。

光标在屏幕上空白处拾取点,由左到右类似窗选方式(矩形窗口为实线);由右到左类似交叉窗选方式(矩形窗口为虚线)。

直接选择对象后,再输入相应的编辑命令,关于具体的编辑命令在下面的内容中会做详细的介绍。

3.1.2　在使用编辑命令后选取对象

在 AutoCAD 中对二维图形进行编辑时,有些编辑命令必须先输入编辑命令,然后再选择要编辑的对象,如修剪、延伸、偏移、圆角、倒角等命令,使用以上命令时必须先启动命令,再选择要编辑的对象。启动该命令时,已选择的对象将自动取消选择状态。

3.2　常用编辑命令

3.2.1　"修改"菜单和"屏幕"菜单

"修改"菜单用于编辑图形,创建复杂的图形对象。"修改"菜单中包含了 AutoCAD 中的大部分编辑命令,如图 3.6 所示。通过选择该菜单中的命令或子命令,可以完成对图形的所有编辑操作。

图 3.6　"修改"菜单

3.2.2 修改命令和修改工具栏

在 AutoCAD 中,用户可以在"修改"菜单中调用命令,这些命令在 AutoCAD 中都与一些快捷键相互对应,用户可以通过在命令行中输入相关命令的快捷键来完成命令的调用,如删除命令所对应的快捷键为 erase(或别名 e)。当在命令行中输入字母 e 按回车键确认后,该修改命令被激活。

"修改"面板中的每个工具按钮都与"修改"菜单中相应的绘图命令相对应,单击"修改"面板中的按钮,即可执行相应的修改操作,如图 3.7 所示。

图 3.7 "修改"面板

3.2.3 删除与恢复

1. 删除

删除命令可以在图形中删除用户所选择的一个或多个对象。设置"删除"对话框如图 3.6 所示。

调用删除命令的方式如下。

①面板标题:"默认"→"修改"→![](按钮;

②菜单栏:修改→删除;

③命令行:erase(或别名 e)。

命令行提示:

命令: erase

选择对象:

依次单击或框选所要删除的对象,然后按回车键或空格键结束对象选择,同时删除已选择的对象。

2. 恢复

用户在操作过程中,有时候也会误操作,例如错误删除图形。对于一个已删除对象,虽然用户在屏幕上看不到它,但在图形文件还没有关闭之前,该对象仍保留在图形数据库中,用户可利用恢复命令将其恢复。但当图形文件关闭后,则该对象将被永久性地删除。设置"恢复"对话框如图 3.8 所示。

调用恢复命令的方式如下。

①面板标题:单击标题栏的![](按钮;

②菜单栏: 编辑→放弃;

③命令行:oops 或 undo。

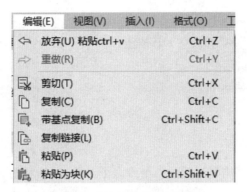

图 3.8　设置"恢复"对话框

命令行提示：

当前设置：自动 = 开,控制 = 全部,合并 = 是

输入要放弃的操作数目或[自动（A）/控制（C）/开始（BE）/结束（E）/标记（M）/后退（B）]<1>:

命令行提示用户输入需要放弃操作的步骤,为默认设置时,用户直接输入想要放弃的操作数目后按回车键或空格键确认即可完成恢复操作。

说明:用 oops 命令只能恢复最近使用删除命令删除的实体,若要恢复前两次、三次删除的实体,则只能用 undo 命令。

3.2.4　移动、旋转、对齐

1.移动

移动命令可以将用户所选择的一个或多个对象平移到任何位置,但不改变对象的形状与大小。设置"移动"对话框如图 3.9 所示。

图 3.9　设置"移动"对话框

调用移动命令的方式如下。

①面板标题:"默认"→"修改"→✛按钮;

②菜单栏:修改→移动;

③命令行:move(或别名 m)。

命令行提示:

命令: move

选择对象:

用户在此时应该选择需要移动的一个或多个对象,确认对象选择。

系统进一步提示:

指定基点或[位移(D)]<位移>:

此时,要求用户指定一个基点,用户可通过键盘输入或鼠标选择来确定基点,此时系统提示:

指定基点或[位移(D)]<位移>:

指定第二个基点或<使用第一点作为位移>:

这时用户有两种选择。

①指定第二个基点。系统将根据基点到第二个基点之间的距离和方向确定选中对象的移动距离和移动方向。在这种情况下,移动的效果只与两个点之间的相对位置有关,而与点的绝对坐标无关。

②直接按回车键。系统将基点的坐标值作为相对的 X、Y、Z 轴位移值。在这种情况下,基点的坐标确定了位移矢量(即原点到基点之间的距离和方向),因此,基点不能随意确定。

2. 旋转

旋转命令可以改变用户所选择的一个或多个对象的方向(位置)。用户可通过指定一个基点和一个相对或绝对的旋转角来对所选择的对象进行旋转。设置"旋转"对话框如图 3.10 所示。

图 3.10　设置"旋转"对话框

调用旋转命令的方式如下。

①面板标题:"默认"→"修改"→ 按钮;

②菜单栏:修改→旋转;

③命令行:rotate(或别名 ro)。

命令行提示:

UCS 当前正确方向:ANGDIR = 逆时针 ANGBASE = 0

选择对象:

调用该命令后,系统首先提示 UCS 当前的正角方向,并提示用户选择对象,用户可在此提示下选择需要旋转的对象,构造要旋转对象的选择集,选取六边形,如图 3.11 所示。然后按回车键或空格键结束确认对象选择。

系统进一步提示:

指定基点:

用户首先需要指定一个基点,选择六边形最上边端点,即旋转对象时的中心点,然后指定旋转的角度,这时有两种方式可供选择。

①直接指定旋转角度。即以当前的正角方向为基准,按用户指定的角度进行旋转,此时在命令行中输入 30 并按回车键确认,六边形更改为如图 3.12 所示状态。

②选择参照。选择该选项后,系统首先提示用户指定一个参照角,然后再指定以参照角为基准的新的角度。

图 3.11　选取六边形　　　　　　　图 3.12　旋转后的六边形

3. 对齐

对齐命令是将一点或一条直线对齐到目标点或直线上。设置"对齐"对话框如图 3.13 所示。

调用对齐命令的方式如下。

①菜单栏:修改→三维操作→对齐;

②命令行:align。

命令行提示:

命令:align

选择对象:

此时,用户可以选择一个或多个需要对齐到指定位置的对象后确认选择。选择如图 3.14 所示矩形和椭圆,单击鼠标右键确认选择。

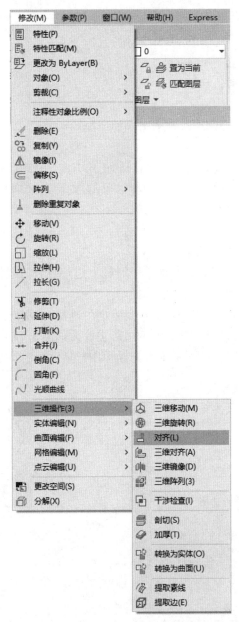

图 3.13　设置"对齐"对话框

此时系统提示：

指定第一个源点：

第一个源点就是用户选择需要对齐的对象的第一个基点,如图 3.14 所示指定点 A,用户指定后系统自动提示：

指定第一个目标点：

指定第一个目标点的意思就是要第一个源点与之对齐的位置,如图 3.14 所示的 A',用户指定后系统自动提示：

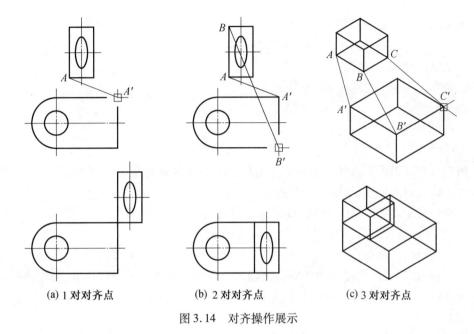

(a) 1 对对齐点　　　　　(b) 2 对对齐点　　　　　(c) 3 对对齐点

图 3.14　对齐操作展示

指定第二个源点:

此时,用户可以有两种选择方式:①用户直接按回车键确认,源对象自动按照指定的源点对齐到目标点上,如图 3.14(a)所示;②用户也可以用鼠标再次指定第二个源点,操作过程与第一点相同,指定第二个对齐点按回车键确认后效果如图 3.14(b)所示。允许用户分别指定三个源点和目标点来完成对象的对齐操作,如图 3.14(c)所示。

3.2.5　复制、阵列、偏移、镜像

1. 复制

复制命令可以将用户所选择的一个或多个对象生成一个或者多个副本,并将该副本放置到其他任何位置上。设置"复制"对话框如图 3.15 所示。

图 3.15　设置"复制"对话框

调用复制命令的方式如下。

①面板标题:"默认"→"修改"→品 按钮;

②菜单栏:修改→复制;

③命令行:copy(或别名 co、cp)。

命令行提示:

命令：copy

选择对象：

用户可在此提示下选择一个或多个对象来构造要复制对象的选择集,然后按回车键或空格键确认对象选择,系统进一步提示:

指定基点或［位移(D)/模式(O)］<位移>:

(1)基点。

基点的操作与移动命令完全相同,不同之处仅在于操作结果,即移动命令是将原选择对象移动到指定位置,而复制命令则将其副本放置在一个或多个指定位置,而原选择对象并不发生任何变化。操作完成后按回车键或空格键结束命令。

(2)位移(D)。

使用坐标指定相对距离和方向。当输入 D 后,命令行提示:

指定位移 <-66.1147, -75.0256, 0.0000>:

此时,需要用户由两种方式进行操作:①用鼠标指定一点,此点和坐标点的方向与距离为选择对象进行复制的方向和距离;②在命令行中输入所复制对象与源对象的相对坐标值。

(3)模式(O)。

控制是否自动重复该命令。当输入 O 后,命令行提示:

输入复制模式选项［单个(S)/多个(M)］<多个>:

此项命令控制一次输入命令后可以复制的次数。

2. 阵列

复制多个对象并按照一定规则排列成为阵列,阵列命令可以按照矩形、环形、指定路径来复制对象。复制的对象与源对象可以关联,也可以独立。关联是指源对象被修改,阵列产生的对象副本自动更新。对于矩阵阵列,可以控制复制对象的行数和列数,以及对象之间的距离,矩形阵列的方向由行数和列数的正负来决定。对于环形的阵列,可以控制复制对象的数目和决定是否旋转对象,环形矩阵的方向为逆时针。路径阵列将沿指定路径定距或均匀地分布对象副本。设置"阵列"对话框如图 3.16 所示。

调用阵列命令的方式如下。

①面板标题:"默认"→"修改"→品 按钮;

②菜单栏:修改→阵列;

③命令行:aray(或别名 ar)。

(1)矩形阵列。

工程图中常有一些图形呈矩形阵列,只要绘制其中一个,找准矩阵之间的几何关系,就可以轻松地创建矩阵对象。对于如图 3.17 所示的住宅立面,已经绘制好了其中一个窗

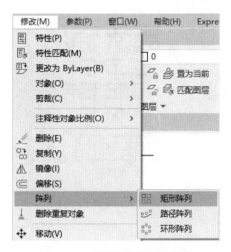

图 3.16 设置"阵列"对话框

户的图形,现在需要将其他的窗户阵列出来。

矩形阵列的操作步骤如下。

在"修改"面板中单击矩形阵列按钮,激活阵列命令,命令行提示:

命令:arrayrect

选择对象:(窗口选择图 3.17 中的窗户图形)

选择对象:(回车结束选择对象)

类型=矩形 关联=是 (当前给定的默认模式,矩形阵列,阵列生成的对象与源对象关联)

选择夹点以编辑阵列,或[关联(AS)/基点(B)/计数(COU)/间距(S)/列数(COL)/行数(R)/层数(L)/退出(X)]<退出>:

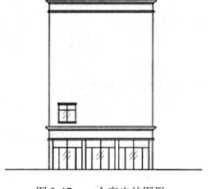

图 3.17 一个窗户的图形

此时,功能区面板显示为矩形阵列的"阵列创建"选项卡,如图 3.18 所示。在"列"面板上,"列数"输入 3,"介于"输入 3 500;在"行"面板上,"行数"输入 4,"介于"输入 3 000;单击【关闭列阵】,完成矩形阵列,结果如图3.19(a)所示。若在阵列时,选择"关联"选项,则阵列后的对象相互关联,选择其中任一对象,则选择了全部阵列对象,如图3.19(b)所示。若不选择"关联"选项,则阵列后的对象为各自独立的对象,可单独进行编辑修改,如图3.19(c)所示。

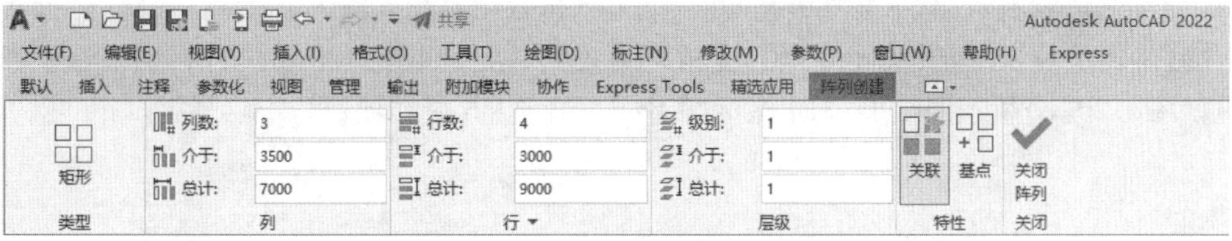

图 3.18 矩形阵列的"阵列创建"选项卡

(a) 矩形阵列的结果　　　　　(b) 关联阵列　　　　　(c) 非关联阵列

图 3.19　矩形阵列示意图

（2）环形阵列。

环形阵列是指复制多个环形并按照指定的中心进行环形排列的操作。以图 3.20 所示的小圆和六边形为原始图形,进行环形阵列操作。

(a) 阵列时旋转作为副本的项目　　　　(b) 选择"旋转项目"　　　　(c) 不选择"旋转项目"

图 3.20　环形阵列

在"修改"面板中单击环形阵列按钮,激活阵列命令,命令行提示:

命令:arraypolar

选择对象:(窗口选择图 3.20(a)中的图形)

选择对象:(回车结束选择对象)

类型＝矩形　　关联＝是　　(当前给定的默认模式,矩形阵列,阵列生成的对象与源对象关联)

指定阵列的中心点,或【基点(B)/旋转轴(A)】:指定图 3.20(a)中半圆的圆心为环形阵的中心点

选择夹点以编辑阵列或[关联(AS)/基点(B)/项目(I)/项目间角度(A)/填充角度(F)/行数(R)/层数(L)/旋转项目(ROT)/退出(X)]<退出>:

此时,功能区面板显示为环形阵列中的"阵列创建"选项卡,如图 3.21 所示。在"项目"面板上,"项目数"输入6,"填充"即环形阵列包含填充角度输入180,激活"特性"面板上的【旋转项目】,单击【关闭阵列】,完成环形阵列,结果如图 3.20(b)所示,如果希望产生如图 3.20(c)所示的结果,则不激活"特性"面板上的【旋转项目】。

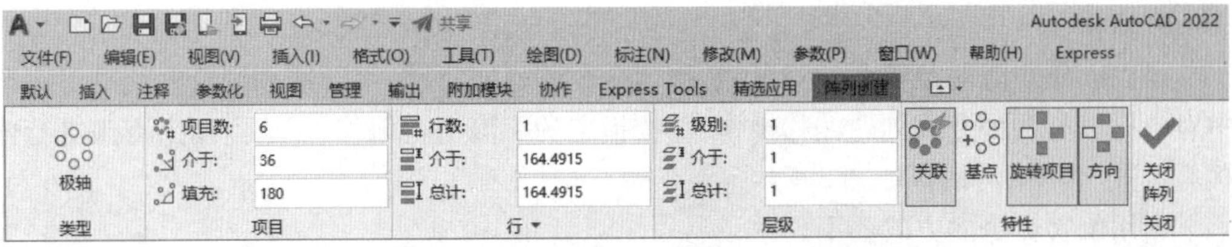

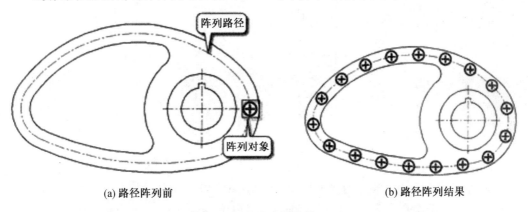

图 3.21 环形阵列中的"阵列创建"选项卡

（3）路径阵列。

路径阵列将沿指定路径或部分路径均匀分布对象副本。对图 3.22（a）进行路径阵列操作，在"修改"面板中单击路径列阵按钮，命令行提示：

命令：arraypath

选择对象：（窗口选择图 3.22（a）中的阵列源对象）

选择对象：（回车结束选择对象）

类型＝路径   关联＝是（当前给定的默认模式，路径阵列，阵列生成的对象与源对象关联）

选择路径曲线：（选择阵列路径，如图 3.22（a）所示的阵列路径）

（a）路径阵列前   （b）路径阵列结果

图 3.22 路径阵列

此时，功能区面板显示为路径阵列中的"阵列创建"选项卡，如图 3.23 所示，在"项目"面板上，单击"项目数"前的按钮，将项目数栏由灰色不可填写状态改为可填写状态，并输入 18，单击"特性"面板的【基点】，指定阵列源对象的圆心为基点；单击"特性"面板的【定距等分】，选择"定数等分"，同时不选择"对齐项目"选项，单击【关闭阵列】，完成路径阵列，结果如图 3.22（b）所示。

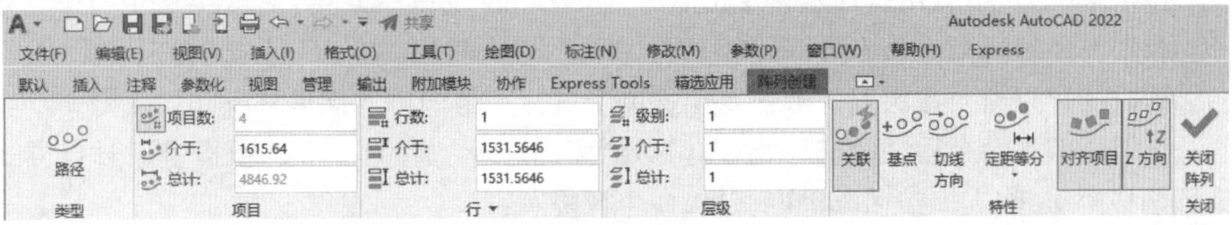

图 3.23 路径阵列中的"阵列创建"选项卡

3. 偏移

可以创建与源对象等距的对象,常用该命令创建同心圆、平行线和平行曲线等。对选中对象可以有两种方式创建偏移操作:①按指定的距离进行偏移;②通过指定点来进行偏移。设置"偏移"对话框如图 3.24 所示。

调用偏移命令的方式如下。

①面板标题:"默认"→"修改"→ ⊆ 按钮;

②菜单栏:修改→偏移;

③命令行:offset(或别名 o)。

图 3.24　设置"偏移"对话框

命令行提示:

当前设置:删除源=否　图层=源　OFFSETGAPTYPE=0

指定偏移距离或[通过(T)/删除(E)/图层(L)]<通过>:

调用该命令后,系统提示输入偏移距离或选择"通过(T)"选项指定通过点方式进行偏移操作。如图 3.25 所示,想要实现六边形内一直径为 20 mm 的圆偏移复制到六边形端点上的操作,此时用户可以有两种方式来完成。

①直接输入偏移距离 10 mm,按回车键确认操作,命令行提示:

选择要偏移的对象,或[退出(E)/放弃(U)]<退出>:

接下来,用户可以用鼠标左键单击直径为 ϕ20 mm 的圆,命令行提示:

指定要偏移的那一侧上的点,或[退出(E)/多个(M)/放弃(U)]<退出>:

这时用户只需要在圆的外侧任意位置单击鼠标左键即可实现偏移操作。

②调用偏移命令后,系统提示输入偏移距离或选择"通过(T)"选项指定通过点方式进行偏移操作,输入 T 按回车键确认后,命令行提示:

选择要偏移的对象,或[退出(E)/放弃(U)]<退出>:

此时用户选择需要偏移的直径为 20 mm 的圆,命令行提示自动更改为:

指定通过点,或 [退出(E)/多个(M)/放弃(U)] <退出>:

此时用户用鼠标拾取六边形上任意一个端点即可完成偏移操作。

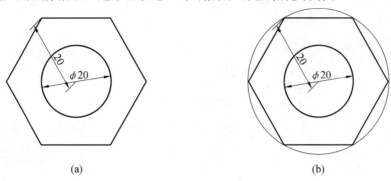

(a)　　　　　　　　　　　　　　　(b)

图 3.25　偏移内圆到端点

偏移操作的两种形式如图 3.26 所示。

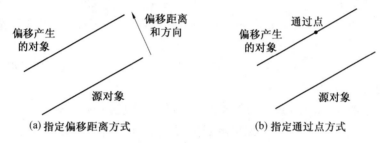

(a)指定偏移距离方式　　　　　　　　　(b)指定通过点方式

图 3.26　偏移操作的两种形式

4.镜像

镜像命令可围绕用两点定义的镜像轴线来创建选择对象的镜像。设置"镜像"对话框如图 3.27 所示。

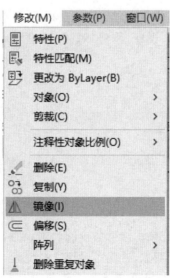

图 3.27　设置"镜像"对话框

调用镜像命令的方式如下。

①面板标题:"默认"→"修改"→⚠ 镜像 按钮;

②菜单栏:修改→镜像;

③命令行:mirror(或别名 mi)。

命令行提示:

命令: mirror

选择对象:

系统首先提示用户选择进行镜像操作的对象,选择需要镜像的对象并确认操作,然后命令行提示:

指定镜像线的第一点:

此时,用户指定一点作为镜像轴线上的一点,指定一点后,系统将动态显示镜像体的位置并再次提示:

指定镜像线的第二点:

用户分别指定两点来定义镜像轴线,指定两点之后,系统提示用户是否删除源对象:

要删除源对象吗?[是(Y)/否(N)]<N>:

选择"是(Y)"后,源对象被删除;选择"否(N)"后,源对象被保留,同时源对象按两点确认的镜像线镜像复制。

值得注意的是,如果在进行镜像操作的选择集中包括文字对象,则文字对象的镜像效果取决于系统变量 MIRRTEXT,如果该变量取值为 1(缺省值),则文字也镜像显示;如果该变量取值为 0,则镜像后的文字仍保持原方向。

3.2.6 修剪、延伸、缩放、拉伸、拉长

1.修剪

修剪命令用来修剪图形实体。该命令的用法很多,不仅可以修剪相交或不相交的二维对象,还可以修剪三维对象。设置"修剪"对话框如图 3.28 所示。

调用修剪命令的方式如下。

①面板标题:"默认"→"修改"→✂ 按钮;

②菜单栏:修改→修剪;

③命令行:trim(或别名 tr)。

命令行提示:

当前设置:投影=UCS,边=无

选择剪切边...

选择对象或<全部选择>:

调用修剪命令后,系统首先显示修剪命令的当前设置,并提示用户选择修剪对象,用户应该选取所需要修剪的全部对象,并确定操作。系统进一步提示如下:

选择要修剪的对象,或按住 Shift 键选择要延伸的对象,或

[栏选(F)/窗交(C)/投影(P)/边(E)/删除(R)/放弃(U)]:

图 3.28　设置"修剪"对话框

此时,用户可选择如下操作。

①直接用鼠标选择被修剪的对象的位置。

②按 Shift 键的同时选择对象,这种情况下可作为延伸命令使用。用户确定的修剪边界即作为延伸的边界。

③栏选(F):选择与选择栏相交的所有对象。选择栏是一系列临时线段,它们是用两个或多个栏选点指定的。选择栏不构成闭合环。

指定第一个栏选点:　　　　　　　　　　　　　　　　　//指定选择栏的起点

指定下一个栏选点或［放弃(U)］:　　　　　　　//指定选择栏的下一点或输入 U

指定下一个栏选点或［放弃(U)］:　　　//指定选择栏的下一个点、输入 U 或回车

窗交(C):选择矩形区域(由两点确定)内部或与之相交的对象。

指定第一个角点:　　　　　　　　　　　　　　　　　　　//指定点

指定对角点:　　　　　　　　　　　　　　　//指定第一点对角线上的点

注意:某些要修剪的对象的窗交选择不确定。trim 将沿着矩形交叉窗口从第一个点以顺时针方向选择遇到的第一个对象。

投影(P):指定修剪对象时是否使用的投影模式。

边(E):指定修剪对象时是否使用延伸模式,当选择"边"选项时,系统提示:

输入隐含边延伸模式［延伸(E)/不延伸(N)］<延伸>:

其中,"延伸"选项可以在修剪边界与被修剪对象不相交的情况下,假定修剪边界延

伸至被修剪对象并进行修剪。而同样的情况下,使用"不延伸"选项则无法进行修剪。修剪模式的比较如图 3.29 所示。

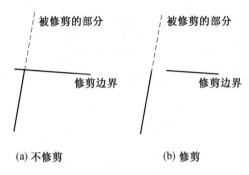

图 3.29　修剪模式的比较

放弃(U):放弃由修剪命令所做的最近一次修改。

2. 延伸

延伸命令用来延伸图形实体。该命令的用法与修剪命令几乎完全相同。设置"延伸"对话框如图 3.30 所示。

图 3.30　设置"延伸"对话框

调用延伸命令的方式如下。

①面板标题:"默认"→"修改"→ ⟶| 按钮;

②菜单栏:修改→延伸;

③命令行:extend(或别名 ex)。

命令行提示:

选择边界的边...

选择对象或<全部选择>:

调用延伸命令后,系统首先显示延伸命令的当前设置,并提示用户选择延伸边界对象,用户选择延伸对象边界并确定延伸边界后,系统进一步提示:

[栏选(F)/窗交(C)/投影(P)/边(E)/删除(R)/放弃(U)]:

此时,用户可选择如下操作。

①直接用鼠标选择被延伸的对象。

②按 Shift 键的同时选择对象,这种情况下可作为修剪命令使用。用户所确定的延伸边界即作为修剪的边界。其他选项同修剪命令。

从上述介绍可以看出,修剪命令和延伸命令可以相互替代,在实际的应用中,常将这两个命令合为一个命令使用。如在输入修剪命令后直接按键盘上的回车键或空格键选择全部边界对象,这时视图中所有对象都处于选中状态,此时选择需要修剪的对象,即可完成修剪操作,如果需要对对象进行延伸,则在修剪状态时按 Shift 键的同时选择对象。

说明:

①用栏选方式选择延伸的对象时,与栏相交的对象才被延伸,且栏只能有一个转折点。

②用框选方式选择延伸的对象时,与矩形的边相交的对象且可通过对角线逆时针旋转而成的才能被延伸。

3. 缩放

比例命令可以改变用户所选择的一个或多个对象的大小,即在 X、Y 和 Z 轴方向等比例放大或缩小对象。设置"缩放"对话框如图 3.31 所示。

调用缩放命令的方式如下。

①面板标题:"默认"→"修改"→ ⊡ 按钮;

②菜单栏:修改→缩放;

③命令行:scale(或别名 sc)。

命令行提示:

命令: scale

选择对象:

调用缩放命令后,系统首先提示用户选择对象,用户可在此提示下构造要比例缩放的对象的选择集,并按回车键确定,系统进一步提示:

指定基点:

用户首先需要指定一个基点,即进行缩放时的中心点,选择中心点后系统进一步提示:

指定比例因子或［复制(C)/参照(R)］<1.0000>:

需要用户指定比例因子,这时有两种方式可供选择。

①直接指定比例因子:大于 1 的比例因子使对象放大,而介于 0 和 1 之间的比例因子

图 3.31　设置"缩放"对话框

将使对象缩小。

②选择参照:选择该选项后,系统首先提示用户指定参照长度(缺省为1),然后再指定一个新的长度,并以新的长度与参照长度之比作为比例因子。

4. 拉伸

使用拉伸命令时,必须用交叉多边形或交叉窗口的方式选择对象。如果将对象全部选中,则该命令相当于移动命令。如果选择了部分对象,则拉伸命令只移动选择范围内的对象的端点,而其他端点保持不变。可用于拉伸命令的对象包括圆弧、椭圆弧、直线、多段线线段、射线和样条曲线等。设置"拉伸"对话框如图 3.32 所示。

调用拉伸命令的方式如下。

①面板标题:"默认"→"修改"→ 按钮;

②菜单栏:修改→拉伸;

③命令行:stretch(或别名 s)。

命令行提示:

命令:stretch

以交叉窗口或交叉多边形选择要拉伸的对象…

选择对象:

调用拉伸命令后,系统提示以交叉窗口或交叉多边形选择要拉伸的对象构造拉伸命令的选择集,例如,如图 3.33 中 $A{\rightarrow}B$ 的变化。输入命令后,选择时应该用如图 3.33(b)所示的方式选择,选择后按回车键确认选择,之后的操作过程完全与移动命令相同。

图 3.32　设置"拉伸"对话框

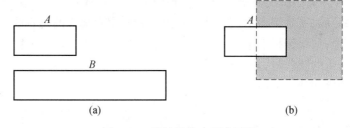

图 3.33　用拉伸命令更改图形

说明：

① 要拉伸对象时,必须用交叉窗口或交叉多边形选择的方式选取要拉伸的对象。

② 把某一个图形全部框选中,则拉伸命令相当于移动命令。

5. 拉长

拉长命令用于改变圆弧的角度,或改变非闭合对象的长度,包括直线、圆弧、非闭合多段线、椭圆弧和非闭合样条曲线等。设置"拉长"对话框如图 3.34 所示。

调用拉长命令的方式如下。

①面板标题:"默认"→"修改"→ 按钮；

②菜单栏:修改→拉长；

③命令行:lengthen(或别名 len)。

命令行提示：

命令: lengthen

图 3.34 设置"拉长"对话框

选择对象或［增量(DE)/百分数(P)/全部(T)/动态(DY)］：

调用拉长命令后,系统将提示用户选择对象。如果用户选择的是直线或曲线时,系统只显示当前长度值;如果选择了某个圆角对象时,系统将显示该对象的长度和包含角,如选择如图 3.35 所示的圆弧时,系统自动提示：

当前长度：297.6029,包含角：137

选择对象或［增量(DE)/百分数(P)/全部(T)/动态(DY)］：

其选项给出了四种改变对象长度或角度的方法。

①增量:指定一个长度或角度的增量,并进一步提示用户选择对象：

输入长度增量或［角度(A)］<0.0000>：

如果用户指定的增量为正值,则对象从距离选择点最近的端点开始增加一个增量长度(角度);如果用户指定的增量为负值,则对象从距离选择点最近的端点开始缩短

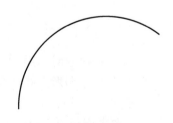

图 3.35 圆弧

一个增量长度(角度),图 3.36 为角度增量分别输入 100 或-100 时的不同效果。

②百分数:指定对象总长度或总角度的百分比来改变对象长度或角度,并进一步提示用户选择对象：

输入长度百分数<100.0000>：

如果用户指定的百分比大于 100,则对象从距离选择点最近的端点开始延伸,延伸后长度(角度)为原长度(角度)乘以指定的百分比。如果用户指定的百分比小于 100,则对象从距离选择点最近的端点开始修剪,修剪后的长度(角度)为原长度(角度)乘以指定的

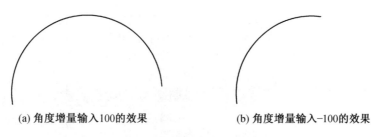

(a) 角度增量输入100的效果　　　　　(b) 角度增量输入-100的效果

图 3.36　拉长时不同增量效果的比较

百分比。

③全部:指定对象修改后的总长度(角度)的绝对值,并进一步提示用户选择对象:

指定总长度或[角度(A)] <1.0000>:

④动态:指定该选项后,系统首先提示用户选择对象:

需要修改的对象或[放弃(U)]:

打开动态拖动模式,并可动态拖动距离选择点最近的端点,然后根据被拖曳的端点的位置改变选定对象的长度(角度)。

用户在使用以上四种方法进行修改时,均可连续选择一个或多个对象实现连续多次修改,并可随时选择"放弃"选项来取消最后一次修改。

3.2.7　倒角、圆角、分解、打断

1. 倒角

倒角命令用来创建倒角,即将两个非平行的对象通过延伸或修剪使它们相交或利用斜线连接。用户可使用两种方法创建倒角:①指定倒角两端的距离;②指定倒角一端的距离和倒角的角度,如图 3.37 所示。设置"倒角"对话框如图 3.38 所示。

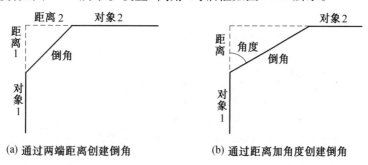

(a) 通过两端距离创建倒角　　　　　(b) 通过距离加角度创建倒角

图 3.37　倒角模式的比较

调用倒角命令的方式如下。

①面板标题:"默认"→"修改"→ ◣ 按钮;

②菜单栏:修改→倒角;

③命令行:chamfer(或别名 cha)。

命令行提示:

命令:chamfer

(修剪模式) 当前倒角距离 1 = 0.0000,距离 2 = 0.0000

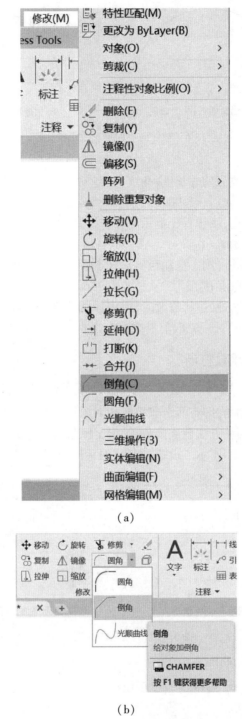

（a）

（b）

图 3.38　设置"倒角"对话框

选择第一条直线或［放弃（U）/多段线（P）/距离（D）/角度（A）/修剪（T）/方式（E）/多个（M）］:

调用倒角命令后,系统首先显示倒角命令的当前设置,并提示用户选择进行倒角操作的对象,用户也可选择如下选项。

①多段线:选择该选项后,系统提示用户指定二维多段线,并在二维多段线中两条线段相交的每个顶点处插入倒角。

②距离:指定倒角两端的距离,当选用此模式时系统提示:

指定第一个倒角距离<0.0000>:

用户输入第一个边线倒角距离值,按回车键确认,系统再次提示:

指定第二个倒角距离<0.0000>:

用户输入第二个边线倒角距离值,按回车键确认,系统提示依次选择两条边线:

选择第一条直线或［放弃(U)/多段线(P)/距离(D)/角度(A)/修剪(T)/方式(E)/多个(M)］:

选择第二条直线,或按住 Shift 键选择要应用角点的直线:

倒角边线选择效果如图 3.39 所示。

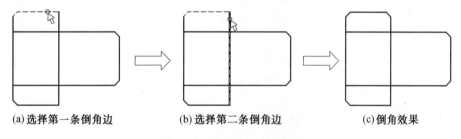

(a)选择第一条倒角边　　　(b)选择第二条倒角边　　　(c)倒角效果

图 3.39　倒角边线选择效果

③角度:指定倒角一端的长度和角度值来控制倒角形式,当在提示栏中输入 A 按回车键确认后,系统提示:

指定第一条直线的倒角长度 <0.0000>:

用户在此时输入倒角长度值后,按回车键确认,系统再次提示:

指定第一条直线的倒角角度 <0>:

用户输入角度数值后,按回车键确认。系统提示用户分别选择两条倒角边线,选择方式同距离形式:

选择第一条直线或［放弃(U)/多段线(P)/距离(D)/角度(A)/修剪(T)/方式(E)/多个(M)］:

选择第二条直线,或按住 Shift 键选择要应用角点的直线:

④修剪:指定进行倒角操作时是否使用修剪模式,系统提示:

输入修剪模式选项［修剪/不修剪］<修剪>:

其中,"修剪"选项可以自动修剪进行倒角的对象,使之延伸到倒角的端点。而使用"不修剪"选项则不进行修剪。倒角修剪模式的比较如图 3.40 所示。

⑤方式:该选项用于决定创建倒角的方法,即使用两个距离的方法或使用距离加角度方法。

说明:

①如果某个图形是由多段线绘制的,则用多段线(P)的方式一次可倒多个角。

②用户在使用倒角命令时一定要注意当前的模式。

③如果需要输入一个倒角修改多个倒角,则可在命令提示中输入多个(M)。

2. 圆角

圆角命令用来创建圆角,可以通过一个指定半径的圆弧来光滑地连接两个对象。可以进行圆角处理的对象包括直线、多段线的直线段、样条曲线、构造线、射线、圆、圆弧和椭圆等。其中,直线、构造线和射线在相互平行时也可进行圆角操作。设置"圆角"对话框如图3.41所示。

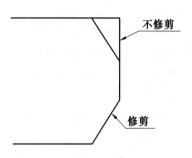

图 3.40　倒角修剪模式的比较

图 3.41　设置"圆角"对话框

调用圆角命令的方式如下。

①面板标题:"默认"→"修改"→ ⌐ 按钮;

②菜单栏:修改→圆角;

③命令行:fillet(或别名 f)。

命令行提示:

命令:fillet

当前设置:模式 = 不修剪,半径 = 0.0000

选择第一个对象或[放弃(U)/多段线(P)/半径(R)/修剪(T)/多个(M)]:

调用圆角命令后,系统首先显示圆角命令的当前设置,并提示用户选择进行圆角操作的对象,在做圆角命令时,通常先要设指定需要进行圆角的半径值,输入 R 后,系统自动提示:

指定圆角半径<0.0000>:

此时,用户输入相应的圆角半径值后,分别选择需要建立圆角的两条边线即可完成操作。设置完圆角后,圆角半径值自动保存在系统内,同时也可以选择其他模式。

①多段线:选择该选项后,系统提示用户指定二维多段线,并在二维多段线中两条线段相交的每个顶点处插入圆角弧。

②修剪:指定进行圆角操作时是否使用修剪模式,系统提示:

输入修剪模式选项[修剪/不修剪]<修剪>:

其中,"修剪"选项可以自动修剪进行圆角的对象,使之延伸到圆角的端点。而使用"不修剪"选项则不进行修剪。圆角修剪模式的比较如图 3.42 所示。

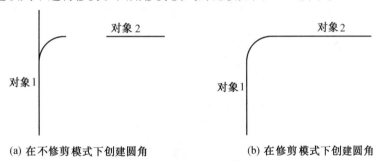

(a) 在不修剪模式下创建圆角   (b) 在修剪模式下创建圆角

图 3.42 圆角修剪模式的比较

说明:

①如果要进行圆角(倒角)的两个对象都位于同一图层,那么圆角线(倒角线)将位于该图层。否则,圆角线将位于当前图层中。此规则同样适用于圆角颜色、线型和线宽。

②系统变量修剪控制圆角和倒角的修剪模式,如果取值为 1(缺省值),则使用修剪模式;如果取值为 0,则不修剪,不修剪时可以使两条不相交的直线相交闭合。

3. 分解

分解命令用于分解组合对象,组合对象即由多个 AutoCAD 基本对象组合而成的复杂对象,例如多段线、多线、标注、块、面域、多面网格、多边形网格、三维网格以及三维实体等。设置"分解"对话框如图 3.43 所示。

调用分解命令的方式如下。

①面板标题:"默认"→"修改"→ 按钮;

②菜单栏:修改→分解;

③命令行:explode(或别名 x)。

图 3.43　设置"分解"对话框

命令行提示:

命令: explode

选择对象:

此时,用户应该选择需要分解的一个或多个对象,然后按回车键或空格键确认对象选择即可。

4.打断

打断命令可以把对象上指定两点之间的部分删除,当指定的两点为同一点时,则对象分解为两个部分。设置"打断"对话框如图 3.44 所示。

调用打断命令的方式如下。

①工具栏:"默认"→"修改"→ 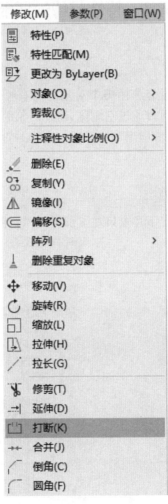 按钮;

②菜单栏:修改→打断;

③命令行:break(或别名 br)。

图 3.44　设置"打断"对话框

命令行提示:

命令:break

选择对象:

用户选择某个对象后,系统把选择点作为第一打断点,并提示用户选择第二打断点:

指定第二打断点 或[第一点(F)]:

此时,用户只需指定第二打断点即可实现打断操作;如果用户需要重新指定第一打断点,则可选择"第一点(F)"选项,系统将分别提示用户选择第一、第二打断点:

指定第一打断点:

指定第二打断点:

此时,用户可以重新在对象上任取两点,从而将对象上两点间的线段打断,实现对对象的打断操作。

3.3 特性与特性匹配

3.3.1 特性

"特性"选项板中显示了当前选择集中对象的所有特性和特性值,当选中多个对象时,将显示它们的共有特性。可以通过它浏览、修改对象的特性,也可以通过它浏览、修改满足应用程序接口标准的第三方应用程序对象。设置"特性"对话框如图3.45所示。

调用特性命令的方法如下。

①菜单栏:修改→特性;

②命令行:properties(或别名 pr)。

输入命令后,系统默认情况下在窗口左上部弹出"特性"窗口,如图3.46所示。

图 3.45 设置"特性"对话框

图 3.46 "特性"窗口

　　"特性"窗口与 AutoCAD 绘图窗口相对独立,在打开"特性"窗口的同时可以在AutoCAD中输入其他命令、使用菜单和对话框等。因此,在 AutoCAD 中工作时可以一直将"特性"窗口打开。而每当用户选择了一个或多个对象时,"特性"窗口就显示选定对象的特性。

　　以未选中任何对象的"特性"窗口为例介绍其基本界面,该窗口中各组成部分功能如下。

　　①标题栏:显示窗口及当前图形名称。可用鼠标拖曳标题栏改变窗口位置,双击标题栏使窗口在固定和浮动状态之间切换,也可单击 ✖ 按钮关闭(隐藏)特性窗口。

　　②选定对象列表:分类显示选定的对象,并用数字来表示同类对象的个数,如图3.47所示。

图 3.47　选定对象列表

　　③快速选择对象 按钮:单击该按钮可弹出如图 3.48所示的"快速选择"对话框。

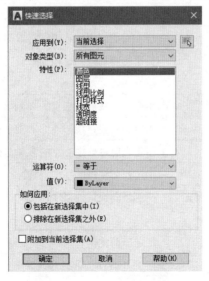

图 3.48　"快速选择"对话框

此时,用户可以按照对象的不同类型以及所处的颜色、图层等分类快速选择相应对象。

④选择对象 按钮:单击该按钮后进入选择状态,这时可在绘图窗口中选择特定对象。

⑤PICKADD 变量开关按钮:单击该按钮可使按钮图案在 和 之间切换,按钮图案 表示系统变量 PICKADD 值置为 1;按钮图案 表示系统变量 PICKADD 值置为 0。

⑥特性条目:显示并设置特定对象的各种特性。根据选定对象的不同,特性条目的内容和数量也有所不同。

图 3.48 中所示的是未选中任何对象时的特性条目,特性条目及说明见表 3.1。

表 3.1　特性条目及说明

特性条目	说明
常规	
颜色	指定当前颜色
图层	指定当前图层
线型	指定当前线型
线型比例	指定当前线型比例
线宽	指定当前线宽
厚度	指定当前厚度
三维效果	
材质	指定当前材质
打印样式	
打印样式	指定当前打印样式
打印样式表	指定当前打印样式表
打印表附着到	指定当前打印样式表所附着的空间
打印表类型	指定当前有效的打印样式表类型
视图	
圆心 X 坐标	指定当前视口中心点的 X 轴坐标,只读
圆心 Y 坐标	指定当前视口中心点的 Y 轴坐标,只读
圆心 Z 坐标	指定当前视口中心点的 Z 轴坐标,只读
高度	指定当前视口的高度,只读
宽度	指定当前视口的宽度,只读
其他	
注释比例	指定当前比例
打开 UCS 图标	指定 UCS 图标的打开或关闭状态

续表 3.1

特性条目	说明
在原点显示 UCS	指定是否将 UCS 显示在原点
每个视口都显示 UCS	指定 UCS 是否随视口一起保存
UCS 名称	指定 UCS 名称
视觉样式	指定当前二维线框

如果在绘图区域中选择某一对象,"特性"窗口将显示此对象所有特性的当前设置,用户可以修改任意可修改的特性。根据所选择的对象种类的不同,其特性条目也有所变化。当用户选择某一对象后,该对象的信息被罗列在"特性"窗口中,此时用户可以在后面的属性框中根据需要进行更改。

3.3.2　特性匹配

对象匹配可以快速地实现将目标对象的属性按照源对象属性进行更改。设置"特性匹配"对话框如图 3.49 所示。

图 3.49　设置"特性匹配"对话框

调用特性匹配命令的方式如下。

①菜单栏:修改→特性匹配;

②命令行:matchprop(或别名 ma)。

命令行提示:

命令:matchprop

选择源对象:

输入命令后,系统提示用户选择源对象,这里的源对象指的是将其他对象属性更改的参照对象,选择源对象后,源对象的各种属性被保留在系统当中,作为其他对象更改时的参照,例如可以选择如图 3.50 所示直线,当前直线宽度为 0.3,矩形线宽为 0。系统自动提示：

选择目标对象：

系统提示用户选择目标对象,并且此时鼠标光标变为笔刷图标。此时用户可以用鼠标左键单击目标矩形对象,所选矩形的线宽自动更改为与源对象直线线宽相同,如图3.51所示。此时用户可以继续选择目标对象,如不再进行操作可直接按 Esc 键结束命令。

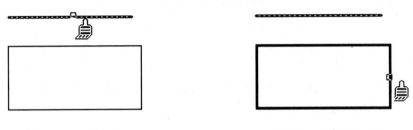

图3.50　选择直线　　　　　　　　　　　图3.51　匹配后效果

思考与练习

1.如何利用移动命令将图3.52(a)中小圆圆心 B 以竖直边线中点 A 为基准前移15 mm,如图3.52(b)所示。

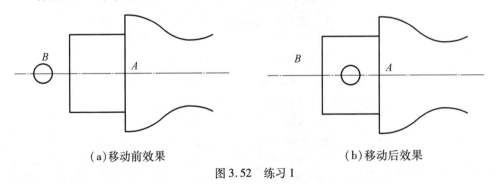

(a)移动前效果　　　　　　　　　　　(b)移动后效果

图3.52　练习1

操作如下：

命令：move　　　　　　　　　　　　　　　　　　　//执行 move 命令

选取移动对象：点选小圆　　　　　　　　　　　　　//回车结束对象选择

指定基点或[位移(D)]<位移>：捕捉点 A　　　　　　//指定移动的基点

位移点：15　　　　　　　　　　　　　　　　　　　　//指定位移

命令：　　　　　　　　　　　　　　　　　　　　　//回车结束命令

2.如何作出如图3.53所示的一系列相切的圆？n 个小圆相切如何实现？

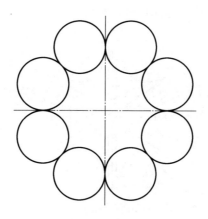

图 3.53　相切圆

（1）用点画线作中心线。

（2）换实线层，作正八边形，中心位置为点画线交叉处，如图 3.54 所示。

（3）作圆，圆心选在正八边形角上，半径为边长的一半，绘制小圆，如图 3.55 所示。

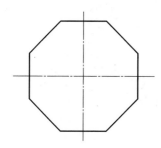

图 3.54　点画线与八边形位置

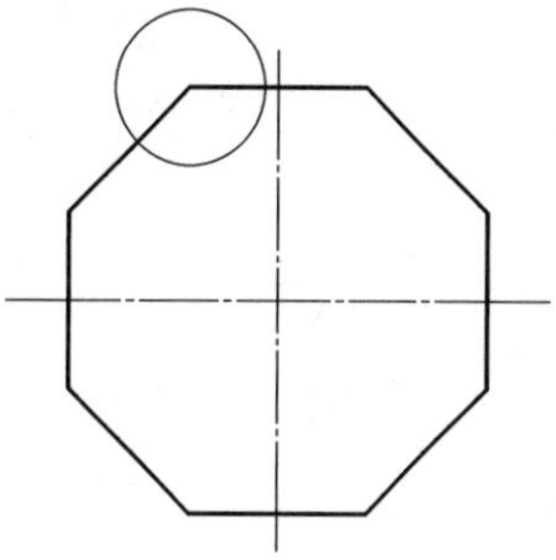

图 3.55　绘制小圆

（4）将此小圆做环形阵列，中心选在点画线相交处，8 个小圆相切作出，效果如图3.53所示。

（5）推而广之，若是作 n 个小圆相切，和上面相似，只是把正八边形换成正 n 边形即可，12 个小圆相切效果如图 3.56 所示。

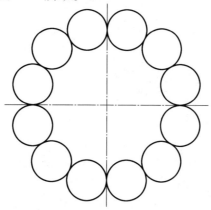

图 3.56　12 个小圆相切效果

3. 充分利用偏移、阵列、修剪等编辑命令画出图 3.57 ~ 3.59 所示的图形。

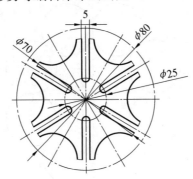

图 3.57　拨叉轮

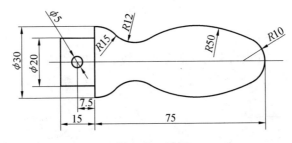

图 3.58　手柄

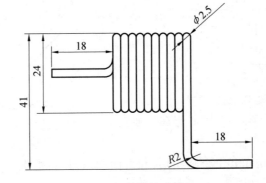

图 3.59　前闸轨弹簧

第 *4* 章

精确绘制图形

【学习目标】

在 AutoCAD 中设计和绘制图形时,图形对尺寸要求比较严格,必须按给定的尺寸进行绘图。除了通过常用的指定点的坐标法来绘制图形外,还可以使用系统提供的"捕捉""对象捕捉""对象追踪"等功能,在不输入坐标的情况下快速、精确地绘制图形。通过本章的学习,主要掌握点坐标和用户坐标系的编辑方法,并能够设置栅格和捕捉功能;对象捕捉和自动追踪的设置方法以及使用对象捕捉和自动追踪功能绘制综合图形的方法。

【知识要点】

使用坐标系、设置捕捉和栅格、使用 grid 与 snap 命令、使用正交模式、打开对象捕捉功能、运行和覆盖捕捉模式、使用自动追踪、动态输入等的方法与技巧。

4.1　使用坐标系

在绘图过程中要精确定位某个对象时,必须以某个坐标系作为参照,以便精确拾取点的位置。

4.1.1　坐标系概述

用户在绘图过程中使用坐标系作为参照,可以精确定位某个对象,以便精确拾取点的位置,表示点的最基本的方法是坐标(X,Y)。在 AutoCAD 2022 中,坐标系分为世界坐标系(Word Coordinate System,WCS)和用户坐标系(User Coordinate System,UCS)两种。用户可以在这两种坐标系下通过坐标(X,Y)来精确定位点,如图 4.1(a)所示。

默认情况下,当前坐标系为世界坐标系,即 WCS,它包括 X 轴和 Y 轴,二维点坐标为(X,Y),Z 轴坐标自动设置为 0。WCS 坐标轴的交会处显示"□"形标记,但坐标原点并不在坐标系的交会点,而位于图形窗口的左下角,所有的位移都是相对于原点计算的,并且沿 X 轴正向及 Y 轴正向的位移规定为正方向,如图 4.1(b)所示。

绘图时,经常需要修改坐标系的原点和方向,这时世界坐标系将变为用户坐标系,即 UCS。UCS 的原点以及 X 轴、Y 轴、Z 轴方向都可以移动及旋转,甚至可以依赖于图形中某个特定的对象。尽管用户坐标系中 3 个轴之间仍然互相垂直,但是在方向及位置上却都更灵活。另外,UCS 没有"□"形标记。

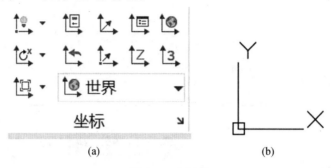

(a)   (b)

图 4.1　坐标系

4.1.2　坐标的表示方法

在 AutoCAD 2022 中,点的坐标可以使用绝对直角坐标、绝对极坐标、相对直角坐标和相对极坐标 4 种方法表示,它们的特点如下。

1.绝对直角坐标

绝对直角坐标是从点(0,0)或(0,0,0)出发的位移,可以使用分数、小数或科学记数等形式表示点的 X 轴、Y 轴、Z 轴的 3 个坐标值,坐标间用半角的逗号(,)隔开,例如点(8.3,5.8)和(3.0,5.2,8.8)等。

【例 4.1】　利用绝对直角坐标使用直线命令绘制一个 10×10 的矩形,令矩形的起始点坐标是(20,20)。

命令: line ↙　　　　　　　　　　　　　　　　// 执行直线命令

line 指定第一点:20,20 ↙　　　　　　　　　　// 指定直线第一点的位置

指定下一点或[放弃(U)]:30,20 ↙　　　　　　// 指定直线下一点的位置

指定下一点或[放弃(U)]:30,30 ↙　　　　　　// 指定直线下一点的位置

指定下一点或[闭合(C)/放弃(U)]:20,30 ↙　　// 指定直线下一点的位置

指定下一点或[闭合(C)/放弃(U)]:C ↙　　　　// 指定回起始点位置

绝对直角坐标绘制效果如图 4.2 所示。

2.绝对极坐标

绝对极坐标是从点(0,0)或(0,0,0)出发的位移,但给定的是距离和角度,其中距离和角度用<分开,而且规定 X 轴正向为 0°,Y 轴正向为 90°,例如点(4.68<45)表示给定点到坐标原点的距离为 4.68,两点连线与 X 轴正方向的夹角为 45°、(33<60)等。绝对极坐标应用得很少。

【例 4.2】　利用绝对极坐标使用直线命令绘制一个多边形。

命令: line ↙　　　　　　　　　　　　　　　　// 执行直线命令

line 指定第一点: 20<45 ↙　　　　　　　　　　// 指定直线第一点的位置

指定下一点或[放弃(U)]:30<38 ↙　　　　　　// 指定直线下一点的位置

指定下一点或[放弃(U)]:30<45 ↙　　　　　　// 指定直线下一点的位置

指定下一点或[闭合(C)/放弃(U)]:20<52 ↙　　// 指定直线下一点的位置

指定下一点或［闭合（C）/放弃（U）］:C↙   // 指定回起始点位置

绝对极坐标绘制效果如图4.3所示。

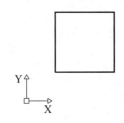 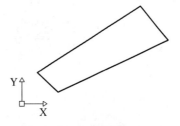

图4.2 绝对直角坐标绘制效果 图4.3 绝对极坐标绘制效果

3. 相对直角坐标

相对直角坐标是指通过输入当前点相对前一个点的 X、Y 的距离的变化值 ΔX 和 ΔY 来确定点的位置，即相对于某一点的 X 轴和 Y 轴位移，或者距离和角度。它的表示方法是在绝对坐标表达式前面加上 @ 符号，如（@35,6）表示给定点与前一点的 ΔX 为 35、ΔY 为 6。

【例4.3】 利用相对直角坐标使用直线命令绘制一个 15×20 的矩形,令矩形的起始点坐标是（30,30）。

命令: line↙   // 执行直线命令

line 指定第一点: 30,30↙   // 指定直线第一点的位置

指定下一点或［放弃（U）］:@0,20↙   // 指定直线下一点的位置

指定下一点或［放弃（U）］:@15,0↙   // 指定直线下一点的位置

指定下一点或［闭合（C）/放弃（U）］:@0,-20↙ // 指定直线下一点的位置

指定第一点或［闭合（C）/放弃（U）］:C↙   // 指定回起始点位置

相对直角坐标绘制效果如图4.4所示。

4. 相对极坐标

相对极坐标中的距离是新点和上一点连线的相对距离,相对极坐标中的角度是新点和上一点连线与 X 轴的夹角。它的表示方法是@+相对距离值+<+角度值,如（@35<60）和（@11<45）。

【例4.4】 利用相对极坐标使用直线命令绘制一个边长为30的等边三角形。

命令: line↙   // 执行直线命令

line 指定第一点: 20,20↙   // 指定直线第一点的位置

指定下一点或［放弃（U）］:@30<0↙   // 指定直线下一点的位置

指定下一点或［放弃（U）］:@30<120↙   // 指定直线下一点的位置

指定第一点或［闭合（C）/放弃（U）］:C↙   // 指定回起始点位置

相对极坐标绘制效果如图4.5所示。

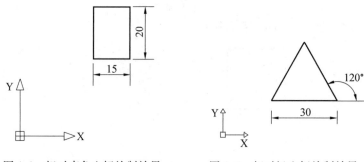

图 4.4 相对直角坐标绘制效果　　　图 4.5 相对极坐标绘制效果

4.1.3 坐标显示的控制

在绘图窗口中移动光标的十字指针时,状态栏上将动态地显示当前指针的坐标。坐标显示取决于所选择的模式和程序中运行的命令,共有 3 种方式。

①定点显示(模式 0),"关":显示上一个拾取点的绝对坐标。此时,指针坐标将不能动态更新,只有在拾取一个新点时,显示才会更新。但是,移动鼠标和从键盘输入一个新点坐标时,不会改变该显示方式。坐标显示栏为灰色,只有当单击鼠标左键时,才显示被击点的坐标值,如图 4.6(a)所示。

②模式 1,"绝对":显示光标的绝对坐标,该值是动态更新的,随着光标的移动不断显示新坐标值,默认情况下,显示方式是打开的,如图 4.6(b)所示。

③模式 2,"相对":显示一个相对极坐标。当选择该方式时,如果当前处在拾取点状态,系统将显示光标所在位置相对于上一个点的距离和角度。当离开拾取点状态时,系统将恢复到模式 1,如图 4.6(c)所示。

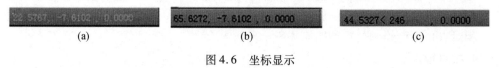

(a)　　　　　　　　　　(b)　　　　　　　　　　(c)

图 4.6 坐标显示

4.1.4 创建坐标系

创建坐标系的方法如下。

①菜单栏:工具→工具栏→AutoCAD→UCS,如图 4.7 所示。

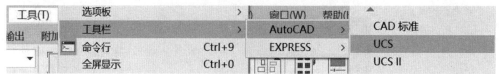

图 4.7 "UCS"按钮对话框

②菜单栏：工具→新建 UCS(W) 按钮，如图4.8所示。

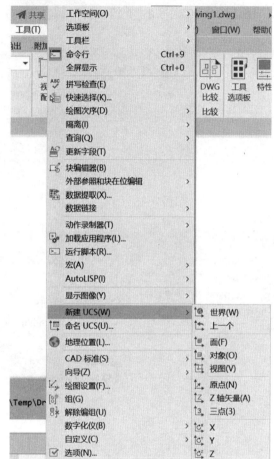

图4.8 "新建UCS"子菜单对话框

③命令行：ucs。

命令：ucs

当前 UCS 名称：＊世界＊

指定 UCS 的原点或［面(F)/命名(NA)/对象(OB)/上一个(P)/视图(V)/世界(W)/X/Y/Z/Z 轴(ZA)］<世界>：

UCS 命令中选项较多，下面仅介绍常用的选项。

①指定 UCS 的原点：输入 X、Y 轴坐标作为新原点。

②面(F)：选择实体对象的面。

③命名(NA)：输入选项［恢复(R)/保存(S)/删除(D)/？］。

④上一个：恢复前一个 UCS，可重复使用，直到恢复需要的 UCS。

⑤世界(W)：恢复为世界坐标系，缺省选项。

4.1.5 使用正交用户坐标系

选择"视图"→右键选择"显示面板"→勾选"坐标"，如图4.9(a)所示；在"坐标"面

板中选择  按钮,如图 4.9(b)所示;打开"UCS"对话框,在"正交 UCS"选项卡中的"当前 UCS"列表中选择需要使用的正交坐标系,如俯视、仰视、左视、右视、主视和后视等,如图 4.9(c)所示。

(a)

(b)

(c)

图 4.9 "正交 UCS"对话框

4.1.6 命名用户坐标系

①按 4.1.5 节所讲打开"UCS"对话框。

②单击"命名 UCS"打开其选项卡,并在"当前 UCS"列表中选择"世界""上一个"或某个 UCS,然后单击【置为当前】,可将其置为当前坐标系,如图 4.10 所示。

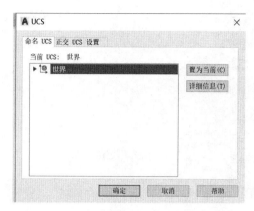

图 4.10　"命名 UCS"选项卡

③也可以单击【详细信息】,在"UCS 详细信息"对话框中查看坐标系的详细信息,如图 4.11 所示。

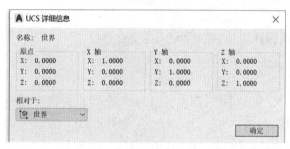

图 4.11　"UCS 详细信息"对话框

4.1.7　坐标系的图标

在 AutoCAD 2022 中,可以通过各种图标直观形象地表示坐标系的状况。用命令 ucsicon可设置 UCS 图标的可见性和特性。

命令行提示:

命令:ucsicon

输入选项［开(ON)/关(OFF)/全部(A)/非原点(N)/原点(OR)/特性(P)］<开>:

命令行中各选项命令的功能如下。

①开(ON):显示 UCS 图标。

②关(OFF):不显示 UCS 图标。

③全部(A):对于多视口图形文件,将对图标的修改应用到所有活动窗口。否则, ucsicon命令只影响当前窗口。

④非原点(N):无论 UCS 原点在何处,UCS 图标显示在视口的左下角。

⑤原点(OR):在当前坐标系原点(0,0)处显示 UCS 图标。如果原点不在屏幕上,或者图标在视口边界而不能放置在原点处时,图标将显示在视口的左下角。

⑥特性(P):打开"UCS 图标"对话框,如图 4.12 所示。通过该对话框可以设置 UCS 图标的样式。

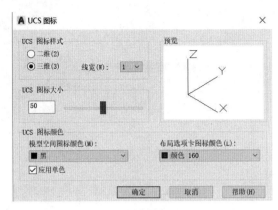

图 4.12　"UCS 图标"对话框

4.2　辅助定位

辅助定位主要有栅格定位、捕捉命令、正交命令。

4.2.1　栅格定位

栅格是一些标定位置的小点,起坐标纸的作用,可以提供直观的距离和位置参照。

1.命令调用方式

①状态栏:单击栅格按钮 ▦ ,打开与关闭栅格,如图 4.13 所示。

②命令行:grid。

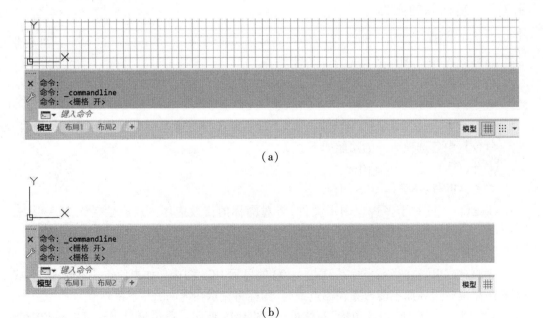

（a）

（b）

图 4.13　栅格开关切换图

命令行提示：

命令：grid

指定栅格间距（X）或［开（ON）/关（OFF）/捕捉（S）/主（M）/自适应（D）/界限（L）/跟随（F）/纵横向间距（A）]<10.0000>：

默认情况下，需要设置栅格间距值。该间距不能设置得太小，否则将导致图形模糊及屏幕重画太慢，甚至无法显示栅格。

③快捷键：按 F7 键打开或关闭栅格。

2. 设置栅格参数

①在状态栏中，移动鼠标到栅格 ⊞ 按钮上单击鼠标右键，单击"设置"。如图4.14所示，切换到捕捉和栅格选项卡，可以设置栅格的相关参数。

图 4.14 栅格的设置位置图

②菜单栏：工具→绘图设置，切换到捕捉和栅格选项卡，可以设置栅格的相关参数，如图4.15 所示。

图 4.15 "草图设置"对话框

各选项的功能如下。

a. "启用栅格"复选框：打开或关闭栅格的显示。选中该复选框，可以启用栅格。

b. "栅格间距"选项组：设置栅格间距。如果栅格的 X 轴和 Y 轴间距值为0，则栅格采用捕捉 X 轴和 Y 轴间距的值。

c. "栅格行为"选项组：用于设置视觉样式下栅格线的显示样式（三维线框除外）。

4.2.2 捕捉命令

1. 命令调用方式

①状态栏:单击捕捉  按钮,仅能打开与关闭捕捉,如图 4.16 所示。

(a)捕捉开

(b)捕捉关

图 4.16 捕捉开关切换图

②命令行:snap。

命令行提示:

命令:snap

指定捕捉间距或［开(ON)/关(OFF)/纵横向间距(A)/样式(S)/类型(T)]<10.0000>:

默认情况下,需要设置捕捉间距值或开关。默认情况下,需要指定捕捉间距,并使用"开(ON)"选项,以当前栅格的分辨率和样式激活捕捉模式;若使用"关(OFF)"选项,则关闭捕捉模式,但保留当前设置。

③快捷键:按 F9 键打开或关闭捕捉。

2. 设置捕捉参数

①状态栏:移动鼠标到捕捉按钮  上单击鼠标右键。单击"设置",如图 4.17 所示。切换到"捕捉和栅格"选项卡,可以设置捕捉的相关参数。

②菜单栏:工具→绘图设置,切换到"捕捉和栅格"选项卡,可以设置捕捉的相关参数,如图 4.15 所示。

图 4.17 捕捉的设置位置图

各选项的功能如下。

a. "启用捕捉"复选框:打开或关闭捕捉方式。选中该复选框,可以启用捕捉。

b. "捕捉间距"选项组:设置捕捉间距。

c.“捕捉类型”选项组：可以设置捕捉类型，包括“栅格捕捉”和“极轴捕捉（Polar Snap）”两种。

4.2.3　正交命令

AutoCAD 提供的正交模式也可以用来精确定位点，它将定点设备的输入限制为水平或垂直。正交命令的调用方式如下。

①状态栏：单击正交 █ 按钮，仅能打开或关闭正交，如图 4.18 所示。

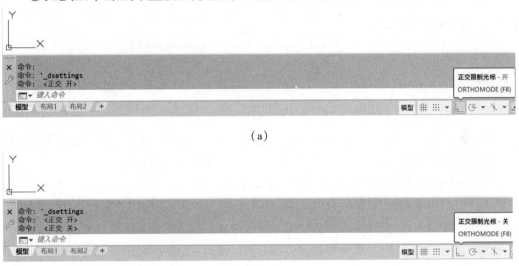

（a）

（b）

图 4.18　正交开关切换图

②快捷键：按 F8 键，仅能打开或关闭正交。

③命令栏：ortho，可以打开正交模式，用于控制是否以正交方式绘图。在正交模式下，可以方便地绘出与当前 X 轴或 Y 轴平行的线段。

命令行提示：

命令：ortho

输入模式 ［开（ON）/关（OFF）］＜关＞：

打开正交功能后，输入的第一点是任意的，但当移动光标准备指定第二点时，引出的橡皮筋线已不再是这两点之间的连线，而是起点到光标十字线的垂直线中较长的那段线，此时单击鼠标左键，橡皮筋线就变成所绘直线，如图 4.19 所示。

图 4.19　正交打开绘制图

4.3　对象捕捉

在绘图的过程中,经常要指定一些对象上已有的点,例如端点、圆心和两个对象的交点等。如果只凭观察来拾取,不可能非常准确地找到这些点。在 AutoCAD 中,可以通过"对象捕捉"面板标题:状态栏→对象捕捉设置→草图设置,调用对象捕捉功能,迅速、准确地捕捉到某些特殊点,从而精确地绘制图形。

4.3.1　对象捕捉模式

对象捕捉模式标记如图 4.20 所示。

图 4.20　对象捕捉模式标记

在绘图过程中,当要求指定点时,单击"对象捕捉"面板标题中相应的特征点按钮,再把光标移到要捕捉对象上的特征点附近,即可捕捉到相应的对象特征点。

面板标题中对象各捕捉模式的功能介绍如下。

①➔临时追踪点按钮:即创建对象捕捉所使用的临时点,关键字:TT。

②🔲捕捉自点过滤器按钮:即从临时参照点偏移,关键字:FROM。

③✏捕捉到端点按钮:即捕捉到线段等对象的端点,关键字:END。

④✐捕捉到中点按钮:即捕捉到线段等对象的中点,关键字:MID。

⑤◎捕捉到圆心按钮:即捕捉到圆或圆弧的圆心,关键字:CEN。

⑥。捕捉到节点按钮:即捕捉拾取点最近的线段、圆、圆弧或点等对象上的点,关键字:NOD。

⑦◈捕捉到象限点按钮:即捕捉到圆或圆弧的象限点,关键字:QUA。

⑧╳捕捉到交点按钮:即捕捉到各对象之间的交点,关键字:INT。

⑨┄捕捉到延长线按钮:即捕捉到直线或圆弧的延长线上的点,关键字:EXT。

⑩🔂捕捉到插入点按钮:即捕捉块、图形、文字或属性的插入点,关键字:INS。

⑪⊥捕捉到垂足按钮:即捕捉到垂直于线或圆上的点,关键字:PER。

⑫◌捕捉到切点按钮:即捕捉到圆或圆弧的切点,关键字:TAN。

⑬✗捕捉最近点按钮:即捕捉图形上距光标最近的点,关键字:NEA。

⑭✗捕捉到外观交点按钮:即捕捉两个对象的外观的交点,关键字:APP。

⑮╱捕捉到平行线按钮:即捕捉到与指定线平行的线上的点,关键字:PAR。

⑯🔳无捕捉按钮:即关闭对象捕捉模式,关键字:NON。

⑰🧲对象捕捉设置按钮:即设置自动捕捉模式。

➔临时追踪点工具:可在一次操作中创建多条追踪线,并根据这些追踪线确定所要定位的点,如图 4.21 所示。

🔲自工具:在使用相对坐标指定下一个应用点时,自工具可以提示输入基点,并将该

点作为临时参照点,这与通过输入前缀@ 使用最后一个点作为参照点类似。它不是对象
捕捉模式,但经常与对象捕捉一起使用,如图 4.21 所示。

图 4.21　快捷键的"对象捕捉设置"对话框

4.3.2　对象捕捉模式的设置

在绘制图形时,尽管可以通过移动光标来指定点的位置,但却很难精确指定点的某一
位置。在 AutoCAD 中,使用捕捉和栅格功能,可以用来精确定位点,提高绘图效率。

1.命令调用方式

①状态栏:单击对象捕捉 ▢按钮,仅能打开或关闭捕捉,如图 4.22 所示。

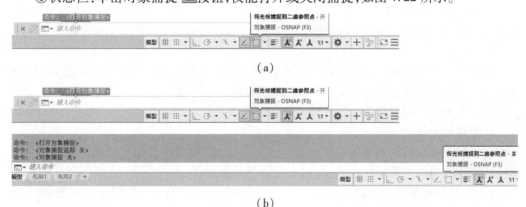

(a)

(b)

图 4.22　对象捕捉开关图

②快捷键:按 F3 键,仅限打开或关闭捕捉。

2.设置对象捕捉

①状态栏:单击鼠标右键,单击对象捕捉 ▢按钮,进行选择对象捕捉设置,如图4.23

所示。

②命令行：osnap。

③菜单栏：工具→绘图设置。单击"对象捕捉"面板标题中的工具打开捕捉模式,选择需要的对象捕捉图标,使用自动对象捕捉,如图 4.24 所示。

④快捷键：当要求指定点时,可以按下 Shift 键或者 Ctrl 键,单击鼠标右键,打开对象捕捉快捷菜单,如图 4.21 所示。

图 4.23　设置"对象捕捉"对话框　　　　图 4.24　"对象捕捉"选项卡

4.3.3　对象捕捉模式的执行方式

在 AutoCAD 中,对象捕捉模式又可以分为运行捕捉模式和覆盖捕捉模式。

1. 运行捕捉模式

在"草图设置"对话框的"对象捕捉"选项卡中,设置的对象捕捉模式始终处于运行状态,直到关闭为止,称为运行捕捉模式。

当需要重复使用同一对象捕捉模式或多种对象捕捉模式时,可以将它设置为运行捕捉模式。例如当需要多个同心圆时,可将圆心设置为运行捕捉模式。在尺寸标注时,设置交点或端点为运行捕捉模式。

2. 覆盖捕捉模式

对于偶尔或只临时使用的对象捕捉模式,使用单一对象捕捉模式比较方便。覆盖捕捉模式也称为单一对象捕捉模式,仅对本次捕捉点有效。

使用过程：在某命令的输入点提示下(打开捕捉模式),输入对象捕捉模式的标记,光标将变为对象捕捉靶框;移动靶框光标到对象的特征点上,系统将捕捉离靶框中心最近的符合条件的特征点,并显示捕捉标记和文字提示;单击左键即可输入该点,在命令行中输入要捕捉模式的标记后,显示一个"于"标记,如图 4.25 所示。

输入单一对象捕捉模式的方式有以下几种。

①键盘输入：在命令行输入点的提示下,输入各捕捉模式的关键字(如 MID、CEN、

QUA 等),如图 4.25 所示。

　　②快捷键输入:在对象捕捉快捷菜单中选择相应命令,可从中选择需要的对象捕捉菜单项。当要求指定点时,可以按下 Shift 键或者 Ctrl 键,单击鼠标右键,打开对象捕捉快捷菜单。选择需要的子命令,再把光标移到要捕捉对象的特征点附近,即可捕捉到相应的对象特征点,如图 4.26 所示。

　　③图标输入:菜单栏→工具→工具栏→Auto-CAD→对象捕捉,打开捕捉模式,选择需要的对象捕捉图标,如图 4.27 所示,图标标记如图 4.20 所示。

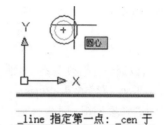

_line 指定第一点: _cen 于

图 4.25　键盘输入的"对象捕捉"

图 4.26　快捷键输入的"对象捕捉"

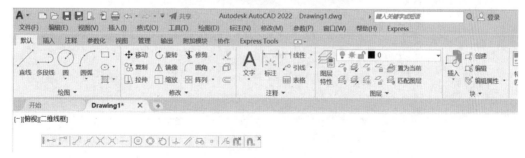

图 4.27　图标输入的"对象捕捉"

4.3.4　自动捕捉设置

　　绘图的过程中,使用对象捕捉的频率非常高。为此,AutoCAD 又提供了一种自动捕捉模式。自动捕捉就是当把光标放在一个对象上时,系统自动捕捉到对象上所有符合条件的几何特征点,并显示相应的标记。如果把光标放在捕捉点上多停留一会,系统还会显示捕捉的提示。这样,在选点之前,就可以预览和确认捕捉点。

自动捕捉设置调用方式如下。

①可以通过"草图设置"对话框设置捕捉参数。

②在命令行输入 dsettings。

单击"对象捕捉"面板标题中的【选项】,如图 4.28 所示。单击【选项】后,单击"绘图"选项卡,进行自动设置捕捉参数,如图 4.29 所示。"工具提示外观"对话框如图 4.30 所示,"光线轮廓外观"对话框如图 4.31 所示。

图 4.28 "对象捕捉"选项按钮

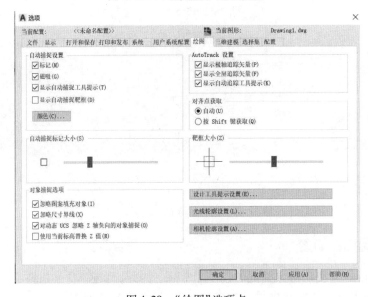

图 4.29 "绘图"选项卡

图 4.30 "工具提示外观"对话框

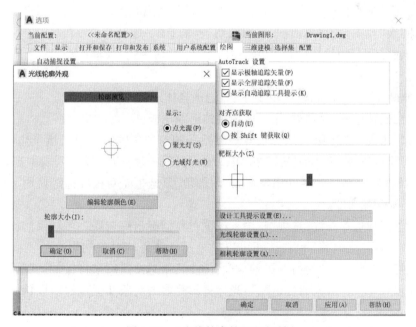

图 4.31 "光线轮廓外观"对话框

4.4 自动追踪

4.4.1 自动追踪分类

在 AutoCAD 中,自动追踪可按指定角度绘制对象,或者绘制与其他对象有特定关系的对象。

自动追踪功能分极轴追踪和对象捕捉追踪两种,是非常有用的辅助绘图工具。

4.4.2 极轴追踪

极轴追踪是按事先给定的角度增量来追踪特征点。而对象捕捉追踪则按与对象的某种特定关系来追踪,这种特定的关系确定了一个未知角度。也就是说,如果事先知道要追踪的方向(角度),则使用极轴追踪;如果事先不知道具体的追踪方向(角度),但知道与其他对象的某种关系(如相交),则用对象捕捉追踪。极轴追踪和对象捕捉追踪可以同时使用。

1. 命令调用方式

①状态栏:单击极轴追踪 按钮,仅限于打开与关闭;

②快捷键:按下 F10 键,仅限于打开与关闭。

2. 极轴追踪的设置

①状态栏:在极轴追踪 按钮上单击鼠标右键,然后在弹出菜单中单击"正在追踪设置"命令,切换"草图设置"对话框,并切换到"极轴追踪"选项卡。

②菜单栏:工具→绘图设置,如图 4.32 所示,并切换到"极轴追踪"选项卡。

③命令行:ddosnap。

"极轴追踪"选项卡如图 4.33 所示,各选项具体说明如下。

①"启用极轴追踪"复选框:用于启用极轴追踪功能。

②"极轴角设置"选项组:用来设置极轴追踪的对齐角度。其中,"增量角"选项用来设置极轴追踪对齐路径的极轴角增量,可以输入任何角度,也可以从列表中选择 90、45、30、22.5、18、15、10 或 5 这些常用角度。"附加角"复选框是对极轴追踪使用下面列表框中的任何一种附加角度。

③"对象捕捉追踪设置"选项组:用来设置对象捕捉追踪选项。当对象捕捉追踪打开时,单击选中"仅正交追踪"单选按钮可以仅显示已获得的对象捕捉点的正交(水平/垂直)对象捕捉追踪路径。"用所有极轴角设置追踪"单选按钮用来将极轴追踪设置应用于对象捕捉追踪。使用"对象捕捉追踪",光标将从获取的对象捕捉点起沿极轴对齐角度进行追踪。

④"极轴角测量"选项组:用于设置极轴追踪对齐角度的测量基准。若选中"绝对"单选按钮,可以基于当前用户坐标系(UCS)确定极轴追踪角度;若选中"相对上一段"单选按钮,可以基于最后绘制的线段确定极轴追踪角度。

图 4.32　"绘图设置"对话框

图 4.33　"极轴追踪"选项卡

4.4.3 对象捕捉追踪

对象捕捉追踪则按与对象的某种特定关系来追踪,这种特定的关系确定了一个未知角度。如果事先不知道具体的追踪方向(角度),但知道与其他对象的某种关系(如相交),则用对象捕捉追踪。极轴追踪和对象捕捉追踪可以同时使用。

1.命令调用方式

①快捷键:按下 F11 键,仅限于打开与关闭;

②命令行:ddosnap;

③菜单栏:工具→绘图设置,并切换到"对象捕捉"选项卡;

④状态栏:鼠标右键单击 按钮,单击"对象捕捉追踪设置"。

2.对象捕捉追踪的设置

使用自动追踪功能可以快速而且精确地定位点,在很大程度上提高了绘图效率。在AutoCAD 2022 中,要设置自动追踪功能选项,可打开"选项"对话框,在"草图"选项卡的"自动追踪设置"选项组中进行设置。

其各选项功能如下。

①"显示极轴追踪矢量"复选框:设置是否显示极轴追踪的矢量数据。

②"显示全屏追踪矢量"复选框:设置是否显示全屏追踪的矢量数据。

③"显示自动追踪工具提示"(常用选项卡/提示复选框):设置在追踪特征点时是否显示面板标题中常用选项卡上的相应按钮的提示文字。

4.5 使用动态输入

在 AutoCAD 2022 中,使用动态输入功能可以在指针位置处显示标注输入和命令提示等信息,从而极大地方便绘图。

4.5.1 命令调用与功能

1.命令调用方式

①状态栏:单击 按钮,仅限于打开和关闭;

②快捷键:按下 F12 键,仅限于打开和关闭。

2.动态输入的设置

①状态栏:在 按钮上单击鼠标右键,然后在弹出菜单中单击"设置"命令,如图 4.34所示。

②菜单栏:工具→绘图设置→动态输入选项卡,控制启用"动态输入"时每个组件所显示的内容。

3.功能

启用动态输入时,命令提示栏将在光标附近显示信息,该信息会随着光标移动而动态更新。当某条命令为活动时,命令提示栏将为用户提供输入的位置。

在输入栏中输入值并按下 Tab 键,该输入栏中将会显示一个锁定图标,并且光标会受用户输入的值约束。随后,可以在第二个输入字段中输入值。另外,如果用户输入值后按下 Enter 键,则第二个输入字段将被忽略,且该值被视为直接距离输入。

完成命令或使用夹点所需的动作时动态输入命令提示栏中的信息与命令行的提示类似,不过命令提示栏可使用户的注意力保持在光标附近。

图 4.34 "动态输入设置"对话框

动态输入不能取代命令窗口。有时会隐藏命令窗口以增加绘图屏幕区域,但是在有些操作中还是需要显示命令窗口。按下 F12 键,可根据需要隐藏和显示命令提示和错误消息。另外,也可以使命令窗口变为浮动窗口,并可使用"自动隐藏"功能来展开或卷起该窗口。

4.5.2 动态输入组件

动态输入有 3 个组件,包括指针输入、标注输入和动态提示,如图 4.35 所示。

1. 启用指针输入

在"草图设置"对话框的"动态输入"选项卡中,选中"启用指针输入"复选框可以启用指针输入功能。可以在"指针输入"选项组中单击【设置】,使用打开的"指针输入设置"对话框设置指针的格式和可见性,如图 4.36 所示。

图 4.35 "动态输入"选项卡

图 4.36 "指针输入设置"对话框

2. 启用标注输入

在"草图设置"对话框的"动态输入"选项卡中,选中"可能时启用标注输入"复选框可以启用标注输入功能。在"标注输入"选项组中单击【设置】,使用打开的"标注输入的设置"对话框可以设置标注的可见性,如图 4.37 所示。

图 4.37　"标注输入的设置"对话框

3. 显示动态提示

在"草图设置"对话框的"动态输入"选项卡中,选中"动态提示"选项组中的"在十字光标附近显示命令提示和命令输入"复选框,可以在光标附近显示命令提示,如图 4.38 所示。

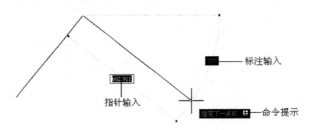

图 4.38　动态提示

思考与练习

1. 利用正交与对象追踪绘制如图 4.39 所示的图形。

图 4.39　相切图

2. 利用绝对直角坐标、绝对极坐标、相对直角坐标、相对极坐标 4 种不同的坐标系绘制边长为 100 的正三角形。

3. 绘制外形如图 4.40 所示的图形,具体尺寸不限。

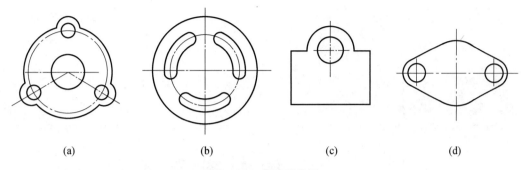

图 4.40 常见形状图

4. 捕捉的设置方式及设置方法有几种?

5. 请写出自动捕捉的设置方法。

第 **5** 章

控制图形显示

【学习目标】

为了能够更好地对图形进行显示控制,系统提供了各种可供图形显示操作的命令。通过重新绘制与重新生成命令,可以清除图形中残留的点痕迹;通过缩放和平移视图、鸟瞰和视口操作,可以对图形显示大小进行控制,方便看图;通过查询图形信息,可以很方便地查询距离、面积、坐标等信息。

【知识要点】

重画和重生成、缩放与平移、鸟瞰视图查看图形,AutoCAD 视口以及查询图形信息等的方法与技巧。

5.1　重新绘制与重新生成

1. 重新绘制

重新绘制命令也称重画,有两种调用格式,一种可以清除所有视口中的临时标记点。

①菜单栏:视图→重画(图 5.1);

②命令行:redrawall。

另一种重新绘制命令只能清除当前视口中的标记点,使用量较少。

命令行:redraw。

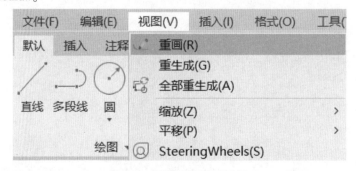

图 5.1　设置"重画"对话框

2. 重新生成

重新生成命令也称重生成,它可以使图形重生,不仅删除图形中的标记点、刷新屏幕,而且根据当前坐标更新在图形中的所有图形的数据库,因此执行速度较慢,更新屏幕花费时间较多。

重新生成命令也有两种,一种是只重生成当前视口中的图形。

①菜单栏:视图→重生成(图5.2);

②命令行:regen(或别名 re)。

图 5.2　设置"重生成"对话框

另一种是重生成所有视口中的图形。

①菜单栏:视图→全部重生成(图5.3);

②命令行:regenall。

注意:重画命令刷新显示比重生成命令刷新速度快,因为重画命令不需要对图形进行重新计算和重生。图形中某一图层被打开或关闭后,系统自动对图形刷新并重新显示。

图 5.3　设置"全部重生成"对话框

5.2　缩放与平移视图

在绘图的过程中,经常会出现因图形显示太大或太小而无法继续绘图的情况,此时,就可以利用 AutoCAD 提供的强大的视图显示控制功能对当前图形的显示情况进行调整,以方便绘图。

AutoCAD 提供了鼠标的实时缩放与平移功能,鼠标中间滚轮能够随时以光标为中心放大和缩小图形,按住中间滚轮不动也可进行图形的平移操作。

5.2.1 缩放视图

在 AutoCAD 系统中,可以执行以下操作实现缩放视图。

①面板标题:"视图"→"二维导航"→ 范围 按钮(图 5.4);
②菜单栏:视图→范围(图 5.5);
③命令行:zoom(或别名 z)。

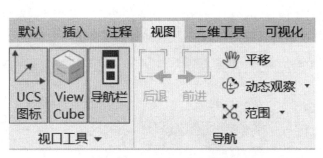

图 5.4　设置"缩放"图标　　　　　　　图 5.5　"范围"按钮

命令行提示:

命令:zoom↙

指定窗口的角点,输入比例因子(nX 或 nXP),或者

[全部(A)/中心(C)/动态(D)/范围(E)/上一个(P)/比例(S)/窗口(W)/对象(O)]<实时>:

命令行中各选项命令的功能如下。

①　全部:显示当前视窗中整个图形,包括绘图界限以外的图形,此选项同时对图形进行视图重新生成操作。在观察 3D 图形时,此选项与范围等同。

② 中心:以指定点为屏幕中心缩放对象,同时输入新的缩放因子或视图标高,高度值较小时增大放大比例,高度值较大时缩小放大比例。执行此命令后,命令行提示:

命令:zoom ↙
指定窗口的角点,输入比例因子 (nX 或 nXP),或者
[全部(A)/中心(C)/动态(D)/范围(E)/上一个(P)/比例(S)/窗口(W)/对象(O)]<实时>:C ↙
指定中心点: //在屏幕上取一中心点
输入比例或高度<243.2118>:2 ↙   //输入缩放比例

③ 动态:用于缩放显示视图框中的部分图形。

进入动态缩放模式时,在屏幕中将显示一个带有"×"的矩形方块,将其拖曳到所需位置并单击,此时选择窗口中心的"×"将消失,显示一个位于右边框的方向箭头,通过鼠标调整大小,最后按 Enter 键进行缩放。

④ 范围:将当前视窗中图形尽可能大地显示在屏幕上,并进行重新生成操作。

⑤ 上一个:缩放显示上一个视图。最多可恢复此前的 10 个视图。

⑥ 缩放:以指定的比例因子缩放显示。输入值后面跟着 X,表示根据当前视图指定比例;输入值后面跟着 XP,表示指定相对于图纸空间单位的比例。命令行提示:

命令:zoom ↙
指定窗口的角点,输入比例因子 (nX 或 nXP),或者
[全部(A)/中心(C)/动态(D)/范围(E)/上一个(P)/比例(S)/窗口(W)/对象(O)]<实时>:S ↙
输入比例因子 (nX 或 nXP):2 ↙   //输入想要缩放的比例
注意:输入小于 1 的数,表示缩小;输入大于 1 的整数,表示放大整数倍;若需相对于当前图纸空间单位缩放比例,只需在输入的值后加上 X。

⑦ 窗口:缩放显示由两个角点定义的矩形窗口框定的区域。

⑧ 对象:缩放以便尽可能大地显示一个或多个选定的对象并使其位于绘图区域的中心。可以在启动 zoom 命令之前或之后选择。

⑨ 实时:该选项用于交互缩放当前窗口图形。选择该选项后,光标变为带有加号(+)和减号(−)的放大镜,按住光标向上移动将放大视图,向下移动将缩小视图。
平移操作的快捷键是 Z 键。

除此之外,AutoCAD 还提供了一些更快捷的窗口操作方式,如利用 ⬅ 后退和 ➡ 前进用以快速后退和前进到前一个操作的窗口模式。

5.2.2　平移视图

在 AutoCAD 系统中,可通过执行下面的操作实现平移视图。

①面板标题:"视图"→"二维导航"→🖑按钮(图 5.6);

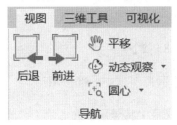

图 5.6　设置"平移"按钮

②菜单栏:视图→平移(图 5.7);

③命令行:pan。

启动实时平移命令后,光标变为手形🖑。按住鼠标左键进行拖曳即可对视图进行平移操作。当需要取消平移操作时,按 Enter 键或者按 Esc 键,或单击鼠标右键,在弹出的快捷菜单中选择"退出"。平移操作的快捷键是 P 键。

图 5.7　"平移"右键菜单

5.3　使用动态观察查看图形

动态观察可以用来在三维空间中旋转视图,通过自由和带有约束的动态过程可对模型进行全面的观察和展示。AutoCAD 为三维空间内的模型提供了不同的视图方向和视觉样式。

动态观察有三种,分别是动态观察、自由动态观察和连续动态观察。

5.3.1　动态观察

在 AutoCAD 系统中,可以执行以下操作实现动态观察视图。

①面板标题:"视图"→"二维导航"→🔄 按钮(图 5.8);

②菜单栏:视图→动态观察;

③命令行:3dorbit。

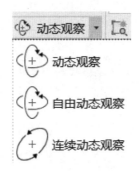

图 5.8 设置"动态观察"按钮

动态观察在三维空间中旋转视图,但仅限于在水平和垂直方向上进行动态观察。

5.3.2 自由动态观察

在 AutoCAD 系统中,可以执行以下操作实现自由动态观察视图。

①面板标题:"视图"→"二维导航"→ $\oplus$ 按钮(图 5.8);
②菜单栏:视图→自由动态观察;
③命令行:3dforbit。
在三维空间中不受滚动约束地旋转视图。

5.3.3 连续动态观察

在 AutoCAD 系统中,可以执行以下操作实现连续动态观察视图。

①面板标题:"视图"→"二维导航"→ 按钮(图 5.8);
②菜单栏:视图→连续动态观察;
③命令行:3dcorbit。
以连续运动方式在三维空间中旋转视图。
除此之外,AutoCAD 在视图区内还提供了视向的各种选择方式及视觉样式,可对任意三维模型进行各种方位以及各种样式的展示。

5.3.4 视图

在 AutoCAD 系统中,可以执行以下操作对各种视图进行选择,以方便三维图形操作。
①面板标题:"视图"→"视图"(图 5.9 和图 5.10);
②菜单栏:视图→命名视图;
③命令行:view。

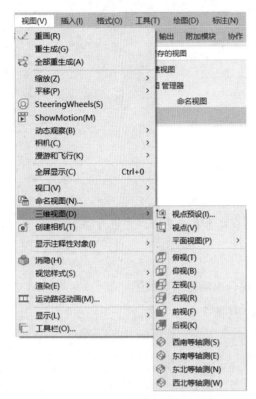

图 5.9　使用视图控制图形显示　　　　　　图 5.10　设置"视图管理器"

5.3.5　视觉样式

在 AutoCAD 系统中,可以执行以下操作通过不同的视觉样式选择,三维模型会以不同的形式进行展示。

①面板标题:"视图"→"视觉样式"(图 5.11 和图 5.12);

②菜单栏:视图→视觉样式。

图 5.11　设置"视觉样式"

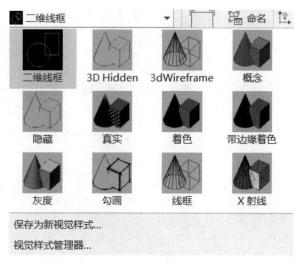

图 5.12　不同"视觉样式"按钮

5.4　查询图形信息

在绘图过程中,经常需要查询有关某个点的位置、两点之间的距离、图形的周长和面积、质量特征等信息,AutoCAD 提供了强大的查询功能,可以从系统数据中取得大量有用的信息,满足用户查询需求。

5.4.1　查询距离

使用查询距离命令,可以查询有关两个指定点之间关系的信息。AutoCAD 关于两点距离的查询可以查询以下内容。

①两点之间的距离;

②XY 平面中两点之间的角度;

③点与 XY 平面之间的角度;

④增量或两点之间改变的 X、Y 和 Z 轴的距离。

在 AutoCAD 系统中,可以通过以下操作实现查询距离。

①面板标题:"默认"→"实用工具"→"测量"→ 距离按钮(图 5.13);

②菜单栏:工具→查询→距离(图 5.14);

③命令行:dist。

图 5.13 "查询距离"按钮

图 5.14 选择查询距离命令

命令行提示：

命令：dist

指定第一点：

指定第二点： // 分别指定两点位置

距离 = 111.8034，XY 平面中的倾角 = 27，与 XY 平面的夹角 =0

X 增量 = 100.0000，Y 增量 = 50.0000，Z 增量 = 0.0000

从显示结果可以看出，两点之间的距离为 111.803 4，两点的连线与 X 轴正向夹角为 27°，与 XY 平面的夹角为 0°，这两点在 X 轴、Y 轴、Z 轴方向的增量分别为 100°、50°和 0°。

5.4.2 查询半径

在 AutoCAD 系统中，可以通过执行以下操作测量圆或圆弧的半径。

①面板标题："默认"→"实用工具"→"测量"→ 半径 按钮；

②命令行：measuregeom。

命令行提示：

命令：measuregeom

输入选项 [距离（D）/半径（R）/角度（A）/面积（AR）/体积（V）] <距离>：_radius

可根据需要选择各种工具，如采用默认选择，则光标变成选择状态，可直接选取圆，则显示：

选择圆弧或圆：

半径 = 35.2468

直径 = 70.4937

5.4.3 查询角度

查询角度的操作过程跟查询半径的方式相同,选择时选择两条直线即可查询出两条直线间的角度。在 AutoCAD 系统中,可以通过执行以下操作查询角度。

①面板标题:"默认"→"实用工具"→"测量"→△^{角度}按钮;

②命令行:measuregeom。

命令行提示:

命令:measuregeom

输入选项[距离(D)/半径(R)/角度(A)/面积(AR)/体积(V)]<距离>:_angle

选择圆弧、圆、直线或<指定顶点>:   //选择需要测量角度的一条边线

选择第二条直线:

角度 = 90°

5.4.4 查询面积

使用查询面积命令,用户可以指定一系列的点或选择一个对象。此外,该命令还可使用加模式和减模式来计算组合面积。在 AutoCAD 系统中,可以通过执行以下操作查询面积。

①面板标题:"默认"→"实用工具"→"测量"→◁^{面积}按钮;

②命令行:measuregeom。

命令行提示:

命令:measuregeom

输入选项[距离(D)/半径(R)/角度(A)/面积(AR)/体积(V)]<距离>:_area

指定第一个角点或[对象(O)/增加面积(A)/减少面积(S)/退出(X)]<对象(O)>:

选择对象:

区域 = 54045.6628,周长 = 0.0000

5.4.5 查询体积

使用查询体积命令,可以查询立体的体积,需要注意的是,如果所选图形为平面二维封闭图形的话,则需要在查询时输入高度,如果所选图形为平面不封闭图形时,则系统会提示:选定的对象没有面积。在 AutoCAD 系统中,可以通过执行以下操作查询体积。

①面板标题:"默认"→"实用工具"→"测量"→◻^{体积}按钮;

②命令行:measuregeom。

命令行提示:

命令:measuregeom

输入选项[距离(D)/半径(R)/角度(A)/面积(AR)/体积(V)]<距离>:_volume

指定第一个角点或[对象(O)/增加体积(A)/减去体积(S)/退出(X)]<对象(O)

>:   //直接回车

选择对象: //选择立体模型

体积 = 829431.5681

5.4.6 查询点坐标

使用查询点坐标命令,可以查询指定位置的坐标。具体执行操作如下。

①面板标题:"默认"→"实用工具"→  点坐标 按钮(图5.15);

②菜单栏:工具→查询→点坐标(图5.16);

③命令行:ID。

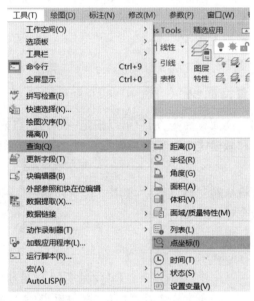

图5.15 "查询点坐标"按钮   图5.16 选择查询点坐标

命令行提示:

命令:ID

指定点: // 选择要查询的点对象

X = 50.0000   Y = 100.0000   Z = 0.0000

                 //指定任一点即可得到点的坐标。在二维坐标中,Z 坐标永远是 0

5.4.7 查询点样式

在 AutoCAD 实际绘图中,点看起来就是一个很小的实心点,有时候不是很方便识别,可以使用查询点样式命令,让点对象看起来更加清楚。具体执行操作如下。

①面板标题:"默认"→"实用工具"→"测量"→ 点样式... 按钮(图5.15);

②菜单栏:格式→点样式(图5.17);

③命令行:DDPTYPE。

图 5.17 选择查询点样式

命令行提示:

命令:DDPTYPE //按 Enter 键

// 系统将弹出点样式对话框,然后根据需要进行选择

思考与练习

1. 重画命令与重新生成命令的区别是什么?

2. 缩放命令共有哪些选项? 实际绘图时哪几种选项较为常用?

3. "查询"下拉菜单中,有哪几种选项?

4. 要想知道图形中一条倾斜直线的长度和倾斜角,可使用什么命令?

5. 绘制图 5.18,尺寸自定,并查询长度和面积。

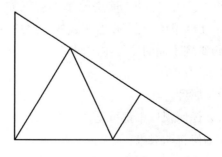

图 5.18 习题图

第 *6* 章

图层管理

【学习目标】

通过本章的学习,读者应掌握新图层的创建方法,包括设置图层的颜色、线型和线宽,"图层特性管理器"对话框的使用方法,并能够设置图层特性、过滤图层和使用图层功能绘制图形。

【知识要点】

"图层特性管理器"对话框的组成,图层的基本概念,创建新图层,设置图层颜色,使用与管理线型,设置图层线宽,管理图层。

图层是用户组织和管理图形的强有力工具。在中文版 AutoCAD 2022 中,所有图形对象都具有图层、颜色、线型和线宽这 4 个基本属性。用户可以使用不同的图层、不同的颜色、不同的线型和线宽绘制不同的对象和元素,方便控制对象的显示和编辑,从而提高绘制复杂图形的效率和准确性。

6.1 创建和设置图层

6.1.1 图层概述

1. 图层的基本概念

图层相当于传统图纸绘图中使用的重叠图纸。它就如同一张透明的图纸,整个 AutoCAD 文档就是由若干张透明图纸上下叠加而成的。用户可以根据不同的特征、类别或用途,将图形对象分类组织到不同的图形中。同一个图层中的图形对象具有许多相同的外观属性,如线型、颜色、线宽等。

通过图层可以控制以下属性。

①图层上的对象是否在任何视口中都可见;

②是否打印对象以及如何打印对象;

③为图层上的所有对象指定某种颜色;

④为图层上的所有对象指定某种默认线型和线宽;

⑤图层上的对象是否可以修改。

2."图层特性管理器"对话框的组成

图层是 AutoCAD 提供的一个管理图形对象的工具,用户可以根据图层对图形几何对象、文字、标注等进行归类处理。使用图层来管理它们,不仅能使图形的各种信息清晰、有序,便于观察,而且也会给图形的编辑、修改和输出带来很大的方便。

AutoCAD 提供了图层特性管理器,利用该工具,用户可以很方便地创建图层以及设置其基本属性。图层的创建和设置在"图层特性管理器"对话框中进行,打开此对话框有以下几种方法。

①面板标题:"图层"→⛏按钮;

②菜单栏:格式→图层;

③命令行:layer。

在执行完上以上任意一个命令后,打开的"图层特性管理器"对话框如图 6.1 所示。在该对话框中,可以看到所有图层列表和各图层的属性、状态。对图层的所有设置都可以在此对话框中完成,如新建、重命名、删除等操作。

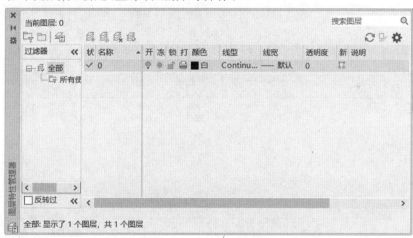

图 6.1 "图层特性管理器"对话框

(1)"图层特性管理器"对话框各项的具体说明如下。

①新建图层按钮:新建图层,用户可以对其重命名,方便记忆和操作。

②在所有视口中都被冻结的新图层视口按钮:创建图层后,用于在所有现有视口中将其冻结。可以在"模型"选项卡或"布局"选项卡上访问此按钮。

③删除图层按钮:删除被选择的图层。

④置为当前按钮:将选择的图层设置为当前图层。

⑤图层列表区:显示已有的图层及其特性,要修改某一图层的某一特性,单击其中所对应的图标即可,如图 6.2 所示。

⑥新建特性过滤器按钮:单击此按钮,将弹出"图层过滤器特性"对话框,可以基于一

图 6.2 "图层列表区"对话框

个或多个图层特性建立图层过滤器,如图 6.3 所示。

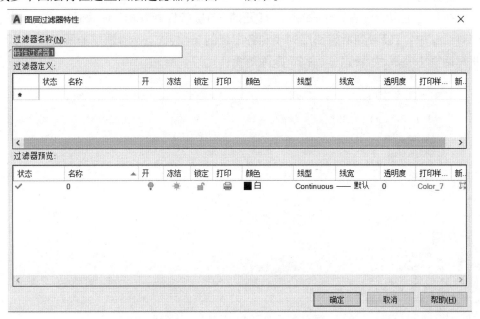

图 6.3 "图层过滤器特性"对话框

⑦新建组过滤器按钮:用于创建一个图层过滤器,其中也包含用户选定并添加到过滤器的图层。

⑧图层状态管理器按钮:单击此按钮,将弹出"图层状态管理器"对话框,如图 6.4 所示。

⑨"图层状态管理器"对话框可以将图层当前的特性设置保存到命名图层状态中。单击右下角的扩展按钮,则展开右半部分扩展对话框,在"要恢复的图层设置"选项组里,可以通过勾选相应的复选框来设置图层状态和特性。

(2)"图层状态管理器"对话框中的各项说明如下。

①"图层状态"显示当前图形中已保存的图层状态名称和从外部输入的图层状态名

图 6.4　"图层状态管理器"对话框

称。

②新建按钮:打开"要保存的新图层状态"对话框,创建新的图层状态。

③保存按钮:用于覆盖选中的图层状态。

④编辑按钮:单击此按钮,弹出"编辑图层状态"对话框,用于设置选中的新建图层的状态。

⑤重命名按钮:重命名选中的图层状态。

⑥删除按钮:删除选中的图层状态。

⑦输入按钮:打开"输入图层状态"对话框,可以将外部图层状态输入到当前图层中。

⑧输出按钮:打开"输出图层状态"对话框,将当前已保存下来的图层状态输出到一个 LAS 文件中。

⑨"恢复选项"选项组:此选项组用来设置是否关闭未在图层状态中找到的图层。

⑩恢复按钮:将选择的图层状态恢复到当前图形中,而且只有保存的状态和特性才能被恢复到图层中。

a."搜索图层"文本框:在这里输入字符,系统会按名称快速过滤图层列表,关闭图层特性管理器时并不保存此过滤器。

b."反转过滤器"复选框:用于显示和选择非指定过滤器中的图层。

c."指示正在使用的图层"复选框:勾选此复选框仅显示当前图层状态。

d. 设置按钮:单击此按钮,弹出"图层设置"对话框。在此对话框中可以设置新建图层后的通知信息,也可以将图层过滤器应用到图层面板标题上。

(3)"图层特性管理器"对话框列表中各属性的功能如下。

①"状态":用来指示和设置当前层,双击某个图层状态列表图标可以快速设置该图层为当前层。

②"名称":用于设置图层名称。选中一个图层使其以蓝色显示,再单击"名称"或按F2 键,层名即变为可编辑,然后输入新名称。

③"打开/关闭"开关:用于设置该图层内图形是否在绘图窗口显示。隐藏该图层,打印时不能被打印。

④"冻结/解冻"开关:用于设置该图层内图形是否在绘图窗口显示。注意:"打开/关闭"开关与"冻结/解冻"开关有同样的隐藏功能,但前者只是隐藏图形不可见,而后者同样隐藏不可见,但是后者冻结后不参与刷新和运算,可以提高系统的运算速度。

⑤"锁定/解锁"开关:如果某图层上的对象需要显示但不需要编辑和选择,那么可以设置锁定该图层。

⑥"颜色、线型、线宽、透明度":用于设置图层的颜色、线型、线宽、透明度属性。如:单击"颜色"属性项,可以打开"颜色"对话框,选择需要的颜色即可。

⑦"打印样式":用于设置每个图层选择不同的打印样式。

⑧"打印开关":用于设置那些没有隐藏也没有冻结的可见图层,可以通过单击"打印"特性项来控制打印时该图层是否打印输出。

⑨"图层说明":用于设置对每个图层单独的解释、说明。

6.1.2 创建新图层

开始绘制新图形时,AutoCAD 将自动创建一个名为 0 的特殊图层。默认情况下,图层 0 将被指定使用 7 号颜色(白色或黑色),由背景色决定,本书中将背景色设置为白色,因此,图层颜色就是黑色、Continuous 线型、"默认"线宽、透明度 0 及 normal 打印样式,用户不能删除或重命名该图层 0。在绘图过程中,如果用户要使用更多的图层来组织图形,就需要先创建新图层。

在 AutoCAD 系统中,可以通过执行以下操作创建新图层。

①面板标题:"默认"→"图层"→▣按钮;

②菜单栏:格式→图层;

③命令行:layer。

在执行完以上任意一个命令后,在"图层特性管理器"对话框中单击新建图层按钮,可以创建一个名称为"图层 1"的新图层。默认情况下,新建图层与当前图层的状态、颜色、线型、线宽等设置相同。

当创建了图层后,图层的名称将显示在图层列表框中,如果要更改图层名称,可单击该图层名,然后输入一个新的图层名并按 Enter 键即可。

6.1.3 设置图层颜色

颜色在图形中具有非常重要的作用,可用来表示不同的组件、功能和区域。图层的颜色实际上是图层中图形对象的颜色。每个图层都拥有自己的颜色,对不同的图层可以设置相同的颜色,也可以设置不同的颜色,绘制复杂图形时,可以很容易区分图形的各部分。

在 AutoCAD 系统中,可以通过执行以下操作设置图层颜色。

①面板标题:"默认"→"特性"→"颜色"→ 颜色 ■白 按钮;

②菜单栏:格式→颜色;

③命令行:color。

在执行完上以上任意一个命令后,打开"选择颜色"对话框,如图6.5所示。

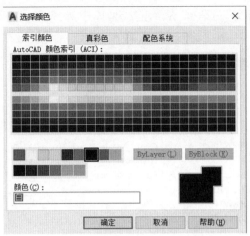

图6.5　"选择颜色"对话框

6.1.4　设置图层线型

图层线型是指图层上图形对象的线型,如实线、虚线等。在使用 AutoCAD 系统进行工程制图时,可以使用不同的线型来绘制不同的对象以示区分,还可以对各图层上的线型进行不同的设置。

1. 设置已加载线型

在绘制图形时,要使用线型来区分图形元素,这就需要对线型进行设置。默认情况下,图层的线型为 Continuous。

要改变线型,可在图层列表中单击"线型"列的 Continuous,打开"选择线型"对话框,在"已加载的线型"列表框中选择一种线型,然后单击【确定】,如图6.6所示。

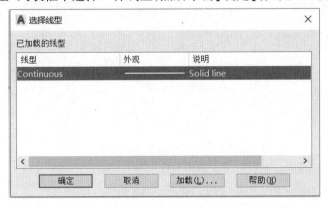

图6.6　"已加载的线型"列表框

2.加载线型

默认情况下,在"选择线型"对话框的"已加载的线型"列表框中只有 Continuous 一种线型,如果要使用其他线型,则必须将其添加到"已加载的线型"列表框中。可单击【加载】打开"加载或重载线型"对话框,从当前线型库中选择需要加载的线型,然后单击【确定】,如图 6.7 所示。

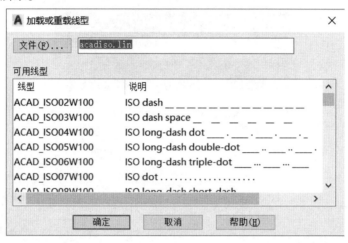

图 6.7 "加载或重载线型"对话框

3.设置线型比例

设置线型比例的方法如下。

①菜单栏:格式→线型;

②命令行:linetype。

在执行完上以上任意一个命令后,可设置图形中的线型比例,从而改变非连续线型的外观,"线型管理器"对话框如图 6.8 所示。

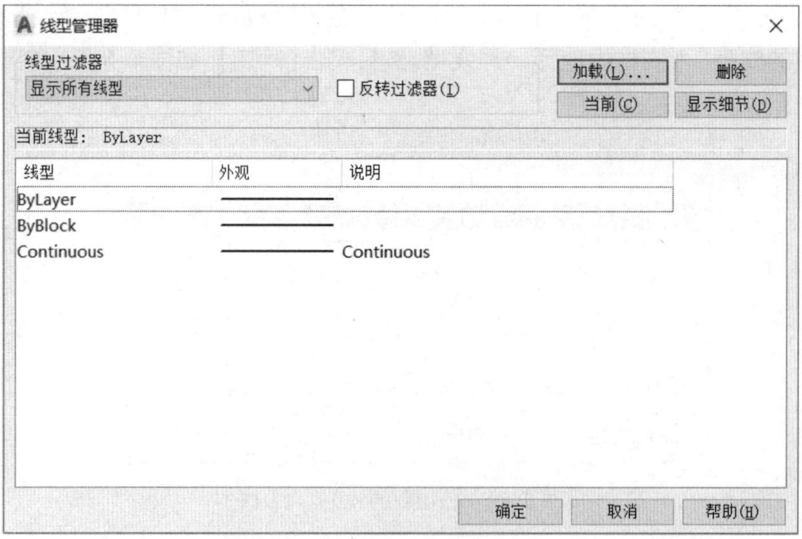

图 6.8 "线型管理器"对话框

6.1.5　设置图层线宽

线宽设置就是改变线条的宽度。在 AutoCAD 中,使用不同宽度的线条表现对象的大小或类型,可以提高图形的表达能力和可读性。具体执行操作如下。

①菜单栏:格式→线宽;

②命令行:lweight。

如图 6.9 所示,也可以在"图层特性管理器"对话框的"线宽"列中单击该图层对应的线宽"—— 默认",打开"线宽"对话框,有 20 多种线宽可供选择,如图 6.10 所示。

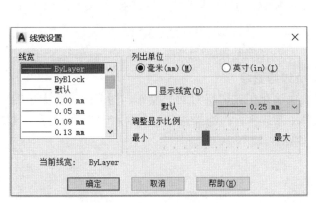

图 6.9　"线宽设置"对话框　　　　　　图 6.10　"线宽"对话框

6.2　管理图层

在 AutoCAD 中,使用"图层特性管理器"对话框不仅可以创建图层,设置图层的颜色、线型、线宽和透明度,还可以对图层进行更多的设置与管理,如图层的切换、重命名、删除及图层的显示控制等。

6.2.1　图层的控制

1.设置图层特性

使用图层绘制图形时,新对象的各种特性将默认为随层,由当前图层的默认设置决定。也可以单独设置对象的特性,新设置的特性将覆盖原来随层的特性。在"图层特性管理器"对话框中,每个图层都包含状态、名称、打开/关闭、冻结/解冻、锁定/解锁、线型、颜色、线宽、透明度和打印样式等特性,如图 6.11 所示。

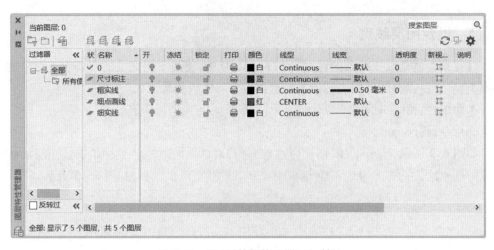

图 6.11 "图层特性管理器"对话框

2. 使用"图层过滤器特性"对话框过滤图层

在 AutoCAD 中,图层过滤功能大大简化了在图层方面的操作。图形中包含大量图层时,在"图层特性管理器"对话框中单击新建特性过滤器按钮,可以使用打开的"图层过滤器特性"对话框来命名图层过滤器,如图 6.12 所示。

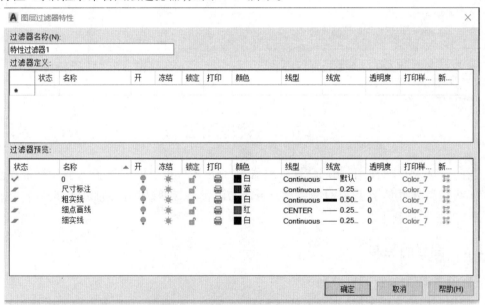

图 6.12 "图层过滤器特性"对话框

3. 使用新建组过滤器过滤图层

在 AutoCAD 2022 中,还可以通过新建组过滤器过滤图层。可在"图层特性管理器"对话框中单击新建组过滤器按钮,并在对话框左侧过滤器树列表中添加一个组过滤器 1(也可以根据需要命名组过滤器)。在过滤器树中单击"所有使用的图层"节点或其他过滤器,显示对应的图层信息,然后将需要分组过滤的图层拖曳到创建的组过滤器 1 上即可,如图 6.13 所示。

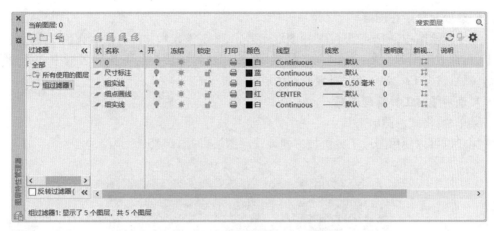

图 6.13　"组过滤器"对话框

4. 保存与恢复图层状态

图层设置包括图层状态和图层特性。图层状态包括图层是否打开、冻结、锁定、打印和在新视口中自动冻结。图层特性包括颜色、线型、线宽、透明度和打印样式。可以选择要保存的图层状态和图层特性。例如,可以选择只保存图形中图层的"冻结/解冻"设置,忽略所有其他设置。恢复图层状态时,除了每个图层的冻结或解冻设置以外,其他设置仍保持当前设置。在 AutoCAD 2022 中,可以使用"图层状态管理器"对话框来管理所有图层的状态。

5. 转换图层

①菜单栏:工具→CAD 标准→图层转换器;

②命令行:laytrans。

使用图层转换器可以转换图层,实现图形的标准化和规范化。图层转换器能够转换当前图形中的图层,使之与其他图形的图层结构或 CAD 标准文件相匹配。例如,如果打开一个与现有的图层结构不一致的图形时,可以使用图层转换器转换图层名称和属性,以符合现有的图形标准,如图 6.14 所示。

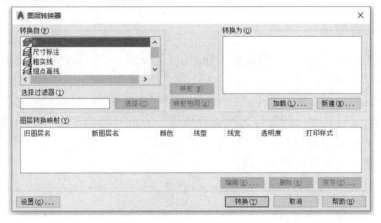

图 6.14　"图层转换器"对话框

6. 改变对象所在图层

在实际绘图中,如果绘制完某一图形元素后,发现该元素并没有绘制在预先设置的图层上,可选中该图形元素,并在"对象特性"面板标题的图层控制下拉列表框中选择预设层名,然后按下 Esc 键来改变对象所在图层。

7. 使用图层工具管理图层

菜单栏:格式→图层工具。

用户也可以使用图层工具更加方便地管理图层,如图 6.15 所示。

图 6.15　"图层工具"下拉菜单

6.2.2　切换当前层

在"图层特性管理器"对话框的图层列表中,选择某一图层后,单击当前图层按钮,即可将该层设置为当前层。

在实际绘图时,为了便于操作,主要通过"图层"面板标题和"对象特性"面板标题来实现图层切换,这时只需选择要将其设置为当前层的图层名称即可。此外,"图层"面板标题和"对象特性"面板标题中的主要选项与"图层特性管理器"对话框中的内容相对应,因此,也可以用来设置与管理图层特性,如图 6.16 和图 6.17 所示。

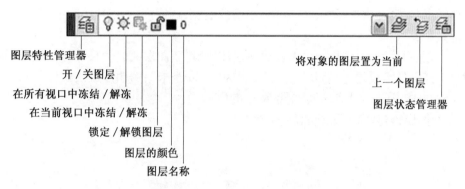

图 6.16 "图层"面板标题

图 6.17 "对象特性"面板标题

6.3 使用图层绘图

本书对工程图形中常用的粗实线、细实线、虚线、中心线、剖面线、尺寸标注和文字说明等元素进行层名、颜色、线型、线宽和透明度的创建。其具体内容如下。

(1)默认层(0)： 线宽 0.25 mm 线型 Continuous
(2)粗实线层： 线宽 0.5 mm 线型 Continuous （白色） 透明度 0
(3)尺寸标注线层： 线宽 0.25 mm 线型 Continuous （洋红色） 透明度 0
(4)细点画线层： 线宽 0.25 mm 线型 CENTER （红色） 透明度 0

当使用图层绘图时,一般按以下步骤进行。

1. 启动 AutoCAD

双击 AutoCAD 图标,进入默认的 AutoCAD 环境。

2. 分别创建绘图中要使用的图层

本例用到粗实线层、中心线层、尺寸标注线层三个图层,分别创建这三个图层。

(1)单击菜单栏:格式→图层命令,系统弹出"图层特性管理器"对话框。

(2)创建粗实线层:单击新建图层按钮,将新建的图层 1 改名为粗实线层;采用默认的颜色,即黑色(由于图纸背景为白色,所以线默认为黑色,但颜色名为"白");采用默认的线型,即 Continuous;单击"粗实线层"线宽中的"——默认"选项,在弹出的"线宽"对话框中选择"0.50 毫米"规格的线宽,透明度默认 0。然后单击对话框中的【确定】。

(3)创建中心线层。单击新建图层按钮,将新建的图层 1 改名为中心线层;单击"颜色"选项,在弹出的"选择颜色"对话框中选择红色,透明度默认 0;单击此图层线型列中的"Continuous",在弹出的"选择线宽"对话框中单击【加载】,在弹出的"加载或重载线型"对话框中,选择 CENTER 线型,单击【确定】;单击本图层线宽中的"——默认"选项,在弹出的"线宽"对话框中选择"0.25 毫米"规格的线宽,透明度默认 0,然后单击对话框中的【确定】。

(4)创建尺寸标注线层。单击新建图层按钮,将新图层改名为尺寸标注线层;颜色设置为"洋红";线型设置为"默认";线宽设置为"0.25 毫米";透明度默认 0。

(5)单击"图层特性管理器"对话框中的【确定】。

三个图层创建好后,如图 6.18 所示。

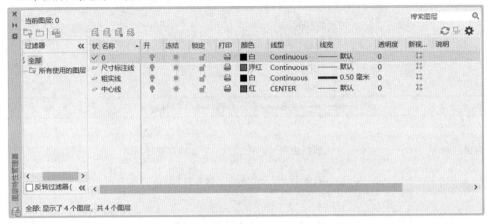

图 6.18　"图层"对话框

3. 在中心线层绘制图形

在"图层"下拉菜单中选择中心线层;单击下拉菜单中"绘图"→"直线"命令,分别绘制两条中心线;单击下拉菜单中"绘图"→"圆"→"圆心,直径"命令绘制直径为 $\phi34$ 的中心圆,如图 6.19 所示。

4. 在粗实线层绘制图形

在"图层"下拉菜单中选择粗实线层;单击下拉菜单中"绘图"→"圆"→"圆心,直径"命令,分别绘制直径为 $\phi12$ 的四个圆和直径为 $\phi50$ 的一个圆(如果屏幕底部状态栏中的 ╬ (显示/隐藏线宽)按钮处于显亮状态,则可以看到上步中绘制的圆显示为粗实线),如图 6.20 所示。

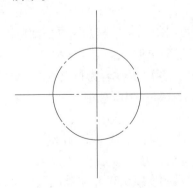

图 6.19　中心线层绘制图形

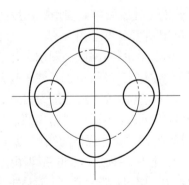

图 6.20　粗实线层绘制图形

5. 在尺寸标注线层进行尺寸标注

在"图层"下拉菜单中选择尺寸标注线层;单击下拉菜单中"标注"→"直径"命令,绘制如图 6.21 所示的直径标注。

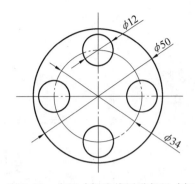

图 6.21　在尺寸标注线层进行尺寸标注

思考与练习

1. 何谓图层? 它有哪些属性和状态?

2. 如何创建新图层? 一般需要为新图层进行哪些设置?

3. 在 AutoCAD 中,颜色、线型、线宽、透明度的默认设置是什么?

4. 使用图层绘制如图 6.22 所示的图样,要求创建不同颜色、线型、线宽、透明度的 5 个图层,分别用来绘制轮廓线、中心线、虚线、剖面线、螺纹细实线和尺寸标注。

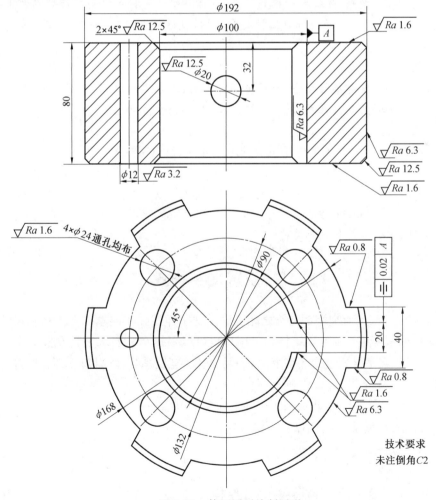

图 6.22　使用图层绘制图形

第 7 章

创建文字和表格

【学习目标】

通过本章的学习,读者应掌握创建文字样式,包括设置样式名、字体、文字效果;设置表格样式,包括设置数据、列标题和标题样式;创建与编辑单行文字和多行文字方法;使用文字控制符和"文字格式"面板标题编辑文字;创建表格方法以及如何编辑表格和表格单元。

【知识要点】

创建文字样式,创建单行文字,使用文字控制符,编辑单行文字,创建多行文字,编辑多行文字,创建和管理表格样式,创建表格,编辑表格和表格单元。

文字对象是 AutoCAD 图形中很重要的图形元素,是机械制图和工程制图中不可缺少的组成部分。在一个完整的图样中,通常都包含一些文字注释来标注图样中的一些非图形信息。例如,机械工程图形中的技术要求、装配说明,以及工程制图中的材料说明、施工要求等。另外,在 AutoCAD 2022 中,使用表格功能可以创建不同类型的表格,还可以在其他软件中复制表格,以简化制图操作。

7.1　设置文字样式

在 AutoCAD 中,所有文字都有与之相关联的文字样式。在创建文字注释和尺寸标注时,AutoCAD 通常使用当前的文字样式。用户也可以根据具体要求重新设置文字样式或创建新的样式。文字样式包括文字字体、字型、高度、宽度系数、倾斜角、反向、倒置以及垂直等参数。

在 AutoCAD 2022 中,激活定义文字样式命令的方法如下。

①面板标题:"默认"→"注释"→![按钮]按钮;

②菜单栏:格式→文字样式;

③命令行:style。

激活文字样式命令后,系统将弹出"文字样式"对话框,如图 7.1 所示。利用该对话框可以创建或修改文字样式,并设置文字的当前样式。

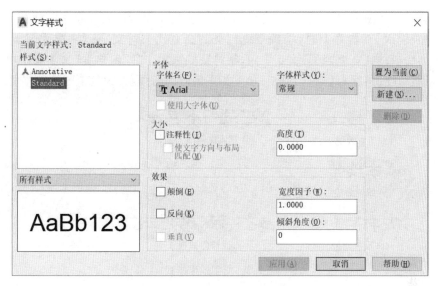

图 7.1　"文字样式"对话框

1. 设置样式名

"文字样式"对话框的"样式名"选项组中显示了文字样式的名称、创建新的文字样式、为已有的文字样式重命名或删除文字样式,各选项的含义如下。

①"样式名"列表框:列出当前可以使用的文字样式,默认文字样式为 Standard。

②"新建"按钮:单击该按钮打开"新建文字样式"对话框。在"样式名"文本框中输入新建文字样式名称后,单击【确定】可以创建新的文字样式。新建文字样式将显示在"样式名"列表框中。

③"重命名"按钮:单击该按钮打开"重命名文字样式"对话框。可在"样式名"文本框中输入新的名称,默认的 Standard 样式是无法重命名的。

④"删除"按钮:单击该按钮可以删除某一已有的文字样式,对于已经使用的文字样式和默认的 Standard 样式是无法删除的。

2. 设置字体

"文字样式"对话框的"字体"选项组用于设置文字样式使用的字体和字高等属性。其中,"字体"下拉列表框用于选择字体;"字体样式"下拉列表框用于选择字体格式,如斜体、粗体和常规字体等;"高度"文本框用于设置文字的高度。选中"使用大字体"复选框,"字体样式"下拉列表框变为"大字体"下拉列表框,用于选择大字体文件。

如果将文字的高度设为 0,在使用 text 命令标注文字时,命令行将显示"指定高度:"提示,要求指定文字的高度。如果在"高度"文本框中输入了文字高度,AutoCAD 将按此高度标注文字,而不再提示指定高度。

AutoCAD 提供了符合标注要求的字体文件:gbenor. shx、gbeitc. shx 和 gbcbig. shx 文件。其中,gbenor. shx 和 gbeitc. shx 文件分别用于标注直体和斜体字母与数字;gbcbig. shx 则用于标注中文。

3. 设置文字效果

在"文字样式"对话框中,使用"效果"选项组中的选项可以设置文字的颠倒、反向、垂直等显示效果,如图 7.2 所示。在"宽度因子"文本框中可以设置文字字符的高度和宽度之比,当"宽度因子"值为 1 时,将按系统定义的高宽比书写文字;当"宽度因子"小于 1 时,字符会变窄;当"宽度因子"大于 1 时,字符则变宽。在"倾斜角度"文本框中可以设置文字的倾斜角度,角度为 0°时不倾斜;角度为正值时向右倾斜;为负值时向左倾斜。

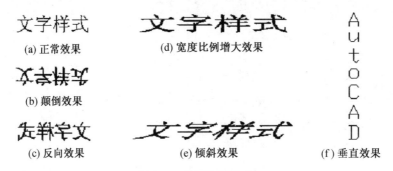

图 7.2　文字效果样式

4.预览与应用文字样式

在"文字样式"对话框的预览选项组中,可以预览所选择或所设置的文字样式效果。其中,在"效果"选项组左侧的文本框中输入要预览的字符,单击"效果"按钮,可以将输入的字符按当前文字样式显示在预览框中,如图 7.3 所示。

图 7.3　"效果"选项组

设置完文字样式后,单击【应用】即可应用文字样式。然后单击【关闭】,关闭"文字样式"对话框。

7.2　文字输入

AutoCAD 提供了两种文字输入方式,分别是单行输入和多行输入。单行输入并不是用该命令每次只能输入一行文字,而是输入的文字,每一行单独作为一个实体对象来处理。相反,多行输入就是不管输入几行文字,AutoCAD 都将它作为一个实体对象来处理。

7.2.1　单行文字输入与编辑

在 AutoCAD 2022 中,"文字"面板标题可以创建和编辑文字,若不需要多种字体或多行排列的简短内容,尤其是创建一些标签内容,用户可直接创建单行文字。利用单行文字注释时,可以创建一行或多行文字,每按一次 Enter 键,可以结束一行的创建。每行文字都是独立的对象,可以对它们进行重新定位、调整格式或进行其他修改。

激活单行文字命令的操作方式有以下 3 种。

①面板标题:"默认"→"注释"→ **A**文字 →单行文字;

②菜单栏:绘图→文字→单行文字;

③命令行:dtext(或别名 dt)。

1. 单行文字输入

(1)指定文字的起点。

默认情况下,通过指定单行文字行基线的起点位置创建文字。如果当前文字样式的高度设置为 0,系统将显示"指定高度:"提示信息,要求指定文字高度,否则不显示该提示信息,而使用"文字样式"对话框中设置的文字高度。

然后系统显示"指定文字的旋转角度 <0>:"提示信息,要求指定文字的旋转角度。文字旋转角度是指文字行排列方向与水平线的夹角,默认角度为 0°。输入文字旋转角度,或按 Enter 键使用默认角度 0°,最后输入文字即可。也可以切换到 Windows 的中文输入方式下,输入中文文字。

(2)设置对正方式。

在"指定文字的起点或[对正(J)/样式(S)]:"提示信息后输入 J,可以设置文字的排列方式。此时命令行显示如下提示信息:

输入选项[左(L)/居中(C)/右(R)/对齐(A)/中间(M)/布满(F)/左上(TL)/中上(TC)/右上(TR)/左中(ML)/正中(MC)/右中(MR)/左下(BL)/中下(BC)/右下(BR)]:

在 AutoCAD 2022 中,系统为文字提供了多种对正方式,如图 7.4 所示。

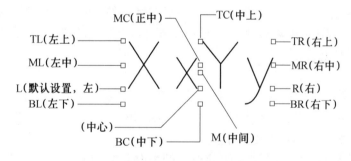

图 7.4 文字对正方式

(3)设置当前文字样式。

在"指定文字的起点或[对正(J)/样式(S)]:"提示下输入 S,可以设置当前使用的文字样式。选择该选项时,命令行显示如下提示信息:

输入样式名或[?] <Standard>:

可以直接输入文字样式的名称,也可输入"?",在 AutoCAD 文本窗口中显示当前图形已有的文字样式,如图 7.5 所示。

2. 编辑单行文字

单行文字可进行单独编辑。编辑单行文字包括编辑文字的内容、对正方式及缩放比例,在 AutoCAD 2022 中使用编辑单行文字命令的操作方式有以下 3 种。

①菜单栏:修改→对象→文字→编辑;

②命令行:ddedit;

③在绘图窗口中双击输入的单行文字,打开单行文字编辑窗口。

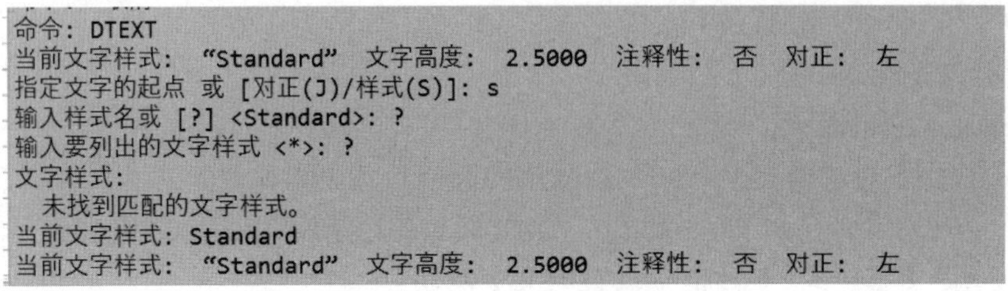

```
命令: DTEXT
当前文字样式: "Standard" 文字高度: 2.5000 注释性: 否 对正: 左
指定文字的起点 或 [对正(J)/样式(S)]: s
输入样式名或 [?] <Standard>: ?
输入要列出的文字样式 <*>: ?
文字样式:
    未找到匹配的文字样式。
当前文字样式: Standard
当前文字样式: "Standard" 文字高度: 2.5000 注释性: 否 对正: 左
```

图 7.5　文本窗口对话框

"文字"子菜单中共有 5 个子命令,各命令的功能如下。

①编辑命令(ddedit):选择该命令,然后在绘图窗口中单击需要编辑的单行文字,进入文字编辑状态,可以重新输入文本内容。

②比例命令(scaletext):选择该命令,然后在绘图窗口中单击需要编辑的单行文字,此时需要输入缩放的基点以及指定新高度、匹配对象(M)或缩放比例(S)。

③对正命令(justifytext):选择该命令,然后在绘图窗口中单击需要编辑的单行文字,此时可以重新设置文字的对正方式。

④查找命令(find):选择该命令,然后在弹出的"查找和替换"对话框中填写查找内容、替换为其他内容以及查找位置,可以选择逐条替换,也可以选择全部替换。单击下拉箭头可以在搜索选项和文字类型中勾选相应选项。

⑤拼写检查命令(spell):选择该命令,然后在弹出的"拼写检查"对话框中单击设置选项可以在包含和选项中勾选对应项,选择要进行检查的位置,选择词典,单击开始即可。

7.2.2　多行文字输入与编辑

多行文字又称为段落文字,是一种更易于管理的文字对象,可以由两行以上的文字组成,而且各行文字都是作为一个整体处理。机械制图中,常使用多行文字功能创建较为复杂的文字说明,如图样的技术要求等。

在 AutoCAD 2022 中,使用多行文字命令的操作方式有以下 3 种。

①面板标题:"默认"→"注释"→**A**→多行文字;

②菜单栏:绘图→文字→多行文字;

③命令行:mtext(或别名 mt)。

1.多行文字输入

输入多行文字之前,应首先指定文字边框的对角点。文字边框用于定义多行文字对象的段落宽度,但其高度不能定义文字对象的高度,所以不考虑其尺寸大小。同图形对象类似,可以使用夹点移动或旋转多行文字对象。

在执行完多行文字命令后,根据命令行提示,在绘图窗口中指定一个用来放置多行文字的矩形区域,将打开在位文字编辑器,如图 7.6 所示。

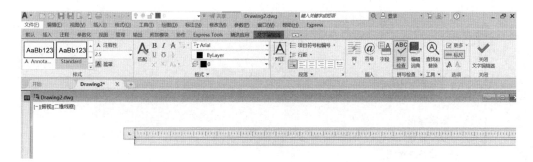

图 7.6　在位文字编辑器

（1）"样式和格式"面板。

使用"样式和格式"面板，可以设置文字样式、文字字体、文字高度、加粗、倾斜、下画线、上画线和颜色等，如图 7.7 所示。

图 7.7　"样式和格式"面板

（2）"段落"面板。

"段落"面板包括多行文字、段落、行距、编号和各种对齐方式选项。单击对正按钮，如图 7.8 所示。单击行距按钮，显示建议行距选项，如图 7.9 所示。单击项目符号和编号按钮显示项目符号和编号列表，如图 7.10 所示。单击段落按钮，弹出"段落"对话框，如图 7.11 所示，该对话框可以为段落的第一行设置缩进，指定制表位和缩进，控制段落对齐方式等。

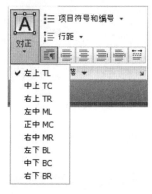

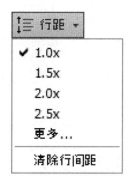

图 7.8　对正选项　　　　　　图 7.9　行距选项

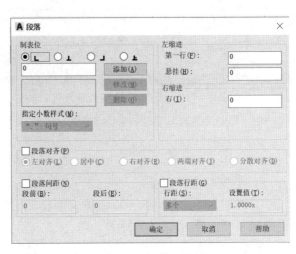

图 7.10　编号选项　　　　　　　图 7.11　"段落"对话框

（3）"选项"面板。

单击选项按钮,打开多行文字的选项菜单,可以对多行文本进行更多的设置。在文字输入窗口中右击,将弹出一个快捷菜单,该快捷菜单与选项菜单中的主要命令一一对应,如图 7.12 所示。

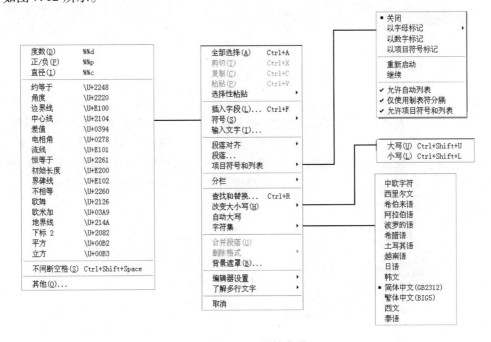

图 7.12　快捷菜单

（4）输入文字。

在多行文字的文字输入窗口中,可以直接输入多行文字,也可以在文字输入窗口中右击,从弹出的快捷菜单中选择输入文字命令,将已经在其他文字编辑器中创建的文字内容直接导入到当前图形中。

2.编辑多行文字

在 AutoCAD 2022 中,使用编辑多行文字命令的操作方式有以下 3 种。

①菜单栏:修改→对象→文字→编辑;

②命令行:ddedit;

③在绘图窗口中双击输入的多行文字,或在输入的多行文字上右击,从弹出的快捷菜单中选择重复编辑多行文字命令或编辑多行文字命令,打开多行文字编辑窗口。

7.3　输入特殊符号

7.3.1　利用单行文字命令输入特殊符号

在实际绘图时,常常需要标注一些特殊字符,如度数、直径、正负号等。这些特殊符号在 AutoCAD 的应用程序中不能直接输入,必须通过相应的符号代码转换出所需符号。下面介绍在 AutoCAD 2022 中利用单行文字命令输入特殊符号时的应用,见表7.1 和图7.13。

表 7.1　特殊字符的表达方法

符号	功能说明
%%O	上画线
%%U	下画线
%%D	度
%%P	正负公差符号
%%C	直径符号
%%%	百分比符号
%%nnn	标注与 ASCII 码 nnn 对应的符号

Au%%Oto%%OCad

Au%%UtoCad

45%%D,%%P

%%C60,75%%%

(a)输入特殊符号

$\overline{AutoCad}$

AutoCad

45°,±

Ø60,75%

(b)结束命令后

图 7.13　特殊字符标注

说明:

①%%O 和%%U 分别是上画线和下画线的开关,第一次输入符号为打开,第二次输

入符号为关闭。

②由"％％"号引导的特殊字符只有在输入命令结束后才能转换过来。

③"％％"号单独使用没有意义,系统将删除它及后面的所有字符。

7.3.2 利用多行文字命令输入特殊符号

单击多行文字编辑器面板标题中的符号按钮⊞,弹出符号下拉菜单,如图7.14所示。根据需要选择后,可以将符号直接插入文字注释中,还可以在符号下拉菜单中选择"其他..."选项,弹出"字符映射表"对话框,如图7.15所示。

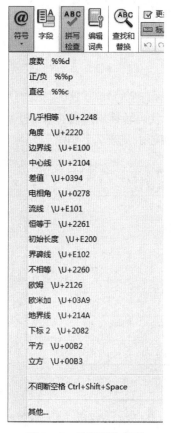

图 7.14　符号下拉菜单

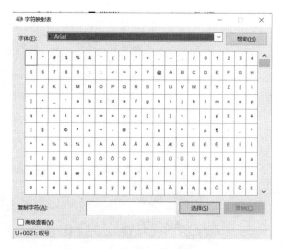

图 7.15　"字符映射表"对话框

7.4　创建与设置表格式样

表格使用行和列以一种简洁清晰的形式提供信息,常用于一些组件的图形中。表格样式控制一个表格的外观,用于保证标准的字体、颜色、文本、高度和行距。用户可以使用默认的表格样式,也可以根据需要自定义表格样式。表格单元数据可以包括文字和多个块,还可以包含使用其他表格单元中的值进行计算的公式。

7.4.1　设置新建表格样式

在 AutoCAD 2022 中,激活表格样式命令的操作方式有以下 2 种。

①菜单栏:"注释"→"表格"面板→ 按钮;

②命令行:tablestyle。

执行表格样式命令后,系统会弹出如图 7.16 所示的"表格样式"对话框。在该对话框中单击【新建】,弹出"创建新的表格样式"对话框,如图 7.17 所示,在"新样式名"文本框中输入新的表格样式名,在"基础样式"下拉列表中选择一种基础样式作为模板,新样式将在该样式的基础上修改。

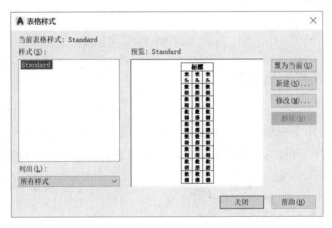

图 7.16　"表格样式"对话框

图 7.17　"创建新的表格样式"对话框

单击【继续】,弹出"新建表格样式"对话框,在该对话框中可以设置数据、列表头和标题的样式,如图 7.18 所示。

在"起始表格"选项组中单击"选择起始表格:",选择绘图区域中已创建的表格作为新建表格样式的起始表格,单击其右边的按钮,可取消选择。

在"常规"选项区域的"表格方向"下拉列表中选择表的生成方向是向上或向下。该选项的下方白色区域为表格的预览。

表格的单元有标题、表头、数据 3 种。在"单元样式"下的下拉列表中依次选择这 3 种单元,通过"常规""文字""边框"3 个选项卡便可对每种单元样式进行设置。

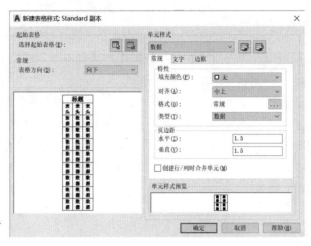

图 7.18 "新建表格样式"对话框

7.4.2 创建表格与编辑表格

1. 创建表格

创建表格命令用于图形中表格的创建,从而对图形进行注释和说明。创建表格对象时,首先产生一个空表格,然后在表格的单元中添加数据内容。创建表格命令的操作方式有以下 3 种。

①面板标题:"注释"→"表格"→ 按钮;

②菜单栏:绘图→表格;

③命令行:table。

表格由行和列组成,最小单位为单元格。创建表格的方法如下。

选择以上任意命令后,打开"插入表格"对话框,如图 7.19 所示。在"表格样式设置"选项组中,可以从"表格样式"下拉列表框中选择表格样式,或单击其后的按钮,打开"表格样式"对话框,创建新的表格样式。

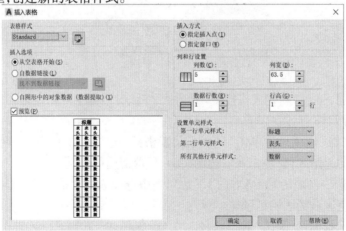

图 7.19 "插入表格"对话框

在"插入方式"选项组中,选择"指定插入点"单选按钮,可以在绘图窗口中的某点插入固定大小的表格;选择"指定窗口"单选按钮,可以在绘图窗口中通过拖曳表格边框创建任意大小的表格。如果选择"自数据链接",则可从外部电子表格中的数据创建表格。单击下拉列表旁的按钮,弹出"选择数据链接"对话框,如图 7.20 所示。通过该对话框可以连接设置数据。如果选择"自图形中的对象数据",则启动"数据提取"向导。

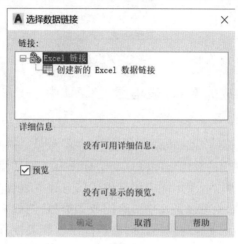

图 7.20　"选择数据链接"对话框

在"列和行设置"选项组中,可以通过改变"列数""列宽""数据行数"和"行高"文本框中的数值来调整表格的外观大小。

设置完毕后,单击【确定】关闭对话框,根据设置,创建的表格如图 7.21 所示。

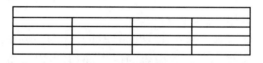

图 7.21　创建的表格

2.编辑表格

在 AutoCAD 2022 中,还可以使用表格的快捷菜单来编辑表格。

从表格的快捷菜单中可以看到,可以对表格进行剪切、复制、删除、移动、缩放和旋转等简单操作,还可以均匀调整表格的行、列大小,删除所有的特性。当选择输出命令时,还可以打开"输出数据"对话框,以.csv 格式输出表格中的数据。

当选中表格后,在表格的四周、标题行上将显示许多夹点,也可以通过拖曳这些夹点来编辑表格,如图 7.22 所示。

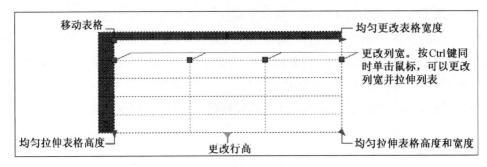

图 7.22　表格的夹点及其作用

7.4.3　将已经创建完成的 Excel 表格插入 CAD 中

1. OLE 对象简介

OLE(Object Linking and Embedding,对象链接与嵌入)是一种面向对象的技术,利用这种技术可开发可重复使用的软件组件(COM)。OLE 从多媒体借鉴而来,是 Windows 的一组服务功能,提供了一种以源于不同应用软件的信息建立复合文档的强有力方法。在对象链接和嵌入系统中,对象可以是几乎所有的数据类型,例如文字、点阵图像和矢量图形,甚至于声音、注解和录像剪辑等均可。对象被赋予智能属性,即参与链接和嵌入的对象本身带有计算机指令。

OLE 是在用户应用程序间传输和共享信息的一组综合标准。允许创建带有指向应用程序的链接的混合文档以使用户修改时不必在应用程序间切换的协议。OLE 基于组件对象模型(COM)并允许开发,可在多个应用程序间互操作的可重用即插即用对象。该协议已广泛用于商业上,在商业中电子表格、字处理程序、财务软件包和其他应用程序可以通过客户服务器体系共享和链接单独的信息。

目前,大部分主流软件,如 Microsoft Office、AutoCAD、Photoshop、UG 等软件均支持 OLE 技术,可以很方便地实现不同软件内容的嵌入,同时可以对所嵌入的文件进行动态编辑。因此,掌握将已经编辑完成的 Excel 插入 CAD 中,对于高级工程人员来说是十分必要的。

2. 应用 OLE 技术插入表格

在 CAD 制图时,经常要将已经做好的图表,如零件清单、技术参数清单、价格清单等插入 CAD 中。之前版本的 AutoCAD 只能对整个 Excel 文件进行插入,插入后的表格体积庞大,也不能让我们有选择性地对表格中的部分内容进行插入。在 AutoCAD 2022 中,提供了非常强大的"选择性粘贴"功能,可以将 Excel 中我们需要的部分内容方便快捷地插入 CAD 中。

首先我们打开 Excel 文件,把我们需要的表格内容用选中,然后按下 Ctrl+C 组合键。选择表格内容如图 7.23 所示。

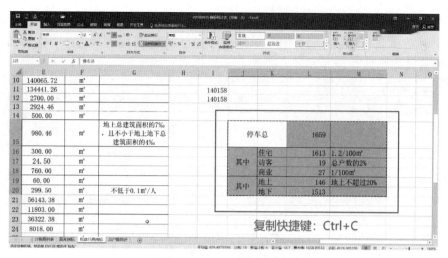

图 7.23 选择表格内容

接下来我们在 AutoCAD 顶端的选项板中单击粘贴，弹出下拉菜单，单击选择性粘贴，选择性粘贴如图 7.24 所示。

图 7.24 选择性粘贴

随后将会跳出一个小窗口，对于 AutoCAD 2022，默认粘贴的 OLE 对象就是 Excel 工作表，然后单击【确定】；或者也可以直接按下快捷键 Ctrl+V，选择 OLE 对象如图 7.25 所示。

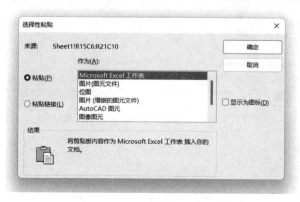

图 7.25 选择 OLE 对象

这个工作表粘贴进来之后,是可以进行复制的,也可以拖曳四个拐角,进行放大和缩小。如果想要对插入的表格进行编辑,单击选中这个表格,鼠标右键选择 OLE→打开,修改插入表格尺寸如图 7.26 所示。

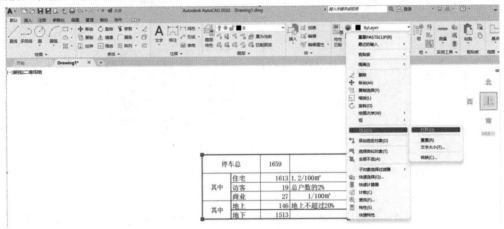

图 7.26　修改插入表格尺寸

这样就可以在 CAD 中直接打开 Excel 表格了,而且表格里的公式都是存在的,如果修改数据的话,在 CAD 里面的表格也会跟着改动,动态编辑 OLE 对象表格内容、表格动态更新结果显示如图 7.27、图 7.28 所示。这样我们就通过 OLE 技术,实现了对插入对象的动态编辑。

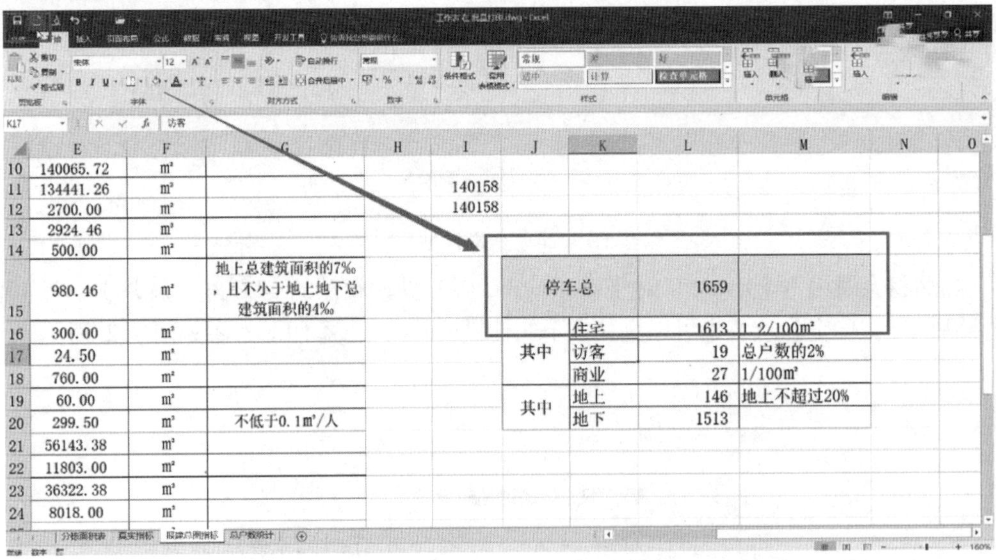

图 7.27　动态编辑 OLE 对象表格内容

停车总	1659	
其中	住宅 1613	1.2/100m²
	访客 19	总户数的2%
	商业 27	1/100m²
其中	地上 146	地上不超过20%
	地下 1513	

图 7.28　表格动态更新结果显示

AutoCAD 2022 还提供了一个强大的 OLE 格式转换功能,可以在插入 Excel 文件时直接将表格文件转换为 AutoCAD 格式,复制表格,再选择性粘贴到 CAD 中,只是这一次在小窗口中选择"AutoCAD 图元",选择插入 AutoCAD 图元如图 7.29 所示,继续单击【确定】。

图 7.29　选择插入 AutoCAD 图元

插入表格后,直接选中这个表格,输入 X,选择分解命令,使用分解命令分解表格如图 7.30 所示。这个表格就完美地插入进来了。

Autodesk AutoCAD 2022 Drawing1.dwg
Drawing1*
停车总
1659.0000
其中
住宅
1613.0000
1.2/100m²
访客
19.0000
总户数的2%
商业
27.0000
1/100m²
其中
地上
146.0000
地上不超过20%
地下
1513.0000

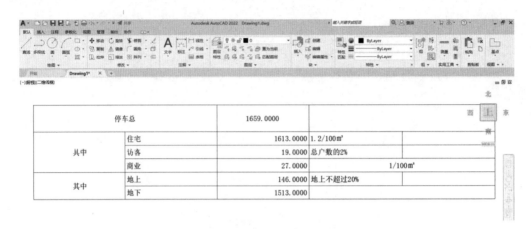

图 7.30　使用分解命令分解表格

值得一提的是,AutoCAD 2022 的 OLE 对象插入功能非常强大,不仅可以插入表格,同时可以插入图片,多媒体文件,甚至是三维仿真对象等。如能充分利用该功能,可以使 CAD 文件内容更加多元化,感兴趣的读者可以自行探索。

思考与练习

1. 单行文字的对齐方式有哪些？其各自的含义是什么？

2. 如何编辑文本？编辑单行命令输入的文本与编辑多行命令输入的文本有何不同？

3. 如何设置表格样式？

4. 创建如图 7.31 所示的文字,其中“技术条件”为单行文字,其字体为宋体,字高为 7;其余文字为多行文字,字体为宋体,字高为 5。

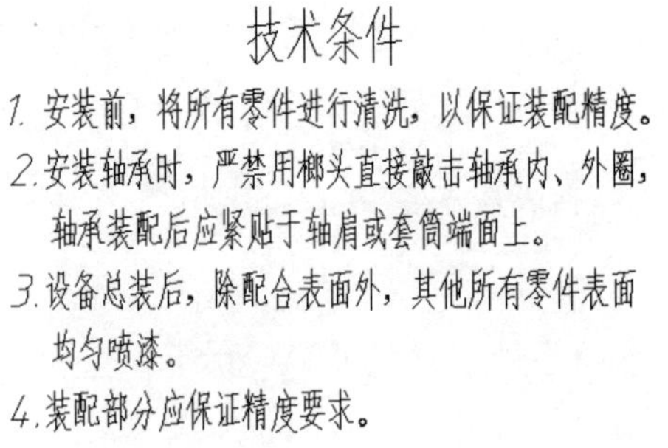

技术条件
1. 安装前，将所有零件进行清洗，以保证装配精度。
2.安装轴承时，严禁用榔头直接敲击轴承内、外圈，
轴承装配后应紧贴于轴肩或套筒端面上。
3.设备总装后，除配合表面外，其他所有零件表面
均匀喷漆。
4.装配部分应保证精度要求。

图 7.31　创建文字

5. 创建如图 7.32 所示的带文字的表格。

序号	代　号	名　称	数量	材　料	单件	总计	备注
					重	量	
12		垫圈 8	2	65 Mn			GB/T 93—1987
11		螺母 M8	2	Q235A			GB/T 6170—2015
10		螺栓 M8×25	2	Q235A			GB/T 5782—2016
9	JS—00—04	垫片	1	石棉橡胶纸			
8	JS—00—03	视孔盖	1	Q235A			
7		半圆螺钉 M3×10	2	Q235A			GB/T 65—2016
6	JS—00—02	机盖	1	HT200			
5		垫圈 10	4	65 Mn			GB/T 97.1—2002
4		螺母 M10	4	Q235A			GB/T 6170—2015
3		螺栓 M10×68	4	Q235A			GB/T 5782—2016
2		销 4×18	2	45			GB/T 117—2000
1	JS—00—01	机体	1	HT200			

图 7.32　创建表格

第 8 章

标注图形尺寸

【学习目标】

通过本章的学习,读者应了解尺寸标注的规则和组成,以及"标注样式管理器"对话框的使用方法,并掌握创建尺寸标注的基础以及样式设置的方法。

【知识要点】

尺寸标注的规则,尺寸标注的组成,尺寸标注的类型,创建尺寸标注的基本步骤,创建标注样式,设置直线格式,设置符号和箭头格式,设置文字格式,设置调整格式,设置主单位格式,设置换算单位格式,设置公差格式。

在图形设计中,尺寸标注是绘图设计工作中的一项重要内容,因为绘制图形的根本目的是反映对象的形状,而图形中各个对象的真实大小和相互位置只有经过尺寸标注后才能确定。AutoCAD 2022 包含了一套完整的尺寸标注命令和实用程序,用户使用它们足以完成图纸中要求的尺寸标注。用户在进行尺寸标注之前,必须了解 AutoCAD 2022 尺寸标注的组成、标注样式的创建和设置方法。

8.1 尺寸标注概述

8.1.1 尺寸标注的基本规则

在 AutoCAD 2022 中,对绘制的图形进行尺寸标注时应遵循以下规则。

(1)物体的真实大小应以图样上所标注的尺寸数值为依据,与图形的大小及绘图的准确度无关。

(2)图样中的尺寸以毫米为单位时,不需要标注计量单位的代号或名称。如采用其他单位,则必须注明相应计量单位的代号或名称,如度、厘米及米等。

(3)图样中所标注的尺寸为该图样所表示的物体的最后完工尺寸,否则应另加说明。

(4)一般物体的每一尺寸只标注一次,并应标注在最后反映该结构最清晰的图形上。

8.1.2 尺寸标注的组成

在机械制图或其他工程绘图中,一个完整的尺寸标注应由标注文字、尺寸线、尺寸界线、尺寸线的端点符号及起点等组成,如图 8.1 所示。

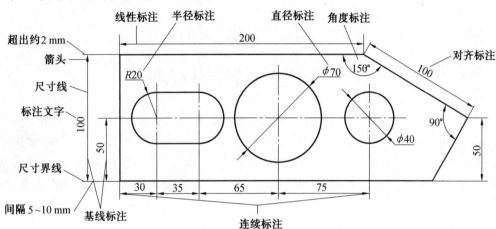

图 8.1　尺寸标注的组成和尺寸标注类型

各组成部分的作用与含义如下。

①延伸线:也称投影线,用于标注尺寸的界限,由图样中的轮廓线、轴线或对称中心线引出。标注时,延伸线从所标注的对象上自动延伸出来,它的端点与所标注的对象接近,但并未连接到对象上。

②尺寸线:用于表明标注的方向和范围。通常与标注对象平行,放在两延伸线之间,一般情况下为直线,但在角度标注时,尺寸线呈弧形。

③标注文字:标注文字是标注尺寸大小或说明的文本,表明了图形的实际测量值。标注文字可以放在尺寸线之上,也可放在尺寸线之间。如果延伸线内放不下标注文字,系统会自动将其放在延伸线外面。

④标注符号:标注符号显示在尺寸线的两端,用于指定标注的起始位置。一般默认使用闭合的填充箭头作为标注符号。此外,AutoCAD 还提供了多种箭头符号,以满足不同行业的需要,如建筑标记、小斜线箭头、点和斜杠等。

8.1.3　尺寸标注的类型与操作

1.尺寸标注的类型

AutoCAD 2022 提供了十余种标注工具用以标注图形对象,分别位于“标注”菜单或“标注”面板标题中。使用它们可以进行角度、直径、半径、线性、对齐、连续、圆心及基线等标注。

2.尺寸标注的操作

在 AutoCAD 中对图形进行尺寸标注的基本操作步骤如下。

(1)选择“格式”→“图层”命令,在打开的“图层特性管理器”对话框中创建一个独立的图层,用于尺寸标注。

(2)选择“格式”→“文字样式”命令,在打开的“文字样式”对话框中创建一种文字样式,用于尺寸标注。

（3）选择"格式"→"标注样式"命令，在打开的"标注样式管理器"对话框设置标注样式。

（4）使用对象捕捉和标注等功能，对图形中的元素进行标注。

8.2　创建与设置标注样式

在 AutoCAD 中，组成尺寸标注的延伸线、尺寸线、尺寸文本及符号等可以采用多种多样的形式，用户具体标注一个几何对象的尺寸时，它的尺寸标注以什么形态出现，取决于当前所采用的尺寸标注样式。在 AutoCAD 2022 中，可以使用"标注样式"控制标注的格式和外观，即决定尺寸标注的形式，包括尺寸线、延伸线、符号的形式，尺寸文本的位置、特性等。

8.2.1　设置尺寸标注样式

利用"标注样式管理器"设置标注样式，AutoCAD 提供的默认尺寸标注为 ISO-25，不符合我国机械制图国家标准中有关尺寸标注的规定，因此在标注尺寸时，首先应根据需要设置多种标注样式。

下面利用"标注样式管理器"对话框新建标注样式，其打开方式有以下几种方法。

①面板标题："标注样式"→![按钮]按钮；

②菜单栏：格式→标注样式；

③命令行：dimstyle（或别名 d）。

在执行该命令后，即可打开如图 8.2 所示的"标注样式管理器"对话框，在该对话框中可以创建新的尺寸标注样式。打开对话框，各区域含义如下。

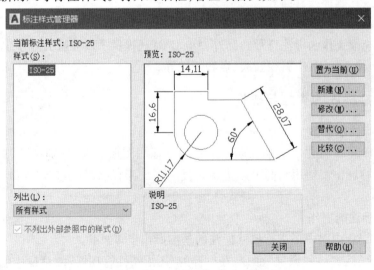

图 8.2　"标注样式管理器"对话框

①"样式"区域：用来显示已创建的尺寸样式列表，其中 ISO-25 为当前默认样式名。

②"列出"下拉列表框：用来控制"样式"区域显示的是"所有样式"还是"正在使用的

样式"。

③"预览"区域:用来预览当前样式的预览效果的窗口。

创建新标注尺寸样式的步骤如下。

(1)在图 8.2 中单击【新建】,打开如图 8.3 所示的"创建新标注样式"对话框。

(2)在该对话框中输入"新样式名",如"建筑标准";默认的基础样式为"ISO-25";在 "用于"下拉列表中选择"所有标注"选项。单击【继续】,这时会弹出如图 8.4 所示的"新 建标注样式"对话框。

图 8.3 "创建新标注样式"对话框

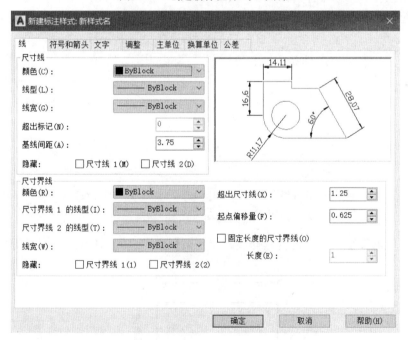

图 8.4 "新建标注样式"对话框

8.2.2 设置直线和箭头样式

(1)单击图 8.4 中"线"选项卡,此选项卡主要包括尺寸线、尺寸界线设置。

①在"尺寸线"选项组中,可以设置尺寸线的颜色、线宽、超出标记以及基线间距等属 性。

a.	"颜色、线型、线宽"通常保持默认值"随层"即可。

b.	"超出标记"：用于设置尺寸线超出量，如图 8.5 所示。

c.	"基线间距"：用于设置基线标注中尺寸线之间的间距。

d.	"隐藏"：用于控制尺寸线的可见性。

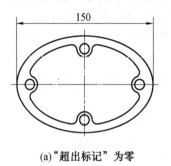

(a)"超出标记"为零   (b)"超出标记"不为零

图 8.5 不同"超出标记"值的标注

②在"尺寸界线"选项组中，可以设置尺寸界线的颜色、线宽、超出尺寸线的长度和起点偏移量、隐藏控制等属性。

a.	"颜色、线宽"通常保持默认值"随层"即可。

b.	"超出尺寸线"：用于设置延伸线超出量，即延伸线在尺寸线上方超出的距离，如图 8.6 所示。

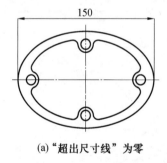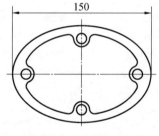

(a)"超出尺寸线"为零   (b)"超出尺寸线"不为零

图 8.6 不同"超出尺寸线"值的标注

c.	"起点偏移量"：用于设置延伸线起点到被标注点之间的偏移距离，如图 8.7 所示。

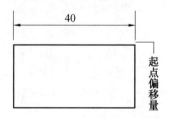

图 8.7 "起点偏移量"标注

d.	"隐藏"：用于设置控制延伸线的可见性。

(2)在"符号和箭头"选项卡中，可以设置尺寸线和引线箭头的类型及尺寸大小等。通常情况下，尺寸线的两个箭头应一致，如图 8.8 所示。

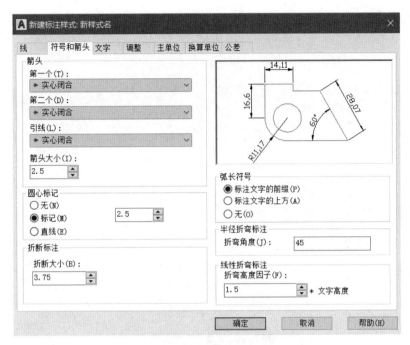

图 8.8 "符号和箭头"选项卡

①在"箭头"选项组中设置箭头。为了适用不同类型的图形标注需要,AutoCAD 设置了 20 多种箭头样式。可以从对应的下拉列表框中选择箭头,并在"箭头大小"文本框中设置其大小。也可以使用自定义箭头,此时可在下拉列表框中选择"用户箭头"选项,打开"选择自定义箭头块"对话框。在"从图形块中选择"文本框内输入当前图形中已有的块名,然后单击【确定】,AutoCAD 将以该块作为尺寸线的箭头样式,此时块的插入基点与尺寸线的端点重合。

②在"圆心标记"选项组中,可以设置圆或圆弧的圆心标记类型,如"标记""直线"和"无"。其中,选择"标记"选项可对圆或圆弧绘制圆心标记;选择"直线"选项,可对圆或圆弧绘制中心线,如图 8.9 所示;选择"无"选项,则没有任何标记。当选择"标记"或"直线"单选按钮时,可以在大小文本框中设置圆心标记的大小。

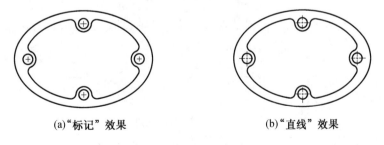

(a)"标记"效果   (b)"直线"效果

图 8.9 "圆心标记"标注

8.2.3 设置文字样式

在"新建标注样式"对话框中,可以使用"文字"选项卡设置标注文字外观、位置和对齐方式,如图 8.10 所示。

图 8.10 "文字"选项卡

1. 文字外观

在"文字外观"选项组中,可以设置文字的样式、颜色、高度和分数高度比例以及控制是否绘制文字边框等。部分选项的功能说明如下。

①"文字样式"下拉列表框:用于设置尺寸文字的样式。

②"文字颜色":用于设置尺寸文字的颜色。

③"填充颜色":用于设置尺寸文字的背景颜色。

④"文字高度":用于设置尺寸文字的文字高度。设置数值时,要确保文字样式中的高度值为 0。否则,该值将被文字样式中的高度值替换。

⑤"分数高度比例":当尺寸文字中存在分数时,设置分数部分的字高相对于整数部分字高的比例(仅"主单位"选项卡中"单位格式"下拉列表框中选择"分数"时,此项才可用)。

⑥"绘图文字边框":用于设置是否给尺寸文字加边框,如图 8.11 所示。

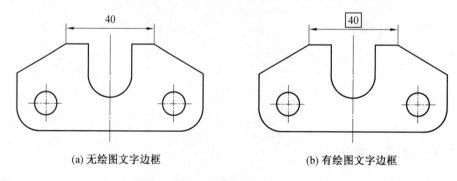

(a) 无绘图文字边框　　　　　　　　(b) 有绘图文字边框

图 8.11 绘图文字边框的标注

2. 文字位置

在"文字位置"选项组,可以设置标注文字相对于尺寸线所在的位置。各选项内容含义说明如下。

①"垂直":用于设置尺寸文字在垂直方向上相对于尺寸线的位置。

②"水平":用于设置尺寸文字在水平方向上相对于延伸线的位置。

③"从尺寸线偏移":用于设置文字偏移量,即文字和尺寸线之间的间距,如图8.12所示。

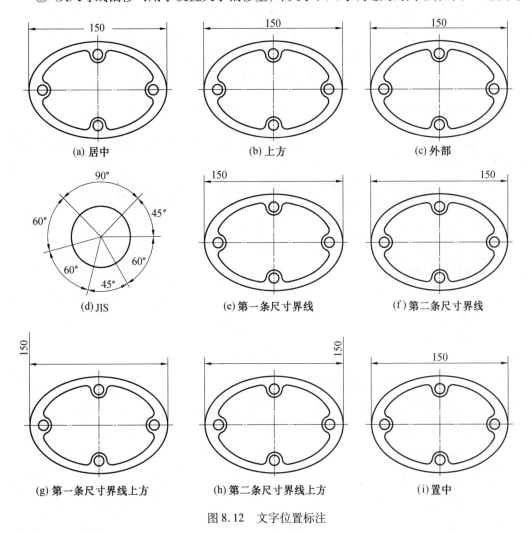

(a) 居中　　　　　　　　(b) 上方　　　　　　　　(c) 外部

(d) JIS　　　　　　(e) 第一条尺寸界线　　　　(f) 第二条尺寸界线

(g) 第一条尺寸界线上方　　(h) 第二条尺寸界线上方　　(i) 置中

图 8.12　文字位置标注

3. 文字对齐

在"文字对齐"选项组中,可以设置标注文字是保持水平还是与尺寸线平行。各选项内容说明如下。

①"水平":无论尺寸线的方向如何变化,文字会保持水平放置。

②"与尺寸线对齐":文字的方向与尺寸线平行。

③"ISO 标准":按照 ISO 标准对齐文字。当文字在延伸线内时,文字与尺寸线对齐;当文字在延伸线外时,文字水平排列,如图 8.13 所示。

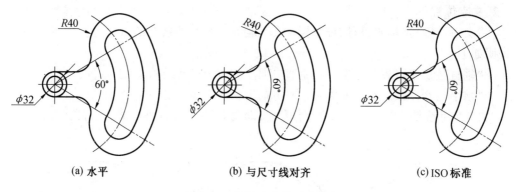

(a) 水平   (b) 与尺寸线对齐   (c) ISO 标准

图 8.13　标注文字的对齐方式

8.2.4　设置尺寸调整

在"新建标注样式"对话框中,可以使用"调整"选项卡设置标注文字、尺寸线、尺寸箭头的位置,如图 8.14 所示。

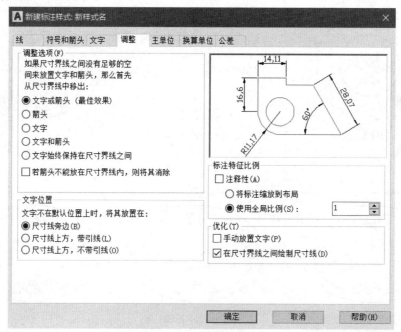

图 8.14　"调整"选项卡

1.调整选项

在"调整选项"选项组中,可以确定当尺寸界线之间没有足够的空间同时放置标注文字和箭头时,应从尺寸界线之间移出对象。

①"文字或箭头(最佳效果)":指由系统自动选择一种最佳的排列尺寸文字和箭头的位置的效果。

②"箭头":当尺寸界线内的空间不足以同时放下标注文字和箭头时,先将箭头移动到尺寸界线外,然后移动文字,如图 8.15(a)所示。

③"文字"：当尺寸界线内的空间不足以同时放下标注文字和箭头时，先将文字移动到尺寸界线外，然后移动箭头，如图 8.15(b)所示。

④"文字和箭头"：当尺寸界线的空间不足以同时放下标注文字和箭头时，就将文字及箭头都放在尺寸界线外。

⑤"文字始终保持在尺寸界线之间"：表示标注文字始终放在尺寸界线之间。

⑥"若箭头不能放在尺寸界线内，则将其消除"：表示尺寸界线之间不能放置箭头时不显示标注箭头。

(a) 箭头　　　　　　　　　　(b) 文字

图 8.15　"调整选项"标注

2. 文字位置

在"文字位置"选项组中，可以设置当文字不在默认位置时的位置。

①"尺寸线旁边"：对标注文字在尺寸界线外部时，将文字放在尺寸线旁边，如图 8.16(a)所示。

②"尺寸线上方，带引线"：指标注文字在尺寸界线外部时，将文字放在尺寸线上方，不加引线，如图 8.16(b)所示。

③"尺寸线上方，不带引线"：指标注文字在尺寸界线内部时，将文字放在尺寸线上方，如图 8.16(c)所示。

(a) 尺寸线旁边　　　(b) 尺寸线上方，带引线　　　(c) 尺寸线上方，不带引线

图 8.16　文字位置标注

3. 标注特征比例

在"标注特征比例"选项组中，可以设置标注尺寸的特征比例，以便通过设置全局比例(图 8.17)来增加或减少各标注的大小。

在"标注特性比例"选项组中，可设置的内容含义介绍如下。

①"使用全局比例"：表示在其后的数值框中可指定尺寸标注的比例。如：将标注文字高度设置为 5 mm，比例因子设置为 2，则标注时高度为 10 mm。

②"将标注缩放到布局"：表示根据模型空间视口比例设置标注比例。

4. 优化

在"优化"选项组中，可以对标注文本和尺寸线进行细微调整，该选项组包括以下 2 个复选框。

①"手动放置文字"复选框：选中该复选框，则忽略标注文字的水平设置，在标注时可将标注文字放置在指定的位置。

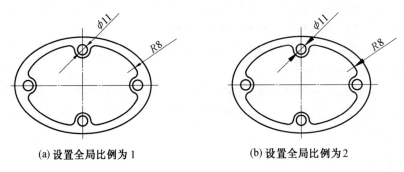

(a) 设置全局比例为 1　　　　　　　(b) 设置全局比例为 2

图 8.17　标注特征比例标注

②"在尺寸界线之间绘制尺寸线"复选框:选中该复选框,当尺寸箭头放置在尺寸界线之外时,也可在尺寸界线之内绘制出尺寸线。

8.2.5　设置主单位

在"新标注样式"对话框中,可以使用"主单位"选项卡设置主单位的格式与精度等属性,如图 8.18 所示。

图 8.18　"主单位"选项卡

1.线性标注

在"线性标注"选项组中可以设置线性标注的单位格式与精度,主要选项功能如下。

①"单位格式"下拉列表框:设置除角度标注之外的其余各标注类型的尺寸单位,包括"科学""小数""工程""建筑""分数"等选项。

②"精度"下拉列表框:设置除角度标注之外的其他标注的尺寸精度。

③"分数格式"下拉列表框:当单位格式是分数时,可以设置分数的格式,包括"水平"

"对角"和"非堆叠"3 种方式。

④"小数分隔符"下拉列表框:设置小数的分隔符,包括"逗点""句点"和"空格"3 种方式。

⑤"舍入"文本框:用于设置除角度标注外的尺寸测量值的舍入值。

⑥"前缀"和"后缀"文本框:设置标注文字的前缀和后缀,在相应的文本框中输入字符即可。

⑦"测量单位比例"选项组:使用"比例因子"文本框可以设置测量尺寸的缩放比例,AutoCAD 的实际标注值为测量值与该比例的积。选中"仅应用到布局标注"复选框,可以设置该比例关系仅适用于布局。

⑧"消零"选项组:可以设置是否显示尺寸标注中的"前导"和"后续"零。

2. 角度标注

在"角度标注"选项组中,可以使用"单位格式"下拉列表框设置标注角度时的单位,使用"精度"下拉列表框设置标注角度的尺寸精度,使用"消零"选项组设置是否消除角度尺寸的"前导"和"后续"零。

8.2.6 设置换算单位

在"新建标注样式"对话框中,可以使用"换算单位"选项卡设置换算单位的格式,如图 8.19 所示。

图 8.19 "换算单位"选项卡

在 AutoCAD 2022 中,通过换算标注单位,可以转换使用不同测量单位制的标注,通常是显示英制标注的等效公制标注,或公制标注的等效英制标注。在标注文字中,换算标注单位显示在主单位旁边的方括号[ ]中。

（1）"换算单位"选项组可设置内容含义如下。

①"单位格式"：用于设置换算单位格式。

②"精度"：用于设置换算单位的小数位数。

③"换算单位倍数"：用于指定一个倍数，作为主单位和换算单位之间的换算因子。

④"舍入精度"：用于除角度之外的所有标注类型设置换算单位的舍入规则。

（2）"位置"选项组可设置内容如下。

①"主值后"：表示将换算单位放在主单位后面，如图 8.20（a）所示。

②"主值下"：表示将换算单位放在主单位下面，如图 8.20（b）所示。

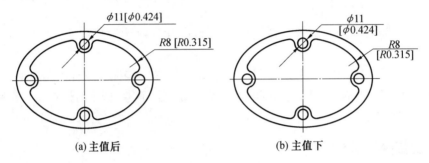

(a) 主值后　　　　　　　　　　　　(b) 主值下

图 8.20　位置标注

8.2.7　设置公差

在"新建标注样式"对话框中，可以使用"公差"选项卡设置是否标注公差以及以何种方式进行标注，如图 8.21 所示。

图 8.21　"公差"选项卡

"公差格式"选项组用于控制公差的格式，具体内容如下。

①"方式"：是指设置计算公差的方法。其中"无"表示不标注公差，"对称"表示当上、下偏差的绝对值相等时，在公差值前加"±"号，只需输入上偏值；"极限偏差"用于设置上、下偏差值，自动加"+"符号在上偏差值前面。"极限尺寸"表示直接标注最大和最小极限尺寸数值；"基本尺寸"表示只标注基本尺寸，不标注上、下偏差，并绘制文字边框。

②"精度"：用于设置小数位数。

③"上偏差"和"下偏差"：用于设置输入使用"极限偏差"方式时的上下公差值。

④"高度比例"：用于控制公差文字和尺寸文字之间的大小比例。

⑤"垂直位置"：用于设置对称公差和极限公差的文字对正方式。

8.3　尺寸标注

用户在了解尺寸标注的组成与规则、标注样式的创建和设置方法后，接下来就可以使用标注工具标注图形了。AutoCAD 2022 提供了完善的标注命令，例如使用"直径""半径""角度""线性""圆心标记"等标注命令，可以对直径、半径、角度、直线及圆心位置等进行标注。

8.3.1　线性尺寸标注

①面板标题："线性"→⊟按钮；

②菜单栏：标注→线性；

③命令行：dimlinear。

执行上述 3 个命令中的任意一个都可创建用于标注用户坐标系 *XY* 平面中的两个点之间的距离测量值，并通过指定点或选择一个对象来实现。

8.3.2　对齐尺寸标注

①面板标题："对齐"→↖按钮；

②菜单栏：标注→对齐；

③命令行：dimaligned。

执行上述 3 个命令中的任意一个都可对对象进行对齐标注。对齐标注是线性标注尺寸的一种特殊形式。在对直线段进行标注时，如果该直线的倾斜角度未知，那么使用线性标注方法将无法得到准确的测量结果，这时可以使用对齐标注。

8.3.3　基线和连续尺寸标注

1. 基线尺寸标注

①面板标题："基线"→⊟按钮；

②菜单栏：标注→基线；

③命令行：dimbaseline。

执行上述 3 个命令中的任意一个都可创建一系列由相同的标注原点测量出来的标注。与连续标注一样，在进行基线标注之前也必须先创建（或选择）一个线性、坐标或角

度标注作为基准标注,然后执行 dimbaseline 命令,此时命令行提示:

指定第二条尺寸界线原点或［放弃(U)/选择(S)］<选择>:

在该提示下,可以直接确定下一个尺寸的第二条尺寸界线的起始点。AutoCAD 将按基线标注方式标注出尺寸,直到按下 Enter 键结束命令为止。

2. 连续尺寸标注

①面板标题:"连续"→ 按钮;

②菜单栏:标注→连续;

③命令行:dimcontinue。

执行上述 3 个命令中的任意一个都可创建一系列端对端放置的标注,每个连续标注都从前一个标注的第二个尺寸界线处开始。

在进行连续标注之前,必须先创建(或选择)一个线性坐标或角度标注作为基准标注,以确定连续标注所需要的前一尺寸标注的尺寸界线,然后执行 dimcontinue 命令,此时命令行提示:

指定第二条尺寸界线原点或［放弃(U)/选择(S)］<选择>:

在该提示下,当确定了下一个尺寸的第二条尺寸界线原点后,AutoCAD 按连续标注方式标注出尺寸,即把上一个或所选标注的第二条尺寸界线作为新尺寸标注的第一条尺寸界线标注尺寸。当标注完成后,按 Enter 键即可结束该命令。

8.3.4　半径尺寸标注

①面板标题:"半径"→ 按钮;

②菜单栏:标注→半径;

③命令行:dimradius。

执行上述 3 个命令中的任意一个都可标注圆和圆弧的半径。执行该命令,并选择要标注半径的圆弧或圆,此时命令行提示:

指定尺寸线位置或［多行文字(M)/文字(T)/角度(A)］:

当指定了尺寸线的位置后,系统将按实际测量值标注出圆或圆弧的半径。也可以利用"多行文字(M)""文字(T)"或"角度(A)"选项,确定尺寸文字或尺寸文字的旋转角度。其中,当通过"多行文字(M)"和"文字(T)"选项重新确定尺寸文字时,只有给输入的尺寸文字加前缀 R,才能使标出的半径尺寸有半径符号 R,否则没有该符号。

8.3.5　直径尺寸标注

①面板标题:"直径"→ 按钮;

②菜单栏:标注→直径;

③命令行:dimdiameter。

执行上述 3 个命令中的任意一个都可标注圆和圆弧的直径。

直径标注的方法与半径标注的方法相同。当选择了需要标注直径的圆或圆弧后,直接确定尺寸线的位置,系统将按实际测量值标注出圆或圆弧的直径。并且,当通过"多行文字(M)"和"文字(T)"选项重新确定尺寸文字时,需要在尺寸文字前加前缀%%C,才能使标出的直径尺寸有直径符号 φ。

8.3.6 圆心尺寸标注

①面板标题:"圆心标记"→⊕按钮;

②菜单栏:标注→圆心标记;

③命令行:dimcenter。

执行上述 3 个命令中的任意一个都可标注圆和圆弧的圆心。此时只需选择待标注其圆心的圆弧或圆即可。圆心标记的形式可以由系统变量 DIMCEN 设置。当该变量的值大于 0 时,做圆心标记,且该值是圆心标记线长度的一半;当变量的值小于 0 时,画出中心线,且该值是圆心处小十字线长度的一半。

8.3.7 角度尺寸标注

①面板标题:"角度"→△按钮;

②菜单栏:标注→角度;

③命令行:dimcangular。

执行上述 3 个命令中的任意一个都可以测量圆和圆弧的角度、两条直线间的角度,或者三点间的角度。执行 dimcangular 命令,此时命令行提示:

选择圆弧、圆、直线或 <指定顶点>:

执行结果如图 8.22 所示。

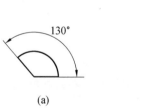

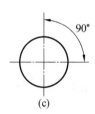

图 8.22 角度标注

8.3.8 坐标尺寸标注

①面板标题:"坐标"→按钮;

②菜单栏:标注→坐标;

③命令行:dimordinate。

执行上述 3 个命令中的任意一个都可以标注相对于用户坐标原点的坐标,此时命令行提示:

指定点坐标:

在该提示下确定要标注坐标尺寸的点,而后系统将显示"指定引线端点或 [X 基准(X)/Y 基准(Y)/多行文字(M)/文字(T)/角度(A)]:"提示。默认情况下,指定引线的端点位置后,系统将在该点标注出指定点坐标。

8.3.9　快速尺寸标注

①面板标题:"快速标注"→按钮;

②菜单栏:标注→快速标注;

③命令行:qdim。

执行上述3个命令中的任意一个都可以快速创建成组的基线、连续、阶梯和坐标标注,快速标注多个圆、圆弧,以及编辑现有标注的布局。

执行快速标注命令,并选择需要标注尺寸的各图形对象,命令行提示:

指定尺寸线位置或[连续(C)/并列(S)/基线(B)/坐标(O)/半径(R)/直径(D)/基准点(P)/编辑(E)/设置(T)]<连续>:

由此可见,使用该命令可以进行连续(C)、并列(S)、基线(B)、坐标(O)、半径(R)及直径(D)等一系列标注。

8.3.10　引线尺寸标注

1.命令执行及操作格式

命令行:qleader。

执行上述命令可以创建引线和注释,而且引线和注释可以有多种格式。

执行引线命令,命令行提示:

指定第一条引线点或[设置(S)]<设置>:

指定下一点:

指定下一点:

指定文字宽度<0>:

输入注释文字的第一行<多行文字(M)>:

如果选择多行文字选项,在命令行输入 M,则弹出"多行文字编辑器"对话框输入文字。

如果在提示"指定第一条引线点"时,选择设置选项,在提示行输入 S 时,则弹出"引线设置"对话框,如图 8.23 所示。

2.选项说明

"引线设置"对话框中有"注释""引线和箭头"和"附着"三个选项卡,各选项功能如下。

(1)"注释"选项卡。

此选项卡用于设置引线标注的注释类型、多行文字选择和确定是否重复使用注释,如图 8.23 所示。

①"注释类型"选项组中各功能如下。

a."多行文字"选项:用于打开"多行文字编辑器"标注注释。

b."复制对象"选项:用于复制多行文字、块参照或公差注释的对象标注注释。

c."公差"选项:用于打开"形位公差"对话框,使用形位公差标注注释。

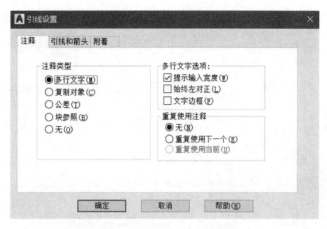

图 8.23　"引线设置"对话框

d."块参照"选项：用于将绘制图块标注注释。

e."无"选项：用于绘制引线，没有注释。

②"多行文字选项"选项组中各功能如下。

a."提示输入宽度"选项：用于输入多行文字注释时提示输入文字的高度。

b."始终左对正"选项：用于输入多行文字注释时左对正。

c."文字边框"选项：用于输入多行文字注释时加边框。

③"重复使用注释"选项组：可以在"无""重复使用下一个"和"重复使用当前"三个选项中选择。

（2）"引线和箭头"选项卡。

"引线和箭头"选项卡用于设置引线和箭头的格式，如图 8.24 所示。

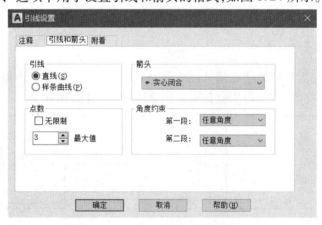

图 8.24　"引线和箭头"选项卡

①"引线"选项组：用于确定引线是直线还是样条曲线。

②"点数"选项组：用于确定引线采用几段折线，例如两段折线的点数为 3。

③"箭头"选项组：用于设置引线起点处的箭头样式。

④"角度约束"选项组：用于对第一段和第二段引线设置角度约束。

（3）"附着"选项卡。

"附着"选项卡用于设置多行文字注释项与引线终点的位置关系,如图 8.25 所示。

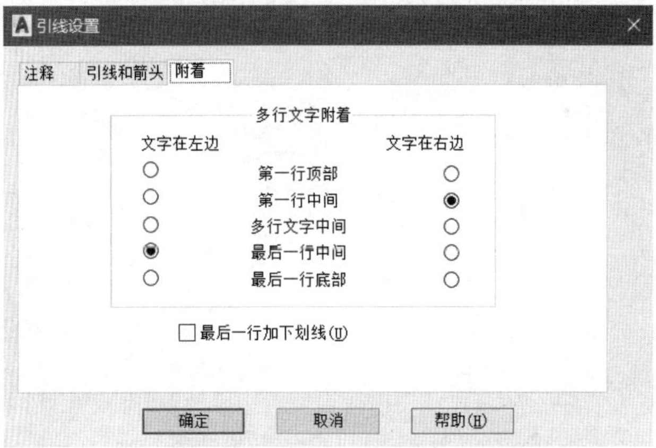

图 8.25 "附着"选项卡

①"文字在左边"选项:表示注释文字在引线左边。

②"文字在右边"选项:表示注释文字在引线右边。

③"第一行顶部"选项:表示注释文字在第一行的顶部与引线终点对齐。

④"第一行中间"选项:表示注释文字在第一行的中间部位与引线终点对齐。

⑤"多行文字中间"选项:表示多行文字注释的中间部位与引线终点对齐。

⑥"最后一行中间"选项:表示注释文字最后一行的中间部位与引线终点对齐。

⑦"最后一行底部"选项:表示注释文字最后一行的底部与引线终点对齐。

8.4 编辑尺寸标注

8.4.1 拉伸标注

要将已经标注的图形的某一部分尺寸改为另一部分尺寸,应先用鼠标左键单击标注线,然后直接拖曳夹点,将夹点拖曳到要标注的位置,如图 8.26 所示。

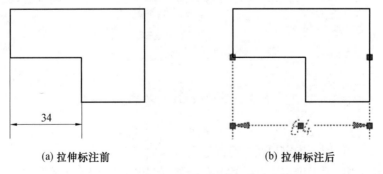

(a) 拉伸标注前　　　　　　　　　　(b) 拉伸标注后

图 8.26 拉伸标注

8.4.2　倾斜尺寸界线

①面板标题:"倾斜"→ 按钮;

②菜单栏:标注→倾斜。

执行上述 2 个命令中的任意一个都可以将标注的尺寸界线倾斜。

执行倾斜命令,命令行提示:

输入标注编辑类型[默认(H)/新建(N)/旋转(R)/倾斜(O)]<默认>:

　　　　　　　　　　　　　　　　　　　　//在此提示下输入 O,进入倾斜选项

选择对象:　　　　　　　　　　　　　　　　　//选择需倾斜的尺寸

选择对象:　　　　　　　　　　　　//继续选择或按 Enter 键结束选择

输入倾斜角度(按<ENTER>键表示无):　　　　　　　//输入倾斜角

8.4.3　调整标注间距

①面板标题:"标注间距"→ 按钮;

②菜单栏:标注→标注间距;

③命令行:dimspace。

执行上述 3 个命令中的任意一个都可以调整平行的线性标注和角度标注之间的间距,或指定间距。

8.4.4　编辑标注文字

①面板标题:"编辑标注文字"→ 按钮;

②菜单栏:标注→对齐文字;

③命令行:dimtedit。

执行上述 3 个命令中的任意一个都可以执行编辑标注文字命令,改变标注文字的位置。

8.4.5　尺寸变量替换

①菜单栏:标注→替代;

②命令行:dimoverride。

执行上述 2 个命令中的任意一个都可以临时修改尺寸标注的系统变量值,从而修改指定的尺寸标注对象。

8.4.6　尺寸编辑

①面板标题:"编辑标注"→ 按钮;

②命令行:dimedit。

执行上述 2 个命令中的任意一个都可以对指定的尺寸标注进行编辑。

8.4.7 使用特性窗口编辑尺寸

双击图 8.27 中的尺寸 34(另一种运行方法是先选择该尺寸,然后选择下拉菜单"修改"→"特性"),系统会弹出该尺寸对象的特性窗口,通过特性窗口可以编辑该尺寸对象的一些特性,如线型、颜色、线宽、箭头样式等。如要将图 8.27 中尺寸线箭头 1 改成图 8.27所示的倾斜,可在尺寸线上单击鼠标右键,选择"特性(S)",调出"特性窗口对话框",单击"特性窗口"对话框中的"箭头 1"项,在下拉菜单中选择"倾斜",如图8.28所示。

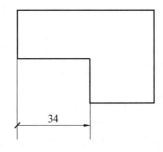

图 8.27 尺寸线箭头 1 为倾斜

图 8.28 "特性窗口"对话框

8.5　公差标注

8.5.1　尺寸公差标注

尺寸公差是机械设计中一项重要的技术要求,在用 AutoCAD 软件绘制机械图时,经常遇到标注尺寸公差的情况。设计人员需根据尺寸公差代号查找国家标准极限偏差表,找出该尺寸的极限偏差数值,按照一定的格式在图中标注。标注尺寸公差的方法一般有两种。

1. 利用标注样式管理器

在替代样式中设置公差的形式是极限偏差或对称偏差等,然后输入偏差数值及偏差文字高度和位置。用此替代样式标注的尺寸都将带有所设置的公差文字,直至取消该样式替代。若要标注不同的尺寸公差则需重复上述过程,建立一个新的样式替代。需要指出的是,在这一操作过程中,用户必须使用系统给出的缺省基本尺寸文本,否则系统不予标注偏差,只标注基本尺寸。这样就给用户的尺寸偏差的标注工作带来不便。

2. 利用多行文字编辑器

利用"多行文字编辑器"对话框的文字堆叠功能添加公差文字。在尺寸标注命令执行过程中,当命令行显示"指定尺寸线位置或[多行文字(M)/文字(T)/角度(A)/水平(H)/垂直(V)/旋转(R)]:"时键入 M,调出"多行文字编辑器"对话框。直接输入上下偏差数值并用符号"^"分隔(例如:+0.01^-0.02),如图 8.29 所示。然后选中输入的文字,单击对话框工具条上的按钮使公差文字堆叠即可,如图 8.30 所示。

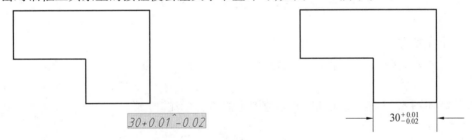

图 8.29　利用多行文字编辑器输入公差　　　　图 8.30　尺寸公差标注

8.5.2　形位公差标注

形位公差在机械图形中极为重要。一方面,如果形位公差不能完全控制,装配件就不能正确装配;另一方面,过度吻合的形位公差又会由于额外的制造费用而造成浪费。但在大多数的建筑图形中,形位公差几乎不存在。

1. 形位公差的组成

在 AutoCAD 中,可以通过特征控制框来显示形位公差信息,如图形的形状、轮廓、方向、位置和跳动的偏差等,如图 8.31 所示。

2. 标注形位公差

①面板标题:"公差"→按钮;

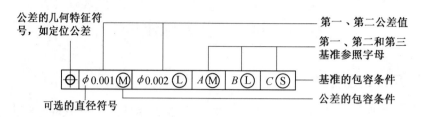

图 8.31 形位公差的组成

②菜单栏:标注→公差;

③命令行:tolerance。

执行上述 3 个命令中的任意一个都可以打开"形位公差"对话框,可以设置公差的符号、值及基准等参数,如图 8.32 所示。

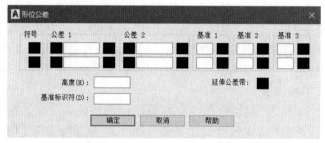

图 8.32 "形位公差"对话框

思考与练习

1. 一个完整的尺寸标注由哪些元素组成?

2. 进行各种类型的尺寸标注练习,包括直线、圆、圆弧、角度、基线、连续、公差、形位公差等。

3. 绘制如图 8.33 所示的图形,并创建图中的所有标注。

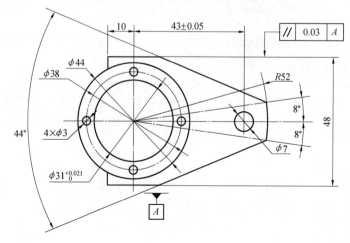

图 8.33 绘制图形

第 9 章

图块和填充

【学习目标】

通过本章的学习,读者应掌握创建与编辑块、编辑和管理属性块的方法;掌握在图形对象内部进行图案填充的方法;生成面域的方法;以及运用布尔运算创建复杂面域的方法。

【知识要点】

创建块与编辑块,编辑与管理块属性,填充图案,渐变色填充,编辑图案,创建面域,运用布尔运算创建复杂面域。

块是图形对象的集合。可以把常用的图形(如标准件、常用符号等)定义成块,当绘制这些图形时,直接插入对应的块。利用 AutoCAD 2022 的图案填充功能还能为需要填充图形的区域填充所需图形。

9.1　图块概述

块是一个或多个对象组成的对象集合,常用于绘制复杂、重复的图形。一旦一组对象组合成块,就可以根据作图需要将这组对象插入图中任意指定位置,而且还可以按不同的比例和旋转角度插入。在 AutoCAD 中,使用块可以提高绘图速度、节省存储空间、便于修改图形。

9.2　图块操作

9.2.1　创建块

创建块命令用于通过一个或多个对象创建一个新对象,并按指定的名称保存,以后还可将它插入图形中。在 AutoCAD 2022 中,激活创建块命令的方式有以下 3 种。

①面板标题:"默认"→"块"→ 按钮;

②菜单栏:绘图→块→ 创建;

③命令行:block(或别名 b)。

激活创建块命令后,系统将弹出"块定义"对话框,如图 9.1 所示。

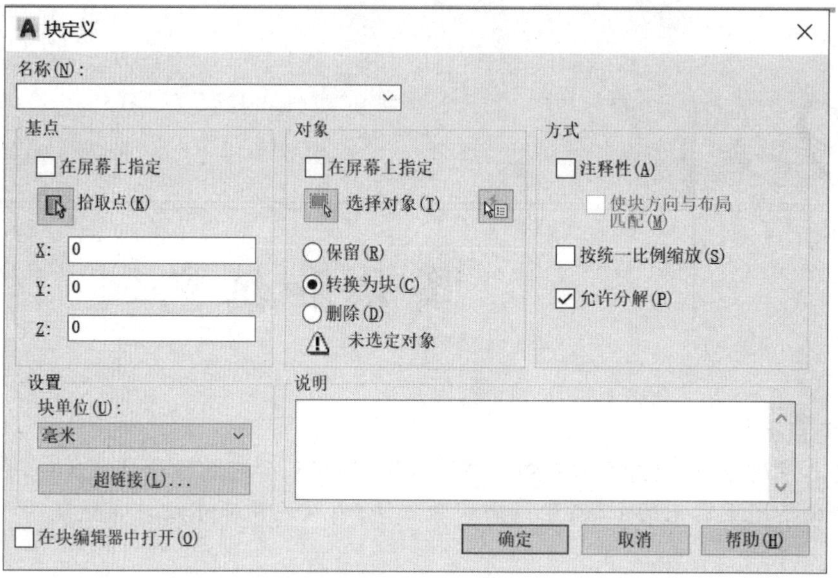

图 9.1 "块定义"对话框

"块定义"对话框中的各项说明如下。

①名称:该文本框用于输入块的名称。块名最长可达 255 个字符。块名可包括字母、数字和一些特殊字符,如 $ (美元)、连接符(下画线)、空格、中文及 Microsoft Windows 和 AutoCAD 中没有用于其他用途的特殊字符。单击该文本框右侧的扩展按钮,则列出当前图形中所有块的名称。如果选择现有的块,将显示块的预览。

②基点:在"基点"选项组中可以指定块的插入点。创建块时的基准点将成为以后插入块时的插入点,同时它也是块被插入时旋转或缩放的基准点。

用户可以在屏幕上指定插入点位置或在"基点"选项组中的 X、Y、Z 文本框中分别输入 X、Y、Z 的坐标值。如果要在屏幕上指定插入点,则先单击拾取点按钮,此时"块定义"对话框暂时消失,命令提示"指定插入基点:",然后在绘图区单击选定插入点后,"块定义"对话框重新出现。

③对象:指定新块中要包含的对象,以及创建块之后如何处理这些对象,是保留还是删除选定的对象或者是将它们转换成块实例。

a. 在屏幕上指定:关闭对话框时,将提示用户指定对象。

b. 选择对象:单击选择对象按钮,暂时关闭"块定义"对话框,允许用户选择块对象。完成选择对象后,按 Enter 键重新显示"块定义"对话框。

c. 快速选择:单击快速选择按钮,显示"快速选择"对话框,定义选择集,如图 9.2 所示。

d. 保留:创建块以后,将选定对象保留在图形中作为区别对象。

e. 转换为块:创建块以后,将选定对象转换成图形中的块实例。

f. 删除:创建块以后,从图形中删除选定的对象。

g. 选定的对象:显示选定对象的数目。

④方式:指定块的行为方式。

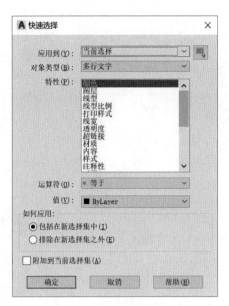

图 9.2　"快速选择"对话框

a. 注释性:指定块为注释性。用户可以单击信息图标了解有关注释性对象的更多信息。

b. 使块方向与布局匹配:指定在图纸空间视口中的块参照的方向与布局的方向匹配。如果未选择"注释性"选项,则该选项不可用。

c. 按统一比例缩放:指定是否阻止块参照不按统一比例缩放。

d. 允许分解:指定块参照是否可以被分解。

⑤设置:指定块的设置。

a. 块单位:指定块参照插入单位。

b. 超链接:单击该按钮打开"插入超链接"对话框。可以使用该对话框将某个超链接与块定义相关联。

⑥说明:指定块的文字说明。

⑦在块编辑器中打开:勾选该复选框后单击【确定】,在块编辑器中打开当前的块定义。

9.2.2　写块

在 AutoCAD 2022 中,使用 wblock(或别名 w)命令可以将块以文件的形式写入磁盘。执行 wblock 命令将打开如图 9.3 所示"写块"对话框。

"写块"对话框中各项的说明如下。

①块:如果需要使用当前图形中已经存在的块创建一个新的图形文件,那么在"源"选项组中单击"块"单选按钮,并在其右侧的文本框中指定要选择的块名。默认情况下,新图形文件的名称与所选择的块名是一致的。

②整个图形:如果需要使用当前的全部图形创建一个新的图形文件,那么在"源"选项组中选择"整个图形"单选按钮。

③对象:单击"源"选项组中的"对象"单选按钮,则使用当前图形中的部分对象创建

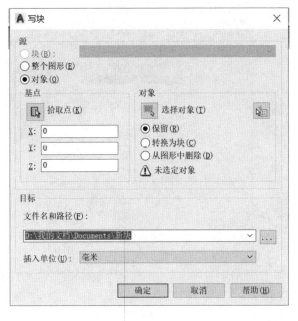

图 9.3　"写块"对话框

一个新图形。

④插入单位:当一个新文件以块的形式插入时,它将按照在插入单位列表框中定义的缩放比例进行缩放。

⑤文件名和路径:用于输入块文件的名称和保存位置。单击右边的浏览按钮,可以利用打开的"浏览文件夹"对话框设置文件的保存位置。

9.2.3　插入块

当在图形中设置一个块后,无论该块的复杂程度如何,AutoCAD 均将其作为一个对象使用,用户都可以重复插入图块以达到提高绘图效率的目的。

插入命令用于将已经定义好的块插入当前图形中,如果当前图形中不存在指定名称的内部块定义,则 AutoCAD 将搜索磁盘和子目录,直到找到与指定块同名的图形文件,并插入该文件为止。如果是在样板图中创建并保存块,那么使用该样板图创建新图形时,块定义也将被保存在新图形中。如果将一个图形文件插入当前图形中,那么不论其中的块是已经插入图形中,还是只保存了一个块定义,都将插入当前图形中。激活插入命令的操作方式有以下 4 种。

①面板标题:"默认"→"块"→ 按钮;

②面板标题:"插入"→"块"→ 按钮;

③菜单栏:插入→块选项板;

④命令行:insert(或别名 i)。

激活插入命令后,弹出"插入"对话框,如图 9.4 所示。

"插入"块选项板中的当前图形各项说明如下。

①当前图形块:在当前图形块区域中单击要插入的块,将其插入图形中。

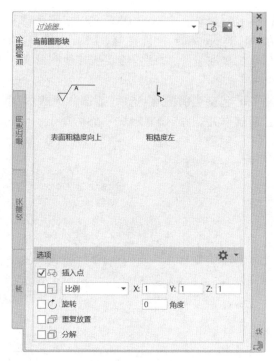

图 9.4　"插入"对话框

②插入点:该选项组用于指定一个插入点以便插入块参照定义的一个副本。

③比例:该选项组用于指定插入的块参照的缩放比例。默认值为1,即原图比例。如果指定的比例值在 0 ~ 1 之间,那么插入的块参照的尺寸比原对象的尺寸小;反之,插入的块参照的尺寸比原对象的尺寸大。如果有必要,用户在插入块参照时,还可以沿 X 轴方向和 Y 轴方向指定不同的比例值。

④分解:勾选该复选框,则在插入块参照的过程中,将块参照中的对象分解为各自独立的对象。

⑤旋转:该选项组用于指定块参照插入时的旋转角度。指定的旋转角度不论正负,都是参照于块的原始位置。

⑥块单位:该选项组显示有关图块单位的信息。单位文本框用于指定插入块的 IN-SUNITS 值。"比例"文本框显示单位比例因子,该比例因子是根据块的 INSUNITS 值和图形单位计算得来的。INSUNITS 值是指定插入或附着到图形中的块、图像或外部参照进行自动缩放所用的图形单位值。

9.2.4　提取块属性

AutoCAD 2022 提供了从块中将属性信息提取出来,并保存到 Excel 文件中。有时候,我们插入的块里面有很多我们需要的信息,把这些信息提取出来,既可以方便其他设计程序采用,也可以把有用信息保存制作成 BOM 表,便于以后使用。

"数据提取"向导是从插入图形的块中提取属性信息的最有效方法。它还可以用于提取与图形中定义的其他几何图形类型相关联的特性值,以及图形文件相关的常规信息。

首先,在命令提示下输入 DATAEXTRACTION。在"数据提取"向导中,选择"创建新数据提取",然后单击【下一步】继续。为新的 DXE 文件指定名称和位置(如 Office Furni-ture.dxe)并将其放置在"My Documents"文件夹中。DXE 文件是数据提取文件,用于存储在"数据提取"向导中所选的提取设置,之后能够在从其他图形文件中提取数据时使用这些相同的设置。

使用"图形/图纸集"和"包括当前图形"选项,如图 9.5 所示,单击【下一步】,然后清除"显示所有对象类型"复选框并选择"仅显示块",然后单击【下一步】继续,选择数据提取如图 9.6 所示。

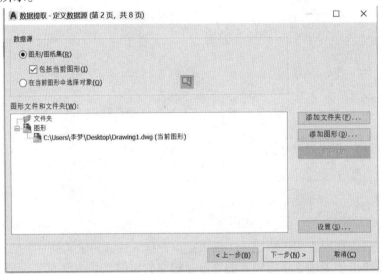

图 9.5　定义数据源

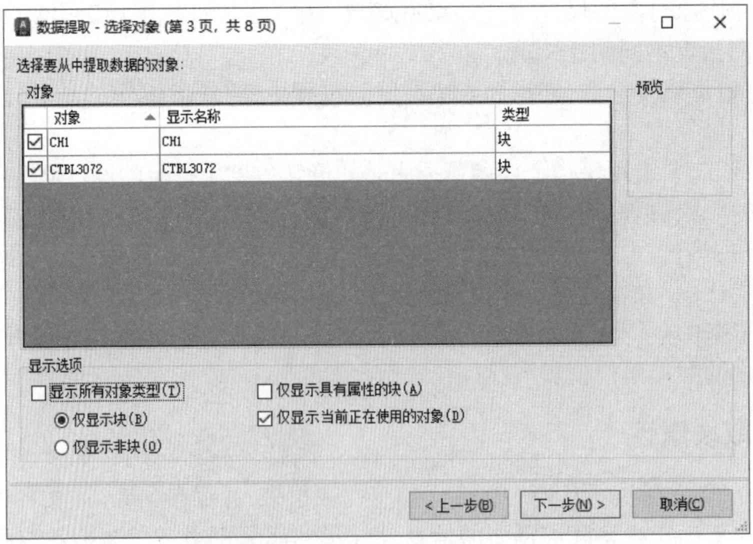

图 9.6　选择数据提取

在"类别"过滤器下,取消选中除"属性"以外的所有选项,然后确保选中的特性与要提取的属性值匹配,选中"属性"复选框如图 9.7 所示。

双击每个属性的"显示名称"字段并更改其值以匹配之前的图像。单击【下一步】。

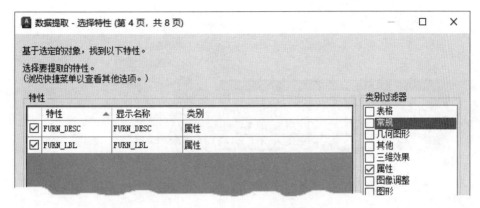

图 9.7　选中"属性"复选框

在"优化数据"对话框上,重新排序、重命名并隐藏列以控制提取的输出。单击【下一步】继续,选择"优化数据"如图 9.8 所示。

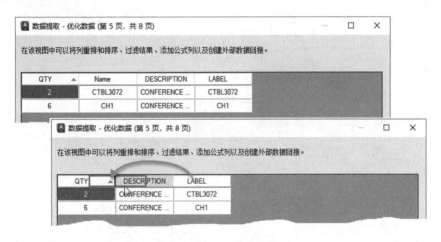

图 9.8　选择"优化数据"

在"选择输出"页面上,选中"将数据提取处理表插入图形",然后单击【下一步】。在"表样式"页面上,选择要使用的表样式,并键入适当的名称作为表的标题。单击【下一步】,然后单击【完成】以将表放置在图形中,编辑表格样式及内容如图 9.9 所示。

FURNITURE BILL OF MATERIALS		
QTY	LABEL	DESCRIPTION
1	CTBL3072	CONFERENCE TABLE 30" x72"
6	CH1	CONFERENCE CHAIR W/O ARMS

图 9.9　编辑表格样式及内容

可以使用原始提取的数据设置来更新已提取并放置在表中的数据。例如,如果要将附加块添加到图形,可以更新与表关联的数据链接以包含最新的块计数,而不必重复执行提取过程。

添加一些已包含在原始数据提取中的块的新实例。

选择包含已提取数据的表,单击鼠标右键,然后选择"更新表格数据链接",更新表格数据链接如图 9.10 所示。

图 9.10　更新表格数据链接

以下显示了在将某些附加块添加到图形后更新表中已提取数据的结果,提取块数据结果如图 9.11 所示。

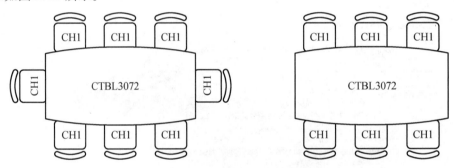

FURNITURE BILL OF MATERIALS		
QTY	LABEL	DESCRIPTION
2	CTBL3072	CONFERENCE TABLE30"×72"
14	CH1	CONFERENCE CHAIR W/O ARMS

图 9.11　提取块数据结果

注意:当图形中至少一个表格包含提取的数据时,AutoCAD 应用程序窗口的系统托盘中将显示数据链接图标。当该图标显示时,可在该图标上单击鼠标右键来管理和更新图形中的数据链接。DATALINKNOTIFY 系统变量用于控制数据链接图标的外观和功能,数据链接更改提示如图 9.12 所示。

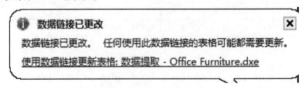

图 9.12　数据链接更改提示

9.2.5　快速插入块

在 AutoCAD 2022 中,使用专用工具选项板,可将许多不同的块参照快速插入图形中。

下面来介绍一下如何使用"工具选项板"窗口来完成。

通过依次单击"查看"选项卡→"视图"面板→"工具选项板"（或通过输入 TOOLPAL-ETTES 命令），即可显示"工具选项板"窗口。在任意选项卡上单击鼠标右键，然后从菜单中选择"新建选项板"。这将创建一个新的工具选项板，可以在其中添加和组织自己常用的工具，新建选项板如图9.13 所示。

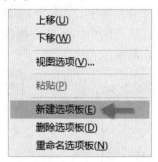

图9.13 新建选项板

在此示例中，将新选项板命名为 HYT。"工具选项板"窗口中可以显示多个选项板。如果没有看到新 HYT 选项板，尝试单击堆叠的选项板区域，然后从菜单中选择 HYT 选项板，"工具选项板"窗口如图9.14 所示。

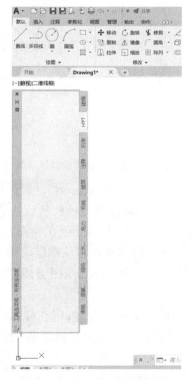

图9.14 "工具选项板"窗口

在桌面上创建新的文件夹，名为 HYT 库。创建两个新绘图文件"aaa"和"bbb"（几何图形如图9.15 所示），然后将它们保存到"HYT 库"文件夹。

aaa.dwg   bbb.dwg

图 9.15 创建绘图文件"aaa"和"bbb"

可以将每个矩形的左下角定位在(0,0),以建立合理的基点。

下面来新建图形,在文件资源管理器中,打开"HYT 库"文件夹。然后,从保存的目录位置选中刚刚画好的文件,然后直接将两个图形文件拖曳到 HYT 选项板上即可,将新建图像文件拖入选项板中如图 9.16 所示。

图 9.16 将新建图像文件拖入选项板中

这样一来,这两个绘图文件现在就可以作为块参照来插入了。对于较长的块名称,可以拖曳选项板的边缘以增加其宽度,如图 9.17 所示。

图 9.17 拖曳选项板的边缘以增加其宽度

现在来创建两个名为"A-support"和"B-support"的新图层,默认颜色为橙色和蓝色。在已添加到 HYT 选项板的各个块上单击鼠标右键,然后从菜单中选择"特性"。输入说明,如 aaa 的说明为带 X 的矩形,bbb 的说明为带孔的矩形。这些说明用作工具提示。将 aaa 的默认图层设置为"A-support",将 bbb 的默认图层设置为"B-support"。此设置可确保这些块参照显示在指定的图层上,可以忽略当前图层,编辑插入块的图层属性如图9.18所示。

注意:如果指定的图层在当前图形中不存在,则在插入其中一个块时将自动创建图层。注意对话框中的其他选项,可提供比例、固定的角度、角度提示等的设置。同时要注意无法在选项板上使用同一个块的多个版本。以下示例显示了同一个块的两个版本,其中一个旋转了 90°,同一个块的两个版本示例如图 9.19 所示。

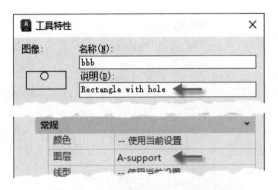

图 9.18　编辑插入块的图层属性

图 9.19　同一个块的两个版本示例

在 HYT 选项板中任意未使用的区域上单击鼠标右键。从菜单中选择"视图选项"，如图 9.20 所示。

图 9.20　从菜单中选择"视图选项"

可以根据要求使用不同的设置，然后单击【确定】以查看结果，单击【确定】以应用修改如图 9.21 所示。

可将多个块从选项板拖到绘图区域中。为获得更好的精度，在选项板中单击块并使用"基点"选项，以使用不同的基点放置块参照，如图 9.22 所示。

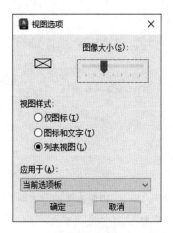

图 9.21 单击【确定】以应用修改

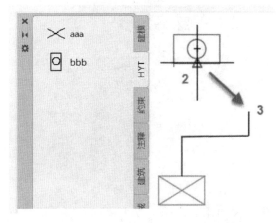

图 9.22 使用不同的基点放置块参照

重复以上步骤,可以在图纸中插入多个块,并可以更改默认设置。若要删除 HYT 选项板,请在 HYT 选项板中任何未使用的区域上单击鼠标右键,然后选择"删除"。由此可见,如果需要插入多个不同的块参照,则可以创建多个选项板来组织块,还可以将选项板组织到选项板组中。

9.3 块 属 性

块属性是附属于块的非图形信息,是块的组成部分,是可包含在块定义中的文字对象。在定义一个块时,属性必须预先定义而后选定。通常属性用于在块的插入过程中进行自动注释。

1.定义块属性

属性可以让用户在图形中设定所需的文本数据,属性定义命令可以定义出如何提示用户输入文字数据,以及这些数据以什么形式存在于图形中。在 AutoCAD 2022 中激活定义属性命令的方式有以下 2 种。

①菜单栏:绘图→块→定义属性;

②命令行：attdef。

激活该命令后，系统将弹出"属性定义"对话框，如图 9.23 所示。

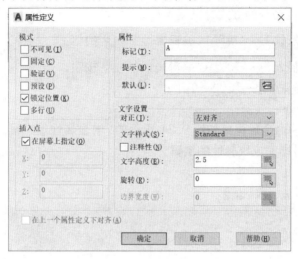

图 9.23 "属性定义"对话框

"属性定义"对话框中的各项说明如下。

①模式：在图形中插入块时，设置与块关联的属性值选项。默认值存储在 AFLAGS 系统变量中。更改 AFLAGS 设置将影响新属性定义的默认模式，但不会影响现在属性的定义。

②插入点：指定属性位置。输入坐标值或者选择"在屏幕上指定"并根据与属性关联的对象，使用定点设备指定属性的位置。

③属性：用于设置属性数据。

④文字设置：用于设置属性文字的对正、样式、高度和旋转。

⑤在上一个属性定义下对齐：将属性标记直接置于之前定义的上一个属性下面。如果之前没有创建属性定义，则此选项不可用。

2. 修改块属性

图形中插入的块并不能总是正好符合当前图形的设计要求，需要对块对象进行一些必要的修改，例如重定义块，修改块的属性，修改块的颜色和线型，甚至直接将块对象打散作为普通的图形对象进行编辑等。

如果当前块对象不符合要求，则可以在当前图形中重定义块。重定义块将影响在当前图形中已经和将要进行的块插入及所有的关联性。重定义块有 2 种方法，在当前图形中修改块定义或修改源图形中的块定义并将其重新插入当前图形中。

（1）在图形中插入带属性定义的块。

在创建带有附加属性的块时，需要同时选择块属性作为块的成员对象。带有属性的块创建完成后，就可以使用"插入"对话框，在文档中插入该块。插入带有属性的块或者图形文件时，其方法和插入一个不带属性的块相似，只是在提示的后面增加了属性输入提示。用户可在各种属性提示下输入属性值或接受默认值。

（2）编辑块属性。

当块定义和插入后,可以用 eattedit 命令更改块中的属性特性和属性值。在 AutoCAD 2022 中激活编辑属性命令的方式有以下 4 种。

①面板标题:"默认"→"块"→"编辑属性"→ 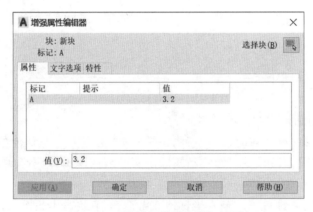 按钮;

②面板标题:"插入"→"块"→"编辑属性"→ 按钮;

②菜单栏:修改→对象→属性→单个;

③命令行:eattedit。

执行完以上任一命令后弹出如图 9.24 所示的"增强属性编辑器"对话框,输入所需的属性值,按【确定】即完成块属性的编辑。

图 9.24　"增强属性编辑器"对话框

9.4　创建面域

面域是具有边界的平面区域,它是一个面对象,边界可以是直线、多段线、圆、圆弧、椭圆和样条曲线的组合,下面分别介绍使用面域和边界命令来创建面域。

9.4.1　普通面域

在 AutoCAD 2022 中可以使用"面域"和"边界"命令来创建面域。

1.使用面域命令

①面板标题:"默认"→"绘图"→ 按钮;

②菜单栏:绘图→ 面域;

③命令行:region。

【例 9.1】　将平面圆创建为面域。

命令:region　　　　　　　　　　　　　　　　　　　　//执行面域命令

选择对象:选中圆　　　　　　　　　　　　　　　//选择需要创建为面域的图形

选择对象:　　　　　　　　　　　　　　　　　　　　　　//回车结束命令

结束命令后,效果如图 9.25 所示。

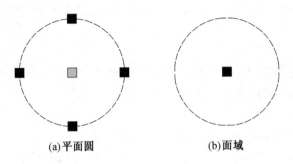

(a)平面圆　　　　　(b)面域

图 9.25　平面圆和面域被选中的效果

2. 使用边界命令

①菜单栏:绘图→边界;

②命令行:boundary。

执行边界命令后打开"边界创建"对话框,如图 9.26 所示。

图 9.26　"边界创建"对话框

"边界创建"对话框中各选项的功能如下。

①拾取点按钮:指定闭合区域内的定点来确定对象的边界。

②孤岛检测:控制 Boundary 是否检测内部闭合边界,该边界成为孤岛。

③对象类型:此下拉列表框控制新边界对象的类型,Boundary 将边界创建为面域或多段线对象。

④边界集:设置 Boundary 根据指定点定义边界时所要分析的对象集。

⑤当前视口:根据当前视口范围中的所有对象定义边界集,选择此选项将放弃当前所有边界集。

⑥新建:提示用户选择用来定义边界集的对象。Boundary 仅包括可以在构造新边界集时,用于创建面域或闭合多段线的对象。

9.4.2　运用布尔运算创建复杂面域

布尔运算是数学上的一种逻辑运算,在 AutoCAD 绘图中,对提高绘图效率具有很大作用,尤其当绘制比较复杂的图形时,面域之间可以运用布尔运算进行合并、相交、相减操作,从而创造新的面域。使用布尔运算需要先将普通闭合图形转化为面域,方可执行以下操作。

1.并集运算

利用 union 命令可以将多个面域合并为一个面域。

①菜单栏:修改→实体编辑→并集;

②命令行:union。

【例9.2】 运用布尔运算生成如图9.27所示图形。

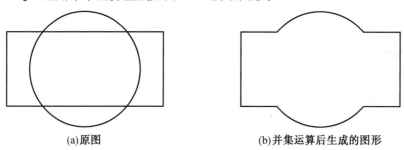

(a)原图   (b)并集运算后生成的图形

图9.27   并集运算

命令:union

选择对象: //找到1个

选择对象: //找到1个,总计2个

按空格键结束命令后,面域合并在一起,生成如图9.26所示图形。

2.差集运算

利用 subtract 命令可以从一个面域中减去其他面域,从而生成一个新的面域。

①菜单栏:修改→实体编辑→差集;

②命令行:subtract。

【例9.3】 运用布尔运算生成如图9.28所示图形。

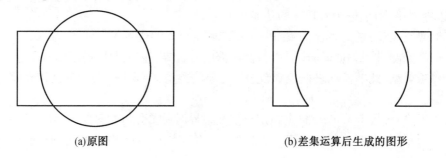

(a)原图   (b)差集运算后生成的图形

图9.28   差集运算

命令:subtract

选择对象: //选择被减的面域(单击矩形)

选择对象: //选择减去的面域(单击圆)

生成如图9.28所示图形。

3. 交集运算

利用 intersect 命令可将多个面域的公共部分构成一个新的面域。

①菜单栏:修改→实体编辑→交集;

②命令行:intersect。

【例 9.4】　运用布尔运算生成如图 9.29 所示图形。

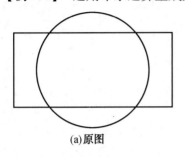 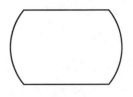

(a)原图　　　　　　　　　　　　　　(b)交集运算后生成的图形

图 9.29　交集运算

命令:intersect

选择对象:　　　　　　　　　　　　　　　　　　　　　　//找到 1 个

选择对象:　　　　　　　　　　　　　　　　　　　　//找到 1 个,总计 2 个

按空格键结束命令后,面域相交后创建一个新面域,生成如图 9.29 所示图形。

9.4.3　提取面域数据

利用 massprop 命令可以显示面域的数据信息,包括面积、周长、质心、惯性矩等。当执行该命令后,选择面域,AutoCAD 切换到文本窗口,显示有关信息,并询问是否将分析结果写入一个文件。若输入 Y 后按回车键,则弹出如图 9.30 所示对话框,利用该对话框可以将数据存入文件。

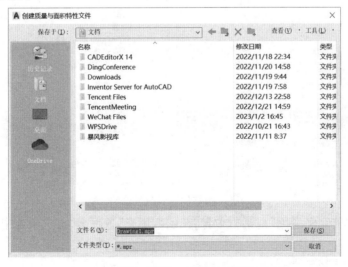

图 9.30　"创建质量与面积特性文件"对话框

9.5　图案填充

在绘制图形时,经常需要将图形内部进行图案填充,AutoCAD 为用户提供图案填充命令,可以按照用户的要求进行填充。

9.5.1　添加图案填充

在 AutoCAD 2022 中使用图案填充命令的方式有以下 3 种。

①面板标题:"默认"→"绘图"→ 按钮;

②菜单栏:绘图→ 按钮;

③命令行:bhatch(或别名 bh)。

执行上述命令之一,拾取内部点或[选择对象(S)/放弃(U)/设置(T)]:输入 T,打开"图案填充和渐变色"对话框,如图 9.31 所示。

图 9.31　"图案填充和渐变色"对话框

在"图案填充和渐变色"对话框中含有"图案填充"选项卡,该选项卡中各选项的含义如下。

(1)类型和图案。

①类型:可以设置填充的图案类型,下拉列表中包含预定义、用户定义、自定义 3 个类型。"预定义"选项是系统的几种常用的填充图案;"用户定义"选项是使用当前线型定义

的图案;"自定义"选项是定义在 AutoCAD 填充图案以外的其他文件中的图案。

②图案:列出了可用的预定义图案。该选项只有在"类型"设置为"预定义"时才可使用。单击 ▣ 按钮,则打开"填充图案选项板"对话框,如图9.32所示。其中有 ANSI 标准图案、ISO 标准图案、其他预定义、自定义 4 个选项卡。

③样例:显示已选定的图案样式。单击显示的图案样式,同样会打开"填充图案选项板"对话框。

④自定义图案:列出可用的自定义图案。该项中只有在"类型"设置为"自定义"时才可选。

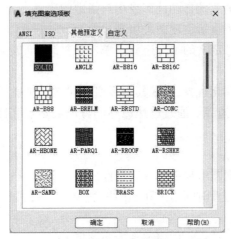

图 9.32 "填充图案选项板"对话框

(2)角度和比例。

①角度:设置填充图案的旋转角度,角度默认设置为 0。

②比例:设置填充图案的比例。只有选择了"预定义"或"自定义"类型,该选项才能启用。填充图案的比例默认设置为 1,可根据需要进行放大或缩小。

③双向:用于在原来的图案上再画出第二组相互垂直的交叉图线。该项只有在"类型"设置为"用户定义"时才可以使用。

④相对图纸空间:相对于图纸空间单位缩放填充图案。

⑤间距:用于指定用户定义图案中的线条间距。该项只有在"类型"设置为"用户定义"时才可以使用。

⑥ISO 笔宽:设置"ISO"预定义图案时笔的宽度。

(3)图案填充原点。

"图案填充原点"选项组可以控制填充图案生成的起始位置。某些图案填充(例如砖块图案)需要与图案填充边界上的一点对齐。默认情况下,所有图案填充原点都对应于当前的 UCS 原点。

①使用当前原点:使用当前 UCS 的原点(0,0)作为图案填充原点。

②指定的原点:可以通过指定点作为图案填充原点。其中,单击单击以设置新原点按钮,可以从绘图窗口中选择某一点作为图案填充原点;选择"默认为边界范围"复选框,可

以以填充边界的左下角、右下角、右上角、左上角或圆心作为图案填充原点;选择"存储为默认原点"复选框,可以将指定的点存储为默认的图案填充原点。

（4）边界。

①添加:拾取点:以拾取点的方式确定填充区域的边界。单击添加:拾取点按钮,切换到绘图区,在需要填充的封闭区域内按回车键,需要填充的区域就被确定了。

②添加:选择对象:以选取对象的方式确定填充区域的边界。单击添加:对象选择按钮,对话框关闭。在绘图区中选择组成填充区域边界,按回车键,需要填充区域已经确定。图案填充边界可以是形成封闭区域的任意对象的组合,如直线、圆、圆弧和多段线。

③删除边界:用于取消系统自动计算或用户指定的边界。

④重新创建边界:用于重新创建图案填充边界。

⑤查看选择集:查看已定义的填充边界。单击该按钮,切换到绘图窗口,已定义的填充边界将亮显。

注意:用拾取点确定填充边界,要求其边界必须是封闭的。否则将提示出错信息,显示未找到有效的图案填充边界。通过选择边界的方法确定填充区域,不要求边界完全封闭。

（5）选项。

①注释性:用于对填充图形加以注释的特性。

②关联:用于创建其边界时随之更新的图案和填充。关联的图案填充在用户修改样式后,边界填充随之改变。

③创建独立的图案填充:用于创建独立的图案填充。

④绘图次序:用于指定图案填充的绘图顺序,图案填充可以放在图案填充边界及所有其他对象之后或之前。

（6）继承特性。

继承特性用于选择图上已填充的图案作为当前填充图案。

（7）预览。

预览用于预览图案的填充效果。按 Enter 键或单击鼠标右键确定填充效果,否则将回到"图案填充和渐变色"对话框重新设置。

（8）设置孤岛。

在进行图案填充时,通常将位于选择范围之内的封闭区域称为孤岛。单击"图案填充和渐变色"对话框右下角的 ⊙ 按钮,将显示更多选项,可以设置孤岛和边界保留等信息,如图 9.33 所示。

"孤岛"选项组中各选项的功能如下。

选中"孤岛检测"复选框,有 3 种样式供选择,其填充方式的效果如图 9.34 所示。

① 普通:由外部边界向内填充,遇到与之相交的内部边界时,断开填充线,直到碰到下一个内部边界时,再继续填充;

② 外部:仅填充最外部的区域,而内部的所有岛都不填充;

③ 忽略:忽略所有孤岛,直接进行填充。

对于文本、尺寸标注等特殊对象,在确定填充边界时也选择了它们,将它们作为填充边界的一部分。这样在填充时，就会把这些对象作为孤岛而断开，如图9.35所示。

图 9.33　"图案填充和渐变色"对话框

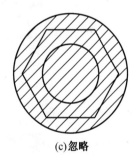

(a)普通　　　　　　　　　　(b)外部　　　　　　　　　　(c)忽略

图 9.34　孤岛的 3 种填充方式

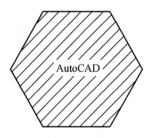

图 9.35　文字填充

（9）边界保留。

①保留边界：用于确定是否保留图案填充时检测的边界。

②对象类型：该项只有在选中了保留边界的复选框后才能有效。用于设置是否将边界保留为对象，以及保留的类型。类型包括多段线和面域。

（10）边界集。

边界集用于指定填充边界的对象集。

（11）允许的间隙。

通过"公差"文本框设置允许的间隙大小。在该参数范围内，可以将一个几乎封闭的区域看作一个闭合的填充边界。默认值为 0，这时对象是完全封闭的区域。

（12）继承选项。

继承选项用于确定在使用继承属性创建图案填充时，图案填充原点的位置可以是当前原点或源图案填充原点。

9.5.2 编辑图案填充

在 AutoCAD 中，进行编辑图案填充有以下 3 种方式。

①面板标题："默认"→"修改"→ 按钮；

②菜单栏：修改→对象→ 图案填充(H)...；

③命令行：hatchedit。

执行编辑图案填充命令后，AutoCAD 2022 将有以下提示："选择图案填充对象："，在该提示下选择将要编辑的填充图案，AutoCAD 打开如图 9.36 所示对话框。

图 9.36 "图案填充编辑"对话框

对话框中的各项的含义与图 9.31 所示的"图案填充和渐变色"对话框的含义相同。但用户只能对以正常颜色显示的项进行编辑,利用该对话框,用户可以对已进行填充的图案进行编辑和修改,如更改图案、填充比例和填充角度等。

9.5.3 控制图案填充的可见性

图案填充的可见性是可以控制的。在 AutoCAD 2022 中,可以用 2 种方法来实现控制图案填充的可见性,一种是命令 fill(填充)或系统变量 fillmode(填充模式)来实现,另一种是利用图层来实现。

1. fill 命令

在命令行里输入 fill,命令行提示:

输入模式[开(ON)/关(OFF)]:

此时,如果将模式设置为"开(ON)",则可以显示图案填充;如果将模式设置为"关(OFF)",则不显示图案填充。在使用 fill 命令设置模式后,可以选择"视图"→"重生成"命令,重新生成图形以观察结果。

2. 用图层控制

对于能够熟练使用 AutoCAD 的用户来说,应该充分利用图层功能,将图案填充单独放在一个图层上。当不需要显示该图案填充时,将图案所在图层关闭或者冻结即可。使用图层控制填充图案的可见性,不同的控制方式会使图案填充与其边界关联性发生变化。

①当图案所在的图层被关闭后,图案与其边界仍保持关联关系,即边界修改后,填充图案会根据新的边界自动调整位置。

②当图案所在的图层被冻结后,图案与其边界脱离关联关系,即边界修改后,填充图案不会根据新的边界自动调整位置。

③当图案所在的图层被锁定后,图案与其边界脱离关联关系,即边界修改后,填充图案不会根据新的边界自动调整位置。

9.5.4 分解图案

在默认的情况下,完成后的填充图案是一个整体,它实际上是一种特殊的"匿名"块,有时为了特殊需要,要把整体的填充图案分解为一系列的独立对象。

选择菜单"修改"→"分解"命令,然后在屏幕中选择需要分解的填充图案,系统便将其分解。在使用分解命令的同时,也删除了填充边界的关联性,但这些单独的线条仍然保留在原来创建填充图案对象的图层上,保留原来指定给填充对象的线型和颜色设置。虽然在分解后仍可以修改组成填充图案的单独直线,但是由于失去了关联性,单独编辑每一条直线是相当麻烦的。分解图案前后对比如图 9.37 所示。

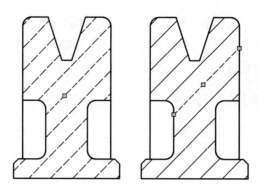

图 9.37　分解图案前后对比

思考与练习

1. 什么是面域？
2. 在 AutoCAD 2022 中，可对面域执行的 3 种布尔运算是什么？
3. 绘制如图 9.38 所示的图形，并进行图案填充。

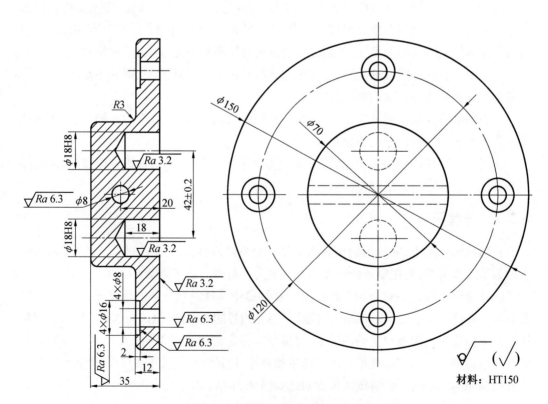

图 9.38　绘制图形并使用填充命令

第*10*章

辅助工具和命令

【学习目标】

AutoCAD 设计中心及图纸集管理器对于那些需要创建、管理和共享项目信息的小型和大型组织而言都是非常重要的。本章系统介绍了 AutoCAD 设计中心及图纸集管理器使用过程中一般需要设置的项目及技巧;通过本章的学习,可以了解到 AutoCAD 设计中心及图纸集管理器的使用方法和思路、规律和技巧,使个人和组织可以更迅速、更准确地开发项目。

【知识要点】

AutoCAD 设计中心和图纸集管理器设置及使用的方法与技巧。

10.1 AutoCAD 设计中心

10.1.1 AutoCAD 设计中心的功能

AutoCAD 设计中心(AutoCAD Design Center,ADC)为用户提供了一个直观且高效的工具,它与 Windows 资源管理器类似。通过设计中心,用户可以组织对图形、块、图案填充和其他图形内容的访问,可以将源图形中的任何内容拖曳到当前图形中,可以将图形、块和填充拖曳到工具选项板上。源图形可以位于用户的计算机、网络位置或网站上。另外,如果打开了多个图形,则可以通过设计中心在图形之间复制和粘贴其他内容(如图层定义、布局和文字样式)来简化绘图过程。

选择“视图”→“选项板”→“设计中心” ▦ 按钮,或在“标准”工具栏中单击设计中心按钮,可以打开设计中心,如图 10.1 所示。

1. AutoCAD 设计中心的功能

在 AutoCAD 2022 中,使用 AutoCAD 设计中心可以完成如下工作。

①对频繁访问的图形、文件夹和 Web 站点创建快捷方式。

②根据不同的查询条件在本地计算机和网络上查找图形文件,找到后可以将它们直接加载到绘图区或设计中心。

③浏览不同的图形文件,包括当前打开的图形和 Web 站点上的图形库。

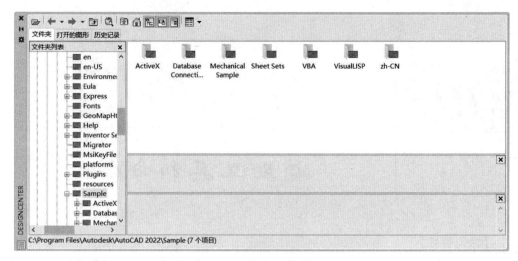

图 10.1　AutoCAD 设计中心

④查看块、图层和其他图形文件的定义并将这些图形定义插入当前图形文件中。

⑤通过控制显示方式来控制设计中心控制板的显示效果,还可以在控制板中显示与图形文件相关的描述信息和预览图像。

10.1.2　使用 AutoCAD 设计中心

使用 AutoCAD 设计中心,可以方便地在当前图形中插入块,引用光栅图像及外部参照,在图形之间复制块、图层、线型、文字样式、标注样式以及用户定义的内容等。

1.在设计中心中查找内容

在设计中心中通过"搜索"对话框可以快速查找图形、块、图层、尺寸样式等图形内容及设置。另外,在查找时还可以设置查找条件来缩小搜索范围。

在"搜索"对话框的"搜索"下拉列表框中设置的查找对象不同,"搜索"对话框的形式也不相同。以在"搜索"下拉列表框中选择了"图形"选项后为例,此时,在"搜索"对话框中包含"图形""修改日期"和"高级"3 个选项卡,用于搜索图形文件。

(1)"图形"选项卡。

在"搜索"对话框中,单击"图形"选项卡后,如图 10.2 所示。在该对话框中,可根据指定"搜索"路径、"搜索文字"和"位于字段"等条件查找图形文件。

(2)"修改日期"选项。

在"搜索"对话框中,单击"修改日期"选项卡后,如图 10.3 所示。在该对话框中,可根据指定图形文件的创建或上一次修改日期或指定日期范围等条件查找图形文件。

(3)"高级"选项卡。

在"搜索"对话框中,单击"高级"选项卡后,如图 10.4 所示。在该对话框中,可根据指定其他参数等条件,如输入文字说明或文件的大小范围等条件进行查找图形文件。

在"搜索"下拉列表框中选择不同的对象时,"搜索"对话框将显示不同对象内容选项卡的形式,如:

①"块"选项卡:用于搜索块的名称。

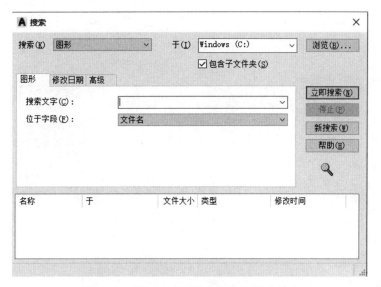

图 10.2　"搜索"对话框中的"图形"选项卡

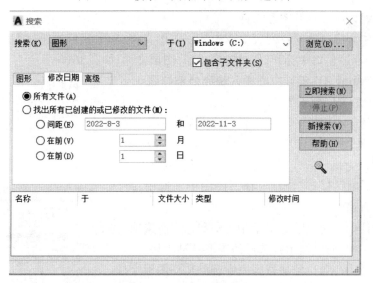

图 10.3　"搜索"对话框中的"修改日期"选项卡

②"标注样式"选项卡：用于搜索标注样式的名称。

③"图形和块"选项卡：用于搜索图形和块的名称。

④"填充图案文件"选项卡：用于搜索填充图案文件的名称。

⑤"填充图案"选项卡：用于搜索填充图案的名称。

⑥"图层"选项卡：用于搜索图层的名称。

⑦"布局"选项卡：用于搜索布局的名称。

⑧"线型"选项卡：用于搜索线型的名称。

⑨"文字样式"选项卡：用于搜索文字样式的名称。

⑩"外部参照"选项卡：用于搜索外部参照的名称。

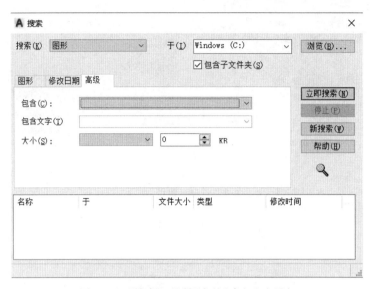

图 10.4 "搜索"对话框中的"高级"选项卡

2. 通过设计中心打开图形文件

在设计中心窗口的项目列表中选中某一图形文件,单击鼠标右键,弹出一快捷菜单,选择"在应用程序窗口中打开(O)"选项,打开图形文件,如图 10.5 所示。

3. 使用 AutoCAD 设计中心插入块和外部参照

(1)将图形文件插入为块。

①在设计中心窗口的项目列表中选中某一图形文件,单击鼠标右键,弹出设计中心窗口快捷菜单。在该菜单中,选择"插入为块(I)..."选项,此时,弹出"插入"对话框。通过对该对话框进行操作,在当前图形文件中,将选择的图形插入为块。

②在设计中心窗口快捷菜单中,选择"复制"选项,在当前图形文件中,通过提示将选择的图形粘贴为块。

③在设计中心窗口的项目列表中选中某一图形文件,按下鼠标右键将该图形文件拖曳到绘图窗口并释放右键,

图 10.5 设计中心窗口快捷菜单

此时,弹出一快捷菜单,选择"插入为块(I)..."选项,将选择的图形文件插入为块,如图 10.6 所示。

④在设计中心窗口的项目列表中选中某一图形文件,按下鼠标左键将该图形文件拖曳到绘图窗口并释放左键,根据提示,将选择的图形文件插入为块。

(2)将块插入当前图形文件中。

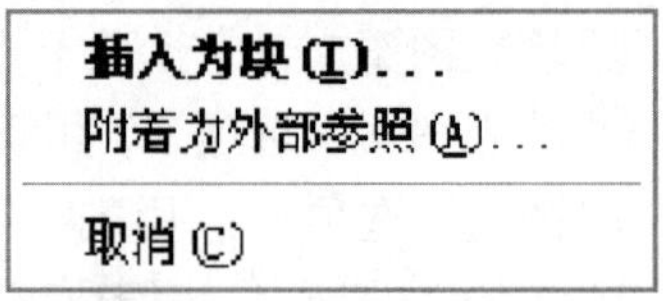

图 10.6 "插入为块"快捷菜单

在设计中心窗口的项目列表中选中某一块后,与图形文件插入为块的操作方法和过程基本相同。另外,也可以双击某一块的名称,此

时,弹出"插入"对话框,完成块的插入。

(3)外部参照插入。

在设计中心窗口快捷菜单(图 10.5)中,选择"附着为外部参照(A)..."选项,或在释放右键快捷菜单中,选择"附着为外部参照(A)..."选项,将选择图形文件插入为外部参照。

(4)光栅图像的插入。

AutoCAD 设计中心还可以引入光栅图像。引入的图像可以用于制作描绘的底图,也可用作图标等。在 AutoCAD 中,图像文件类似于一种具有特定大小、旋转角度的特定外部参照。

要从 AutoCAD 设计中心引入外部图像文件,在设计中心窗口的"项目列表"中选择光栅图像的图标后,可采用以下方法。

①单击鼠标右键,弹出一快捷菜单,选择"附着图像(A)..."选项,在当前图形文件中,将选择的光栅图像插入。

②单击鼠标右键,弹出一快捷菜单,选择"复制"选项,在当前图形文件中,将选择的光栅图像粘贴插入。

③按下鼠标右键将该光栅图像拖至绘图窗口并释放右键,此时,弹出一快捷菜单,选择"附着图像(A)..."选项,在当前图形文件中,将选择的光栅图像插入。

④按下鼠标左键将该光栅图像拖至绘图窗口并释放左键,此时,将选择的光栅图像插入。

⑤双击光栅图像图标,弹出"图像"对话框,完成光栅图像的插入。

4. 插入自定义式样

AutoCAD 设计中心可以非常方便地调用某个图形的式样,并将其插入当前编辑的图形文件中。图形的自定义式样包括图层、图块、线型、标注式样、文字式样、布局式样等。在 AutoCAD 设计中心里,要将这些式样插入当前图形中,只需在其中选择需要插入的内容,并将其拖放到绘图区域即可,也可以用右键菜单等操作来完成。

5. 收藏夹的内容添加和组织

AutoCAD 设计中心提供了一种快速访问有关内容的方法,Favorites/Autodesk 收藏夹。使用时,可以将经常访问的内容放入该收藏夹。

(1)向 Autodesk 收藏夹添加访问路径。

在设计中心窗口界面的"树状"显示窗口或"项目列表"窗口中,用鼠标右键单击选择要添加快捷路径的内容,在弹出的快捷菜单中选择"添加到收藏夹"选项,就可以在收藏夹中建立相应内容的快捷访问方式,但原始内容并没有移动。实际上,用 AutoCAD 设计中心创建的所有快捷路径,都保存在收藏夹中。Favorites/Autodesk 收藏夹中可以包含本地计算机、局域网或 Internet 站点的所有内容的快捷路径。

(2)组织收藏夹中的内容。

可以将保存到 Favorites/Autodesk 收藏夹内的快捷访问路径进行移动、复制或删除等操作。这时可以在 AutoCAD 设计中心背景处右击,从弹出的快捷菜单中选择"组织收藏夹(2)"选项,此时弹出 Autodesk 窗口,该窗口用来显示 Favorites/Autodesk 收藏夹中的内容,可以利用该对话框进行相应的组织操作。同样,在 Windows 资源管理器和 IE 浏览器中,也可以进行添加、删除和组织收藏夹中的内容的操作。

10.2 CAD 标准

10.2.1 CAD 标准的概念

在绘制复杂图形时,绘制图形的所有人员都遵循一个共同的标准,使大家在绘制图形中的协调工作变得十分容易。AutoCAD 标准文件对图层、文本式样、线型、尺寸式样及属性等命名对象定义了标准设置,以保证同一单位、部门、行业及合作伙伴在所绘制的图形中对命名对象设置的一致性。

当用 CAD 标准文件来检查图形文件是否符合标准时,图形文件中的所有命名对象都会被检查到。如果确定了一个对象使用了非标准文件,那么这个非标准对象将会被清除出当前图形。任何一个非标准对象都将会被转换成标准对象。

10.2.2 创建 CAD 标准文件

AutoCAD 标准文件是一个后缀为 dws 的文件。创建 AutoCAD 标准文件的步骤如下。

(1)新建一个图形文件,根据约定的标准创建图层、标注式样、线型、文本式样及属性等。

(2)保存文件。弹出"图形另存为"对话框,在"文件类型(T)"下拉列表框中选择"AutoCAD 图形标准(＊ . dws)";在"文件名(N)"文本中,输入文件名;单击【保存(S)】即可创建一个与当前图形文件同名的 AutoCAD 标准文件。

10.2.3 关联标准文件

1. 功能

为当前图形配置标准文件,即把标准文件与当前图形建立关联关系。配置标准文件后,当前图形就会采用标准文件对命名对象(图层、线型、尺寸式样、文本式样及属性)进行各种设置。

2. 格式

① 工具栏:"管理"→"CAD 标准"→ 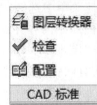 按钮,如图 10.7 所示;

图 10.7 "CAD 标准"工具条

② 菜单栏:工具(T)→CAD 标准(S)→配置(C);

③ 命令行：standards。

此时，弹出"配置标准"对话框。在该对话框中有 2 个选项卡："标准"和"插件"。

3."标准"选项卡

在"配置标准"对话框中，单击"标准"选项卡，如图 10.8 所示。把已有的标准文件与当前图形建立关联关系。

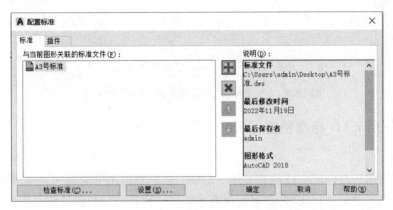

图 10.8　"配置标准"对话框中的"标准"选项卡

①"与当前图形关联的标准文件(F)"显示列表框：列出了与当前图形建立关联关系的全部标准文件。可以根据需要给当前图形添加新标准文件，或从当前图形中消除某个标准文件。

②添加标准文件(F3)按钮：给当前图形添加新标准文件。单击该按钮，弹出"选标准文件"对话框，用来选择添加的标准文件。

③删除标准文件(Del)按钮：将在"与当前图形关联的标准文件(F)"显示列表框中选中的某一标准文件删除，即取消关联关系。

④上移(F4)和下移(F5)按钮：将在"与当前图形关联的标准文件(F)"显示列表框中选择的标准文件上移或下移一个。

⑤快捷菜单：在"与当前图形关联的标准文件(F)"显示列表框中，单击鼠标右键，弹出一个快捷菜单。通过该菜单，完成有关操作。

⑥"说明(D)"栏：对选中的标准文件进行简要说明。

4."插件"选项卡

在"配置标准"对话框中，单击"插件"选项卡，如图 10.9 所示。

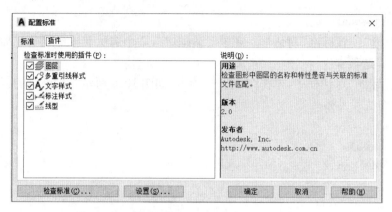

图 10.9　"配置标准"对话框中的"插件"选项卡

10.2.4　使用 CAD 标准检查图形

1. 功能

分析当前图形与标准文件的兼容性。AutoCAD 将当前图形的每一命名对象与相关联标准文件的同类对象进行比较,如果发现有冲突,给出相应提示,以决定是否进行修改。

2. 格式

①工具栏:"管理"→"CAD 标准"→ ✔ **检查** 按钮;

②菜单栏:工具(T)→CAD 标准(S)→检查(K);

③命令行:checkstandards;

④对话框按钮:在"配置标准"对话框中,单击【检查标准(C)…】。

此时,弹出"检查标准"对话框,如图 10.10 所示。

3. 对话框说明

①"问题(P)"列表框:显示检查的结果,实际上是当前图形中的非标准的对象。单击【下一个(N)】后,该列表框将显示下一个非标准对象。

②"替换为(R)"列表框:显示了 CAD 标准文件中所有的对象,可以从中选择取代在"问题(P)"列表框中出现的有问题的非标准对象,单击【修复】进行修复。

③"预览修改(V)"列表框:显示了将要被修改的非标准对象的特性。

④"将此问题标记为忽略(I)"复选框:可以忽略与标准冲突出现的问题。

⑤"设置(S)…"按钮(包括"配置标准"对话框中的"设置(S)…"按钮):单击该按钮,弹出"CAD 标准设置"对话框,如图 10.11 所示。利用该对话框对 CAD 标准的使用进行配置。"自动修复非标准特性(U)"复选框,用于确定系统是否自动修改非标准特性,选中该复选框后自动修改,否则根据要求确定;"显示忽略的问题(S)"复选框,用于确定是否显示已忽略的非标准对象;"建议用于替换的标准文件(P)"下拉列表框,用于显示和设置用于检查的 CAD 标准文件。

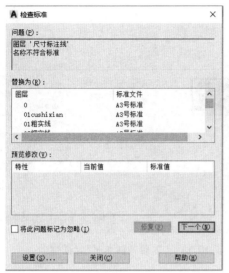

图 10.10　"检查标准"对话框　　　　图 10.11　"CAD 标准设置"对话框

10.3　插入图形文件

1. 以块的形式插入图形文件

以块的形式插入图形文件同 9.2.2 小节插入块,此处不再重复。

2. 以外部参照形式插入图形文件

外部参照与块有相似的地方,它们的主要区别是:一旦插入了块,该块就永久性地插入当前图形中,成为当前图形的一部分。而以外部参照方式将图形插入某一图形(称为主图形)后,被插入图形文件的信息并不直接加入主图形中,主图形只是记录参照的关系,例如,参照图形文件的路径等信息。另外,对主图形的操作不会改变外部参照图形文件的内容。当打开具有外部参照的图形时,系统会自动把各外部参照图形文件重新调入内存并在当前图形中显示出来。

(1)附着外部参照。

选择"插入"→"外部参照"命令(externalreferences),将打开"外部参照"选项板,如图 10.12 所示。在选项板上方单击附着 DWG 按钮或在"参照"工具栏中单击附着按钮,都可以打开选择"选择参照文件"对话框,选择参照文件后,将打开"附着外部参照"对话框,如图 10.13 所示,利用该对话框可以将图形文件以外部参照的形式插入当前图形中。

(2)插入 DWG、DWF、DGN 参考底图。

在 AutoCAD 2022 中新增了插入 DWG、DWF、DGN 参考底图的功能,如图 10.14 所示。该类功能和附着外部参照功能相同,用户可以在"插入"菜单中选择相关命令。

图 10.12 "外部参照"选项板

图 10.13 "附着外部参照"对话框

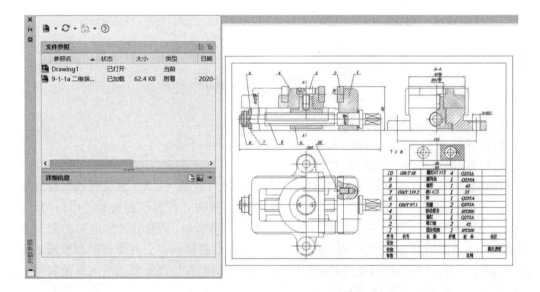

图 10.14 插入 DWG、DWF、DGN 参考底图

（3）管理外部参照。

在 AutoCAD 2022 中,用户可以在"外部参照"选项板中对外部参照进行编辑和管理。用户单击选项板上方的附着按钮可以添加不同格式的外部参照文件;在选项板下方的外部参照列表框中显示当前图形中各个外部参照文件名称;选择任意一个外部参照文件后,在下方"详细信息"选项组中显示该外部参照的名称、状态、大小、类型、日期及参照文件的存储路径等内容如图 10.15 所示。

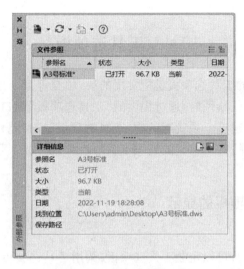

图 10.15　外部参照选项板

（4）参照管理器。

AutoCAD 图形可以参照多种外部文件，包括图形、文字字体、图像和打印配置。这些参照文件的路径保存在每个 AutoCAD 图形中。有时可能需要将图形文件或它们参照的文件移动到其他文件夹或其他磁盘驱动器中，这时就需要更新保存的参照路径。

Autodesk 参照管理器提供了多种工具，列出了选定图形中的参照文件，可以修改保存的参照路径而不必打开 AutoCAD 中的图形文件。选择"开始"→"程序"→ Autodesk → AutoCAD 2022 →"参照管理器"命令，打开"参照管理器"对话框，如图 10.16 所示，可以在其中对参照文件进行处理，也可以设置参照管理器的显示形式。

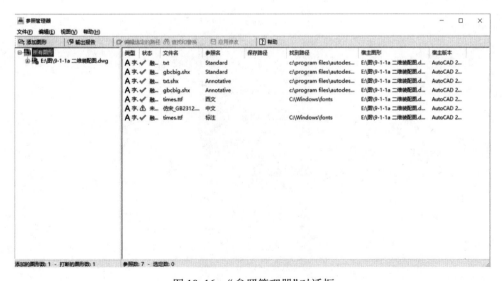

图 10.16　"参照管理器"对话框

10.4　工具选项板

　　AutoCAD 系统提供的工具选项板是把常用的块、填充等命令添加到一个工具选项板上,组成一个工具的组合。绘图时,通过提供的"工具选项板"窗口来进行,它提供了个性化的用户操作,提高绘图速度。系统默认的"工具选项板"窗口是由"机械""电力""土木工程/结构""建筑""注释"等块组成的选项卡,以及由"命令工具""图案填充"等命令组成的选项卡。

10.4.1　控制工具选项板的显示

1. 功能

　　调用工具选项板,并且可以定制工具选项板,调用工具选项板上的各个选项,实现用户个性化的操作。

2. 格式

　　①菜单栏:工具(T)→选项板→工具选项板(T);

　　②命令行:toolpalettes;

　　③组合键:Ctrl+3。

　　此时,弹出"工具选项板"窗口。选取不同的选项卡,其形式也不相同,例如"建筑"选项卡如图 10.17 所示。

图 10.17　"工具选项板"窗口

可以拖曳"工具选项板"窗口,使其处于浮动状态。当"工具选项板"处于浮动状态时,单击标题栏上特性按钮,将弹出一快捷菜单,如图 10.18 所示;在"工具选项板"窗口空白处单击鼠标右键,也将弹出一快捷菜单,如图 10.19 所示;在"工具选项板"窗口的标题栏上单击鼠标右键,同样也将弹出一快捷菜单,如图 10.20 所示。通过这 3 个菜单,可以对工具选项板进行各种操作。将"工具选项板"窗口设置为"自动隐藏"状态时,该窗口在使用时显示,不使用时隐藏。

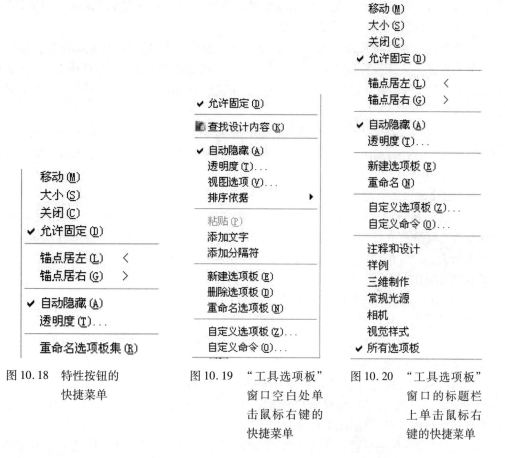

图 10.18　特性按钮的　　　　　图 10.19　"工具选项板"　　　图 10.20　"工具选项板"
　　　　　快捷菜单　　　　　　　　　　　　窗口空白处单　　　　　　　　窗口的标题栏
　　　　　　　　　　　　　　　　　　　　　击鼠标右键的　　　　　　　　上单击鼠标右
　　　　　　　　　　　　　　　　　　　　　快捷菜单　　　　　　　　　　键的快捷菜单

10.4.2　工具选项板的内容

单击"工具选项板"窗口中的图标,根据提示,在绘图区完成所选图标对应的操作,或者用鼠标左键点取图标并拖至绘图窗口,释放左键也可以完成该图标对应的操作。

根据需要,可以使用设计中心、复制+粘贴和拖曳等方法创建工具选项板。通过"工具选项板"窗口中的快捷菜单(图 10.18、图 10.19、图 10.20),单击"新建选项板"选项,此时,在"工具选项板"窗口标题栏上,将显示"新建工具选项板",并且显示"要命名新的工具选项板"文本框。可以在该文本框中输入新的工具选项板名称,如输入"我的作图工具",并确定。

(1)通过对象样例创建工具。

可以将大多数对象(块、图案填充、标注、多段线、光栅图像等)从绘图区直接拖到工具选项板上,或通过复制+粘贴的方法创建新工具。新工具创建与原始对象具有相同特性的新对象。使用标注或几何对象(例如直线、圆和多段线)创建工具时,每个新工具都包含弹出(嵌套的工具集)。

①创建图案填充工具选项板方法:将光标放置在亮显的填充图案上,同时要确保光标没有直接放置在任何夹点之上。用鼠标左键点取填充图案并拖放到"我的作图工具"工具选项板上,或通过复制+粘贴的方法实现。

②创建标注工具选项板方法:将光标放置在亮显标注上,同时确保光标没有直接放置在任何夹点之上。用鼠标左键点取标注并拖放到"我的作图工具"工具选项板上,或通过复制+粘贴的方法实现。在"尺寸标注"工具上的黑色小箭头表示该工具包含弹出(嵌套的工具集)。

③创建块的工具选项板方法:将光标放置在亮显的块上,同时确保光标没有直接放置在任何夹点上。用鼠标左键点取块并拖放到"我的作图工具"工具选项板上,或通过复制+粘贴的方法实现。

(2)创建命令工具板。

可通过绘制的实体创建命令工具选项板。方法:将光标放置在亮显实体上,同时确保光标没有直接放置在任何夹点之上。用鼠标左键点取实体并拖放到"我的作图工具"工具选项板上,或通过复制+粘贴的方法实现。在拖放的"实体"工具上的黑色小箭头表示该工具包含弹出(嵌套的工具集)。

(3)设计中心中的内容添加到工具选项板。

使用设计中心可以方便地浏览计算机和网络上任意图形的内容,包括:块、标注样式、图层、线型、文字样式和外部参照等。将工具选项板和设计中心一起使用,可以快捷地创建自定义工具选项板。

①通过鼠标左键拖曳创建自定义工具选项板:在设计中心窗口的项目列表行中,选中某一图形文件或某一块,用鼠标左键拖曳至工具选项板上,此时,该文件或块工具显示在工具选项板中,可以使用此工具绘制插入图形或块。

②通过复制+粘贴创建自定义工具选项板:在设计中心窗口中,选择某一图形文件或块,采用复制+粘贴,也可以完成创建自定义工具选项板。

③通过鼠标右键快捷菜单创建自定义工具选项板:在设计中心窗口中,选择某一文件夹、图形文件或块,单击鼠标右键,此时,弹出一快捷菜单,单击"创建块的工具选项板(当选择文件时)"或"创建工具选项板(当选择图形文件或块时)",此时,将选择的文件夹、图形文件或块创建为工具选项板,例如,选择"Designcenter"文件夹后,创建的工具选项板如图 10.21 所示。

用各种方法创建的"我的作图工具"选项卡,如图 10.22 所示。

(4)工具选项板上各操作选项的特性设置。

工具选项板上对象选项的特性设置。将光标放置在工具选项板上的对象选项上并单击鼠标右键,此时,弹出一快捷菜单,如图 10.23 所示。在该快捷菜单中,单击"特性

（R)..."选项,此时,弹出对象选项的"工具特性"对话框,如图 10.24 所示。在该对话框中,可以设置修改工具选项板中对象选项的特性。

图 10.21　"工具选项板"窗口中的
"Designcenter"选项卡

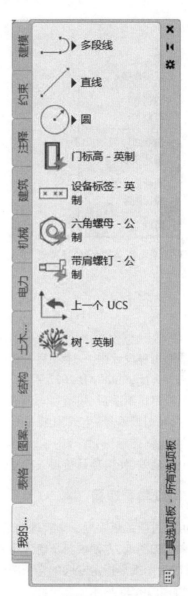

图 10.22　"工具选项板"窗口中的"我的作图工
具"选项卡

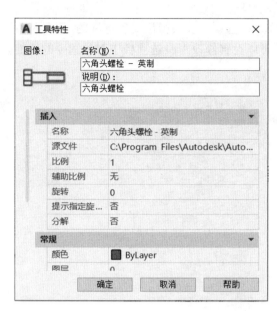

图 10.23　"对象选项"右键快捷菜单　　　　图 10.24　对象选项的"工具特性"对话框

10.5　创建与管理图纸集

在日常的工程设计中,一个项目可能会有很多图纸,手动整理图纸不但非常耗时,而且容易出错。为此,AutoCAD 2022 提供了专门的项目图纸管理工具,也就是图纸集。图纸集可按照项目组织图形、规范要求形成图纸,并将图纸进行发布、归档和对工程文档进行电子传递,对图纸编号、生成图纸一览表等。此外,AutoCAD 2022 还提供了专门的项目图纸管理工具(图纸集)管理图纸,起到事半功倍的效果。图纸集极大地增强了整个系统的协同设计功效,使得项目负责人能够快捷地管理图纸。

10.5.1　图纸集管理器

用户可通过图纸集管理器来管理图纸集,且在图纸集管理器中可以通过将布局输入到图纸集来添加图纸,方便项目负责人将各专业设计人员的图纸快捷、完整地组织起来。另外,还可以为图纸集指定专门的样板图,用图纸集管理器来创建新图纸。"图纸集管理器"对话框如图 10.25 所示。

1.功能

对创建的图纸集进行管理。

2.格式

①菜单栏:工具(T)→选项板→图纸集管理器(S)...;

②命令行:sheetset。

此时,弹出"图纸集管理器"对话框。在该对话框中,有"图纸列表""图纸视图"和"模型视图"3 个选项卡。

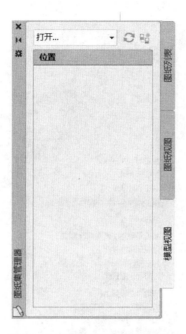

图 10.25　"图纸集管理器"对话框

3."图纸列表"选项卡

在"图纸集管理器"对话框中,单击"图纸列表"选项卡,此时对话框如图 10.26 所示。

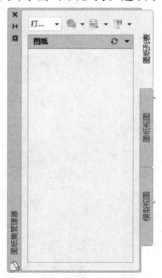

图 10.26　"图纸列表"选项卡

在该对话框中显示按顺序排列的图纸列表。可以将这些图纸组织到用户创建的名为子集的标题下,在顶部的工具条图标中,各按钮说明如下。

①发布为 DWF 图标(左侧第一个图标):将选定的图纸或图纸集发布为指定的 DWF 文件。

②发布图标(中间图标):单击此按钮,弹出"发布"下拉菜单,如图 10.27 所示。可以完成相应选项的发布操作。

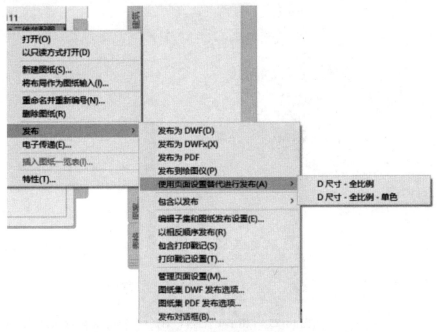

图 10.27 "发布"下拉菜单

③图纸选择图标(右侧第一个图标):单击该按钮,弹出"图纸选择"菜单,如图10.28所示。

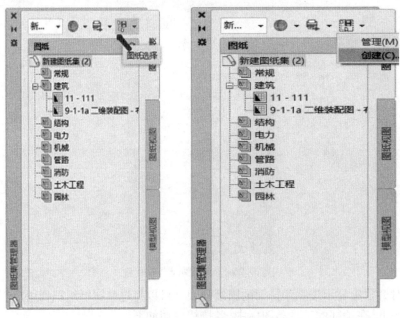

图 10.28 "图纸选择"菜单

选择"创建(C)"选项,弹出"新的图纸选择"对话框,如图 10.29 所示。在该对话框中,创建一个新的图纸选择。在"图纸选择"菜单中,单击【管理】,弹出"图纸选择"对话框,如图 10.30 所示。在该对话框中,可以对图纸选择进行重命名和删除操作。

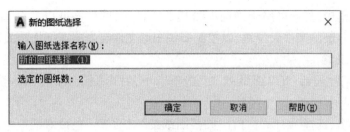

图 10.29　"新的图纸选择"对话框

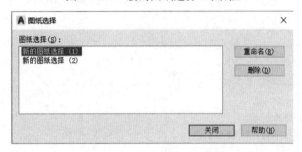

图 10.30　"图纸选择"对话框

4."图纸视图"选项卡

在"图纸集管理器"对话框中,单击"图纸视图"选项卡,此时如图 10.31 所示。在该对话框中,显示当前图纸集使用的、按顺序排列的视图列表。可以将这些视图组织到用户创建的名为类别的标题下。

5."模型视图"选项卡

在"图纸集管理器"对话框中,单击"模型视图"选项卡,此时如图 10.32 所示。

图 10.31　"图纸视图"选项卡

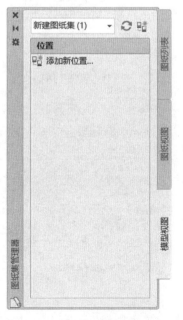

图 10.32　"模型视图"选项卡

在该对话框中,显示可用于当前图纸集的文件夹、图形文件以及模型空间视图的列表。可以添加和删除文件夹位置,以控制哪些图形文件与当前图纸集相关联。

6. 归档图纸集

在"图纸集管理器"的"图纸列表"选项卡中,右击图纸集,弹出一快捷菜单,如图10.33所示。

在该菜单中,选择"归档",打开"归档图纸集"对话框。在该对话框中,有"图纸""文件树"和"文件表"3个选项卡,用于选择要归档的文件,如图10.34所示。

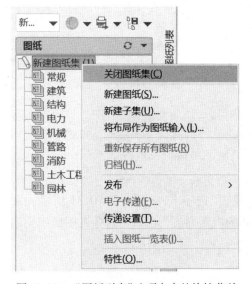

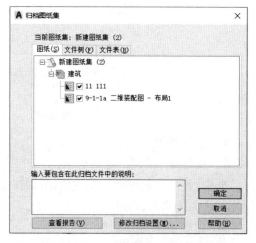

图 10.33 "图纸列表"选项卡中的快捷菜单   图 10.34 "归档图纸集"对话框

在"归档图纸集"对话框中,单击【修改归档设置(M)...】,打开"修改归档设置"对话框,如图10.35所示。

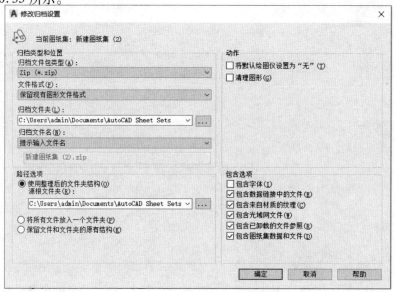

图 10.35 "修改归档设置"对话框

在该对话框中,可以创建多个命名的归档设置并编辑它们的特性。

7. 图纸集特性

在图 10.33 所示的快捷菜单中,选择"特性"选项,打开"图纸集特性"对话框,如图 10.36 所示。

图 10.36　"图纸集特性"对话框

在该对话框中,包括"图纸集""图纸创建"和"项目控制"等样板,可以查看并修改一个图纸集的详细信息。例如,在"图纸集"样板部分,可以查看修改资源图形的位置、视图的标签块、标注块和页面设置替代文件等;在"图纸创建"样板部分,可以选择一个默认的样板,该默认样板包含所有图纸使用的信息等。

10.5.2　组织图纸

对于较大的图纸集,有必要在树状图中整理图纸和视图。在"图纸列表"选项卡上,可以将图纸整理为集合,这些集合称为子集。

1. 创建子集

在图纸集管理器的"图纸列表"选项卡中,在图纸集节点(位于列表的顶部)或现有子集上单击鼠标右键。单击"新建子集",在"子集特性"对话框的"子集名称"下,输入新子集的名称,单击【确定】。可以将新子集拖曳到图纸列表的任何位置,甚至可将其拖曳到其他子集下。

注意:如果要在某一个现有子集下创建子集,可在该现有子集上单击鼠标右键。在快捷菜单中,单击"新建子集"。创建子集如图 10.37 和图 10.38 所示。

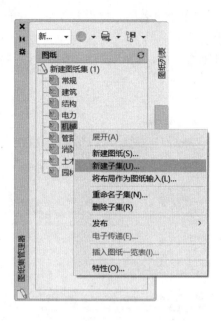

图 10.37 "新建子集"菜单

图 10.38 "子集特性"对话框

2. 使用视图类别

在"图纸视图"选项卡上,可以将视图整理为集合,这些集合称为类别。图纸子集通常与某个主题(例如建筑设计或机械设计)相关联,可以根据需要将子集嵌套到其他子集中。创建或输入图纸或子集后,可以通过在树状图中拖曳它们对它们进行重排序。视图类别通常与功能相关联。例如,在建筑设计中,可能使用名为"立视图"的视图类别;而在机械设计中,可能使用名为"分解"的视图类别。可以按类别或所在的图纸来显示视图,如图 10.39 所示。

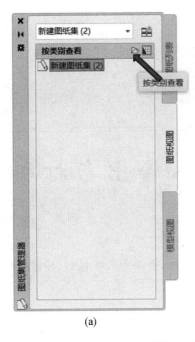
(a)

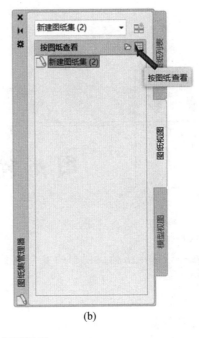
(b)

图 10.39　视图类别

10.5.3　锁定图纸

工作组中使用图纸集时,可能存在多个用户同时查看一个图纸集的情况。为了避免该图纸集被其他用户编辑修改,可在资源管理器当中,将该图纸集文件属性修改为只读,即可对图纸集实现锁定,防止其他用户修改文件。

该图纸集被锁定后,则在图纸集管理器当中,管理器左上角的图纸集名称旁边将显示锁定图标🔒。

思考与练习

1. 试述 AutoCAD 设计中心的作用与使用方法。

2. 试述 CAD 标准的含义。如何创建 CAD 标准文件?

3. 在 AutoCAD 2022 中,如何使用图纸集管理器组织和管理图纸集?

第11章

图形输入输出与打印

【学习目标】

掌握在一张图纸上输出图形的多个视图的方法,会添加文字说明、标题栏和图纸边框等。

【知识要点】

模型空间与图纸空间,布局,打印输出。

图形输出是 AutoCAD 的一个重要环节。AutoCAD 2022 不仅可以将其他应用程序中处理好的数据传送给 AutoCAD,以显示图形,还可以将在 AutoCAD 中绘制好的图形通过打印机或者绘图仪等输出设备打印出来,或者把它们输出到其他程序如 3ds Max、Photoshop 中以便进一步处理。

11.1 图形的输入输出

AutoCAD 2022 除了可以打开和保存 dwg 格式的图形文件外,还可以导入或导出其他格式的图形。

11.1.1 图形的输入

1.导入图形

(1)功能。

导入图形。

(2)执行方式。

①菜单栏:文件→输入;

②工具栏:在"功能区"选项板中选择"插入"选项卡,在"输入"面板中单击 按钮。

上述 2 种方法都可以打开"输入文件"对话框。在其中的"文件类型"下拉列表框中可以看到,系统允许输入图元文件、ACIS 及 3D Studio 等图形格式的文件,如图 11.1 所示。

图 11.1　"输入文件"对话框

2. 插入 OLE 对象

（1）功能。

插入 OLE 对象。

（2）执行方式。

①菜单栏：插入→OLE 对象；

②工具栏：在"功能区"选项板中选择"插入"选项卡，在"数据"面板中单击 OLE 对象 按钮。

上述 2 种方法都可以打开"插入对象"对话框，可以插入对象链接或者嵌入对象，如图 11.2 所示。

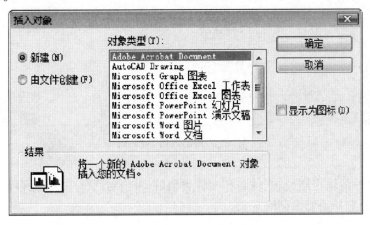

图 11.2　"插入对象"对话框

243

11.1.2　图形的输出

（1）功能。

输出图形。

（2）执行方式。

菜单栏：文件→输出。

可以在"保存于"下拉列表框中设置文件输出的路径，在"文件名"文本框中输入文件名称，在"文件类型"下拉列表框中选择文件的输出类型，如图元文件、ACIS、平板印刷、位图、三维 DWF 及块等，如图 11.3 所示。

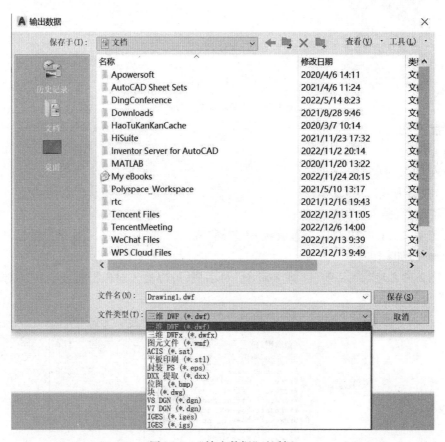

图 11.3　"输出数据"对话框

设置了文件的输出路径、文件名和文件类型后，单击对话框中的【保存】，就可以切换到绘图窗口中，选择需要保存的对象。

11.2　模型空间和图纸空间

11.2.1　模型空间

模型空间是完成绘图和设计工作的工作空间。使用在模型空间中建立的模型可以完成二维或三维物体的造型,并且可以根据需求用多个二维或三维视图来表示物体,同时配有必要的尺寸标注和注释等来完成所需要的全部绘图工作。在模型空间中,用户可以创建多个不重叠的(平铺)视口以展示图形的不同视图。

11.2.2　图纸空间

图纸空间是为了打印出图而设置的。一般在模型空间绘制完图形后,需要输出到图纸上。图纸空间可看作一张绘图纸,可以对绘制好的图形进行编辑和排列以及标注。在图纸空间中,视口被作为对象看待,以展示模型不同部分的视图,每个视口中的视图可以独立编辑,画成不同的比例,冻结和解冻特定的图层,给出不同的标注或注释。

11.2.3　模型窗口

默认情况下,AutoCAD 显示的窗口是模型窗口,并且还自带 2 个布局窗口(但是不显示),如图 11.4 所示。在状态栏的"布局 1"按钮(或"模型"按钮)上单击鼠标右键,在快捷菜单上选择"显示布局和模型选项卡"选项,在绘图窗口的右下角就会显示 3 个窗口的选项卡按钮。

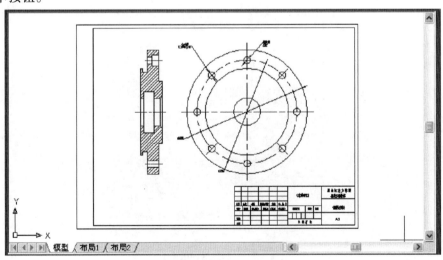

图 11.4　模型窗口

11.2.4　布局窗口

在模型窗口中显示的是用于绘制的图形,要进入布局窗口,比如进入"布局 1"选项,单击"布局1"选项卡按钮即可,如图11.5所示。

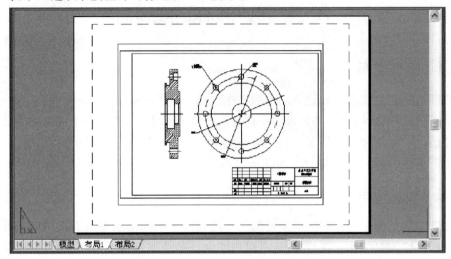

图 11.5   布局窗口

如果页面设置不合理,可以在 布局1 上单击鼠标右键,在快捷菜单上选择"页面设置管理器"选项,出现"页面设置管理器"对话框,如图11.6所示。利用此对话框可以为当前布局或图纸制定页面设置,也可以创建命名页面设置、修改现有页面设置,或从其他图纸中输入页面设置。

图 11.6   "页面设置管理器"对话框

11.3   浮动视口

在布局窗口中,可以将浮动视口当作图纸空间的图形对象,可以利用夹点功能改变浮动视口的大小和位置,对其进行移动和调整,如图11.7所示,浮动视口还可以用删除命令删除。

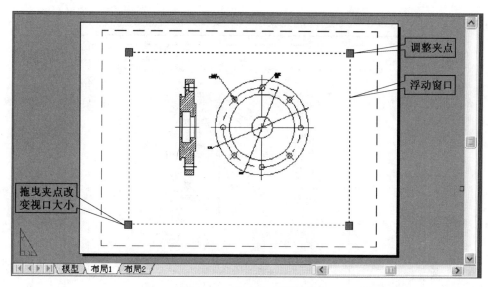

图 11.7 浮动视口的夹点

1. 进入浮动模型空间

在图纸空间中无法编辑模型空间中的对象,如果要编辑模型,必须激活浮动视口,进入浮动模型空间,如图 11.8 所示。激活浮动视口的方法有多种,如可执行 MSPACE 命令、单击状态栏上的图纸按钮或双击浮动视口区域中的任意位置。

要从浮动模型空间重新进入图纸空间,可双击浮动模型空间外的任一点。

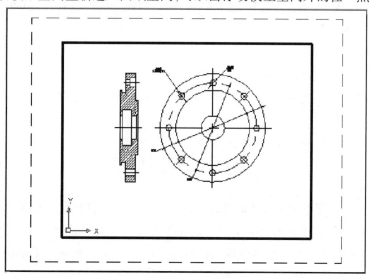

图 11.8 浮动模型空间

2. 删除、创建和调整浮动视口

要删除浮动视口,可以直接单击浮动视口边界,然后单击删除工具。要改变视口的大小,可以选中浮动视口边界,这时在视口边界的 4 个角点出现夹点,选中夹点拖曳鼠标就可以改变浮动视口的大小,如图 11.9 所示。要改变浮动视口的位置,可以把鼠标指针放在浮动视口边界上,按下鼠标进行拖曳就可以改变视口的位置。

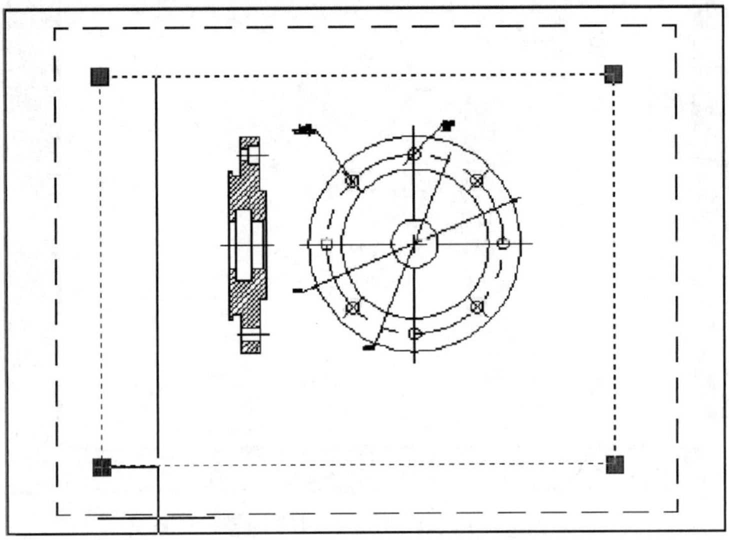

图 11.9　改变浮动视口的大小

3. 相对图纸空间比例缩放视图

如果布局图中使用了多个浮动视口,就可以为这些视口中的视图建立相同的缩放比例。这时可选择要修改其缩放比例的浮动视口,在"状态栏"的"视口比例" 下拉列表框中选择某一比例,再对其他的所有浮动视口执行同样的操作,就可以设置一个相同的比例值。

4. 打开和关闭浮动视口

重新生成每一个视口时,显示较多数量的浮动视口会影响系统性能,此时可以通过关闭一些视口或限制活动视口数量来节省时间。另外,如果不希望打印某个视口,也可以将它关闭。

11.4　工程图打印

使用 AutoCAD 进行机械设计的最终目的是要将设计文件转化为图纸文件,所以在计算机绘图中,图纸的打印输出是一个非常重要的环节。在打印图纸前要对所绘制的图形进行打印检查和设置。工程图可以在模型空间与图纸空间 2 种方式下进行打印,本节主要介绍在模型空间模式下的打印步骤。

11.4.1　打印准备

1. 检查图层

打开图层特性管理器,观察是否有 Defpoints 图层,如图 11.10 所示,此图层在绘图过程中自动生成,此图层中的图线不能打印,所以先将其他图层关闭后检查 Defpoints 图层中是否有图线,如果存在图线须调整到其他相应图层。检查其他图层线宽、线型设置是否正确并打开关闭的图层。

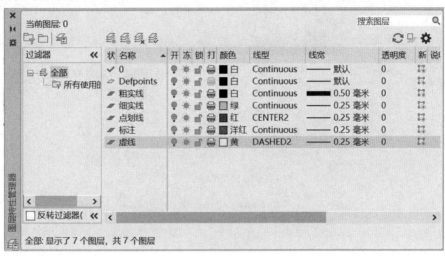

图 11.10　"图层特性管理器"对话框

2. 图形比例缩放

画工程图时一般按零件或机器大小 1∶1 绘制,而生成的图纸幅面是有尺寸限制的,为了将过大或过小的图形放到图框中,须将图形按国家标准规定的比例缩小或放大到既能放到图框中又能最大化地利用图纸空间。放大或缩小图形可以利用"修改"工具栏里的缩放命令,具体方法请看第 3 章,此处不再赘述。

3. 尺寸比例因子调整

图形比例缩放后,其上的尺寸会随着图形的放大或缩小发生相应的变化。此时需设置"标注样式"中的"主单位"选项卡中的"比例因子"。具体位置参见图 8.18"主单位"选项卡。若图形缩放比例为 2,则标注样式中比例因子设置为 0.5,此时 AutoCAD 的标注尺寸为测量值与该比例的积。

11.4.2　打印步骤

调整完图形后,就可以通过打印机或绘图仪将图形输出到图纸。具体步骤如下。

1. 页面设置

①命令行:pagesetup;

②菜单栏:文件→页面设置管理器。

弹出"页面设置管理器"对话框,如图 11.11 所示。

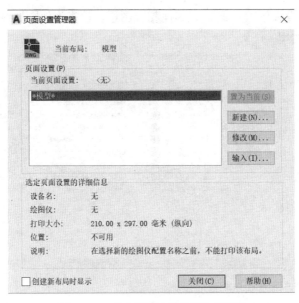

图 11.11   "页面设置管理器"对话框

单击【新建】,系统弹出"新建页面设置"对话框,如图 11.12 所示,可以建立新的样式名称。

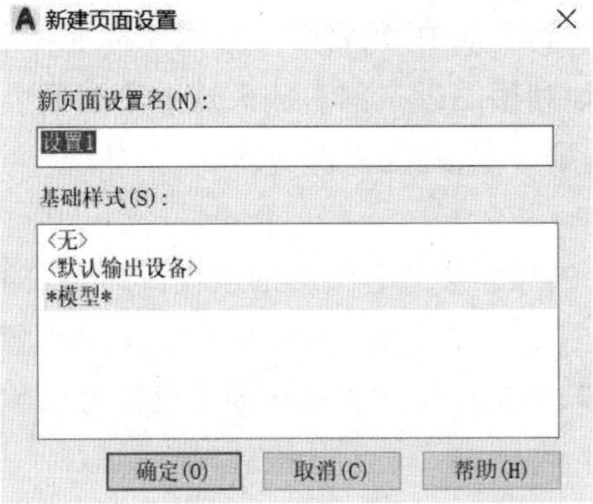

图 11.12   "新建页面设置"对话框

单击【确定】或【修改】按钮,系统将弹出如图 11.13 所示的"页面设置"对话框,通过该对话框可以设置打印设备、打印样式、图纸尺寸、打印比例、图纸方向等。

设置完成后单击【确定】保存。

提示:可以省略此新建页面设置步骤。

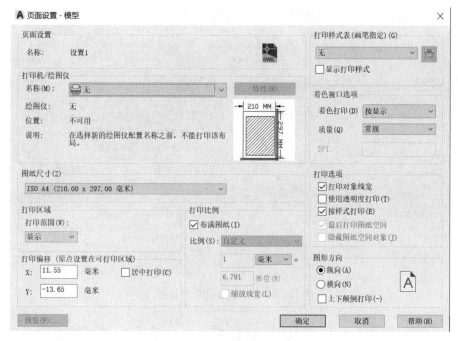

图 11.13　"页面设置"对话框

2. 打印图形

打印命令用于图形的打印输出。启动该命令有以下 3 种方法。

① 面板标题:🖶 按钮;

② 菜单栏:文件→打印;

③ 命令行:plot。

(1)打开要打印的图形,执行打印命令,系统弹出如图 11.14 所示的"打印-模型"对话框。

(2)在"页面设置"选项中单击"添加(.).。。"按钮,添加先前建立的页面设置(若没有进行页面设置,也可不用添加)。

(3)在"打印机/绘图仪"选项组的"名称"下拉列表中选择相应的型号。

(4)在"图纸尺寸"下拉列表中选择相应的图纸大小。

(5)在"打印比例"选项组中选中"布满图纸"复选框。

(6)在"打印偏移"选项组中选中"居中打印"复选框。

(7)在"打印范围"下拉列表中选择"窗口"选项,返回绘图区中捕捉绘图区中的图纸边界图框的两个对角点确定打印区域。

(8)在"打印样式表"下拉列表中选中"monochrome.ctb"选项。此选项适用于图纸的黑白打印(工程图打印一般为黑白打印)。

(9)在"图形方向"选项组中选中相应图纸方向单选按钮。

(10)单击"打印-模型"左下角的"预览(P)..."按钮,对打印设置进行预览。

(11)按 Esc 键退出预览,若预览和想要的结果不符,则调整相应参数设置,重复步骤(10)。

(12)若预览符合要求则单击【确定】,打印机打印输出工程图纸。

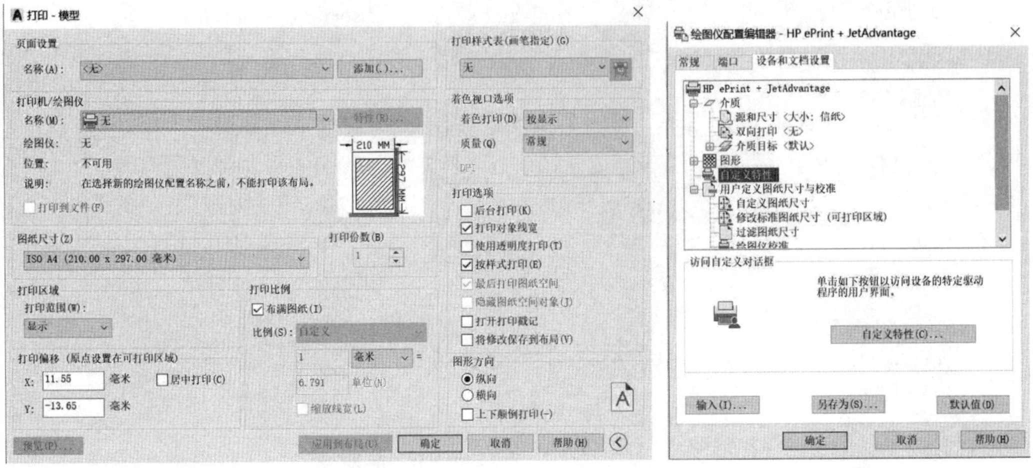

(a)   (b)

图 11.14　"打印-模型"对话框

思考和练习

1. 在 AutoCAD 2022 中,如何使用"打印-模型"对话框设置打印环境?

2. 在 AutoCAD 2022 中,图纸空间和模型空间有哪些主要区别?

提　高　篇

第*12*章

样板文件

【学习目标】

为了加强对基础篇所学知识的理解与运用,本章通过样板文件的创建,系统地介绍了绘制零件图的完整过程和样板文件中一般需要设置的项目;通过本章的学习,应了解创建图形样板文件的方法和思路、规律和技巧,绘制符合生产要求的零件图和装配图。

【知识要点】

图层、线型、颜色设置、文字样式设置、标注样式设置等的方法与技巧。

本章以图 12.1 所示的零件图为例,展开样板文件的介绍。

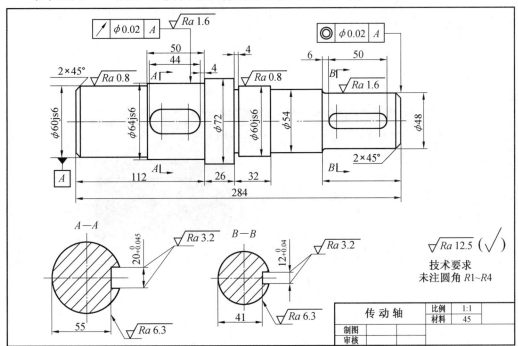

图 12.1　零件图

在新建工程图时,总要进行大量的设置工作,包括图层、线型、颜色设置、文字样式设置、标注样式设置等。如果每次新建图样时,都要如此设置确实很麻烦。为了提高绘图效率,使图样标准化,应该创建个人样板文件。当要绘制图样时,只需调用样板文件即可。

12.1　创建样板文件

样板图的常用内容包括以下几方面。

①绘图环境的初步设置:包括进行系统设置、绘图单位设置、图幅的设置、图纸的全屏显示(zoom 命令)等。

②图层的创建与设置:设置线型、颜色、线宽。

③样式设置:包括尺寸标注文字和文字注释样式。

④尺寸标注样式的设置:包括直线、角度、公差、极限偏差等。

⑤多重引线的设置。

⑥创建各种常用图块,建立图库:包括粗糙度、形位公差基准符号等。

⑦创建图框和标题栏。

⑧保存样板图。

12.2　绘图环境的设置

1. 新建样板文件

①面板标题:□按钮;

②菜单栏:文件→新建;

③命令行:new。

在"选择样板"对话框(图 12.2)的文件类型中选择"图形(∗ . dwg)",在打开方式中选择"无样板打开–公制"创建新图形文件。再根据需要进行下一步设置,创建自己的样板文件。

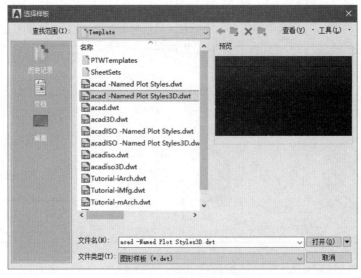

图 12.2　"选择样板"对话框

2.设置绘图界限

一般来说,如果用户不进行任何设置,则 AutoCAD 系统对作图范围没有限制。可以将绘图区看作一幅无穷大的图纸。设计者根据图形大小和复杂程度设置合适的绘图区域。应该以国家标准规定的图幅大小设置绘图区域。例如,A3 图纸的幅面为 420 mm× 297 mm。

(1)设置图形界限。

①菜单栏:格式→图形界限(图 12.3);

②命令行:limits。

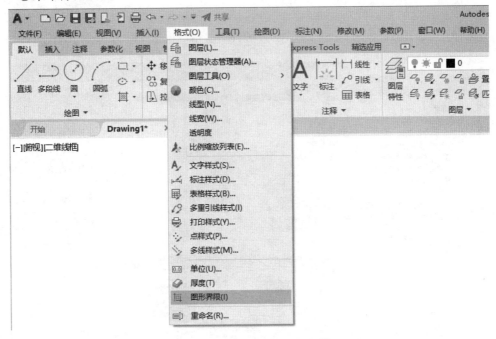

图 12.3　设置"图形界限"对话框

命令行提示:

命令:limits

重新设置模型空间界限:

指定左下角点或[开(ON)/关(OFF)] <0.0000,0.0000>:↙

指定右上角点 <420.0000,297.0000>:↙

命令:zoom↙

指定窗口的角点,输入比例因子 (nX 或 nXP),或者

[全部(A)/中心(C)/动态(D)/范围(E)/上一个(P)/比例(S)/窗口(W)/对象(O)] <实时>: A

正在重生成模型。

(2)设置参数选项。

①面板标题:![A]→选项按钮;

②菜单栏:工具→选项;

③命令行:options。

（3）"选项"对话框部分功能如下。

① 在"选项"对话框中单击"显示"选项卡,然后单击"窗口元素"选项组中的【颜色】,打开"图形窗口颜色"对话框,如图12.4所示。

②在"图形窗口颜色"对话框的"界面元素"列表框中选择"统一背景",在"颜色"列表框中选择"白",然后单击【应用并关闭】,返回"选项"对话框,单击【确定】,完成设置。

③单击"绘图"选项卡:用于设置自动捕捉、自动追踪、自动捕捉标记框颜色和大小、靶框大小。

④单击"选择集"选项卡:用于设置选择集模式、拾取框大小以及夹点大小等。

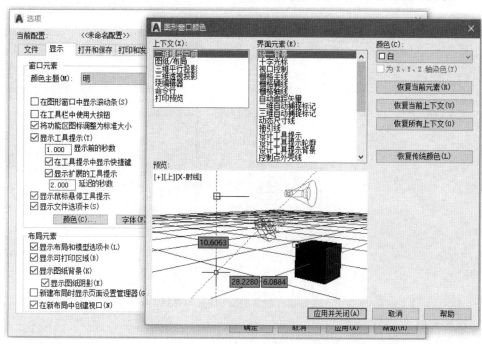

图 12.4 "选项"和"图形窗口颜色"对话框(改背景色)

3.设置绘图单位和精度

①面板标题: ![图标] →"图形实用工具"→单位按钮;

②菜单栏:格式→单位。

打开"图形单位"对话框,如图 12.5 所示,其添加内容如下。

（1）"长度"选项组。

①"类型"列表下选择"小数";

②"精度"列表下选择"0.0000"。

（2）"角度"选项组。

①"类型"列表下选择"十进制度数";

②"精度"列表下选择"0"。

（3）"插入时的缩放单位"选项组。

选缺省为"毫米"。

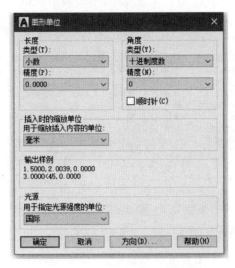

图 12.5　"图形单位"对话框

12.3　图层的创建与设置

对工程图中常用的粗实线、细实线、虚线、中心线、剖面线、尺寸标注和文字等元素进行层名、线宽、线型和颜色的创建。其具体内容见表 12.1。

表 12.1　层名、线宽、线型和颜色说明

层名	线宽/mm	线型	颜色
默认层（0）	0.25	Continuous	
粗实线层	0.50	Continuous	（白色）
细实线层	0.25	Continuous	（绿色）
虚线层	0.25	DASHED	（黄色）
中心线层	0.25	CENTER	（红色）
剖面线层	0.25	Continuous	（青色）
尺寸标注层	0.25	Continuous	（洋红）
文字层	0.25	Continuous	（白色）

图层的创建与设置方法有以下 3 种。

①面板标题："默认"→按钮；

②菜单栏:格式→图层；

③命令行：layer(或别名 la)。

打开"图层特性管理器"对话框。单击新建图层按钮，创建 8 种图层，按照每种图层中线型的要求，确定是否加载线型。设置完毕，单击关闭按钮，如图 12.6 所示。

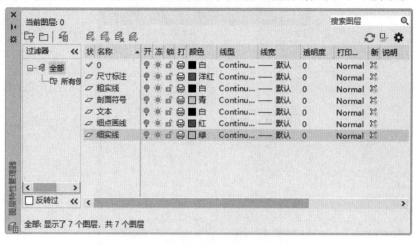

图 12.6 "图层特性管理器"对话框

12.4 文字样式的设置

工程图中不仅有图形，还包含数字、文字和表格等。按国家制图标准要求，创建 2 种常用的文字样式：汉字、数字样式；字母样式。

字体高度：一般零件名称为 7 号字，注释为 5 号字，标题栏文字用 5 号字，尺寸文字用 3.5 号字。

文字样式的设置方法有以下 3 种。

①面板标题："默认"→"注释"→ 按钮；
②菜单栏：格式→文字样式；
③命令行：style。

打开"文字样式"对话框，单击【新建】，打开"新建文字样式"对话框，输入图样文字样式名，单击【确定】，返回"文字样式"对话框。

在"SHX 字体"下拉列表中选择"gbeitc. shx"字体；在"大字体"下拉列表中选择"gbcbig. shx"字体；在"高度"文本框中输入"0. 0000"；在"宽度因子"文本框中输入"1. 0000"；其他选项使用默认值。

单击【应用】，完成创建，如图 12.7 所示。

单击【关闭】，退出"文字样式"对话框，结束命令。

按上述步骤创建"greekc. shx"字母字体，如图 12.8 所示。

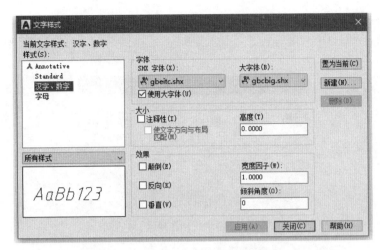

图 12.7 汉字、数字样式对话框

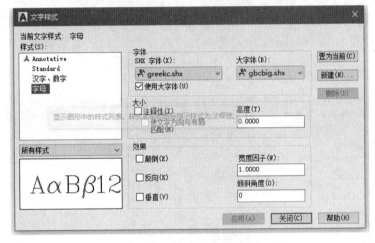

图 12.8 字母样式对话框

12.5 尺寸标注样式的设置

在绘制工程图时,通常有多种尺寸标注的形式,要提高绘图速度,应将绘图中所采用的尺寸标注形式都一一创建为尺寸标注样式,这样在绘图时只需调用所需尺寸标注样式,避免了尺寸变量的反复设置,且便于修改。

工程图常用的 4 种标注样式为:线性尺寸标注、轴类零件非圆视图的尺寸标注、有极限偏差的尺寸标注样式、有公差带代号的尺寸标注。

每种标注样式都要填写"线""符号和箭头""文字""调整""主单位""换算单位""公差"7 个选项卡,在此只列举了 4 种标注样式中选项填写内容有区别的选项卡。

1. 线性尺寸标注样式

"创建新标注样式"对话框如图 12.9 所示,执行方法有以下 3 种。

①面板标题:"默认"→"注释"→ 按钮;

②菜单栏:格式→标注样式;

③命令行:edimstyl。

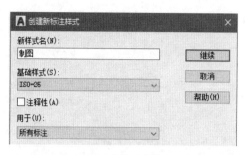

图 12.9 "创建新标注样式"对话框

在弹出的"创建新标注样式"对话框中所设置的标注样式命名为"制图",用于所有标注,单击【继续】。在弹出的"新建标注样式:制图"对话框中各选项卡的设置如下。

①"线"选项卡:基线间距设为 7,超出尺寸线设为 3,起点偏移量设为 0,如图 12.10 所示。

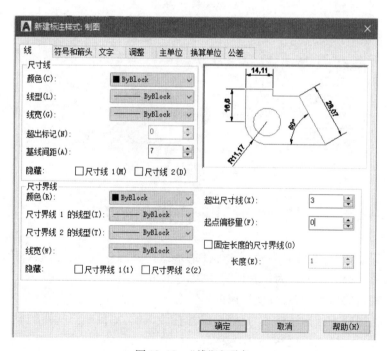

图 12.10 "线"选项卡

②"符号和箭头"选项卡:箭头大小设为 4,其余选项默认,如图 12.11 所示。

③"文字"选项卡:文字高度设为 3.5,文字对齐选 ISO 标准,其余选项默认,如图 12.12 所示。

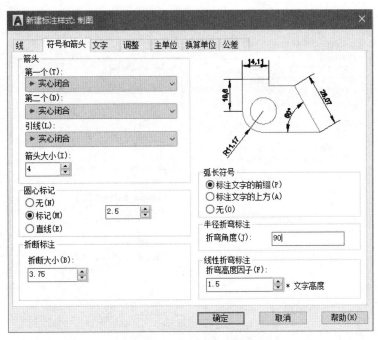

图 12.11 "符号和箭头"选项卡

图 12.12 "文字"选项卡

④"调整"选项卡:选项默认,如图 12.13 所示。

⑤"主单位"选项卡:精度设为 0,其余选项默认,如图 12.14 所示。

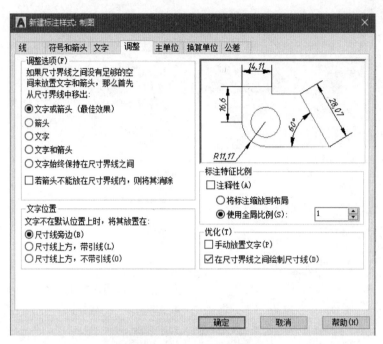

图 12.13 "调整"选项卡

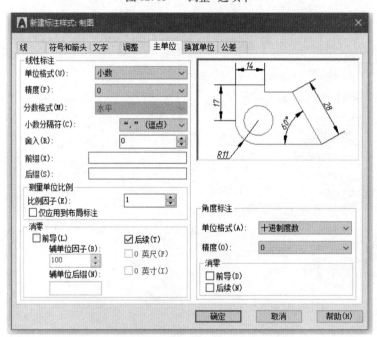

图 12.14 "主单位"选项卡

⑥"换算单位"选项卡:选项默认,如图 12.15 所示。

⑦"公差"选项卡:选项默认,如图 12.16 所示。

图 12.15　"换算单位"选项卡

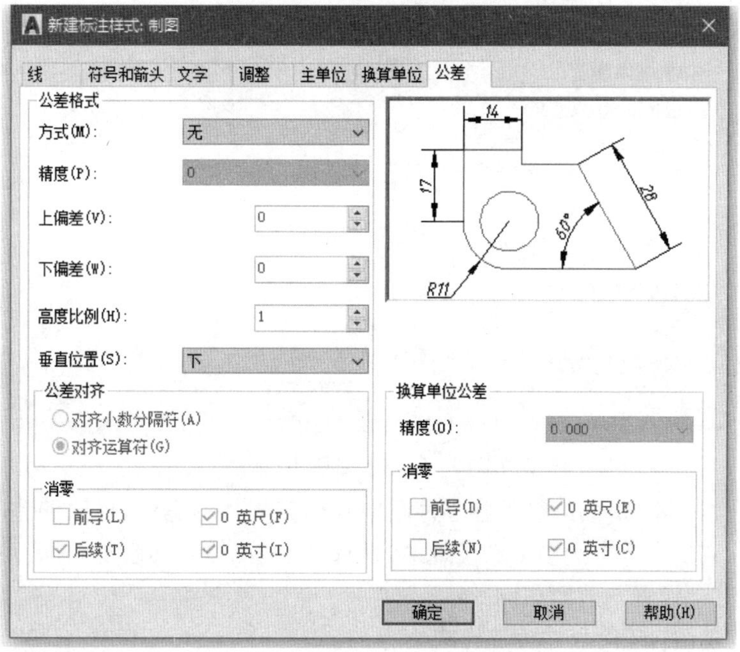

图 12.16　"公差"选项卡

单击【确定】关闭对话框,完成设置。

以新样式"制图"为基础样式,在弹出的"创建新标注样式"对话框中选用"角度标注",如图 12.17 所示。单击【继续】,在弹出的"新建标注样式:制图:角度"对话框中选"文字"选项卡:文字高度设为 3.5,文字对齐选水平,其余选项默认,如图 12.18 所示。单击【确定】关闭对话框。完成设置。

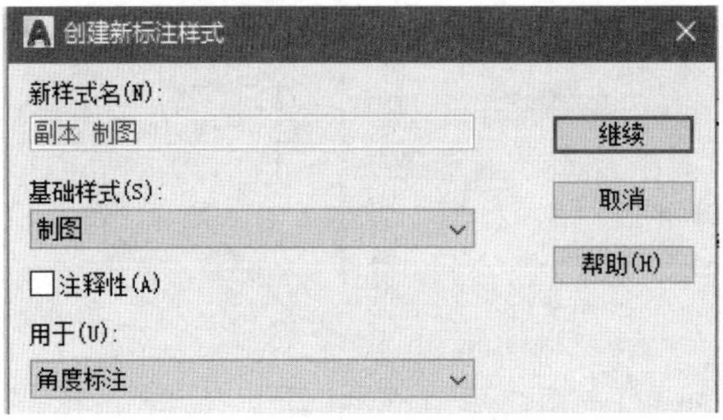

图 12.17　创建"角度"样式选项卡

图 12.18　"文字"选项卡(角度)

创建完成了基本标注样式,但在零件图中有轴类零件的标注、极限偏差的标注、尺寸公差的标注。它们在 7 个选项卡的设置中,只有某一项不同,其余都相同,现将不同的选项举例说明,其余设置与前面相同。

2. 设置有前缀"φ"的尺寸标注样式

在弹出的"创建新标注样式"对话框中所设置的标注样式命名为"直径符号",如图 12.19 所示,用于所有标注,单击【继续】。在弹出的"新建标注样式:直径符号"对话框中各选项卡的设置如下。

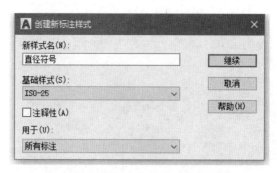

图 12.19　新建"直径符号"标注样式

①"线"选项卡:基线距离设为 7,超出尺寸线设为 3,起点偏移量设为 0。

②"符号和箭头"选项卡:箭头大小设为 4,其余选项默认。

③"文字"选项卡:文字高度设为 3.5,文字对齐选 ISO 标准,其余选项默认。

④"调整"选项卡:选项默认。

⑤"主单位"选项卡:精度设为 0,前缀输入%%c,其余选项默认,如图 12.20 所示。

⑥"换算单位"选项卡:选项默认。

⑦"公差"选项卡:选项默认。

单击【确定】关闭对话框,完成设置。

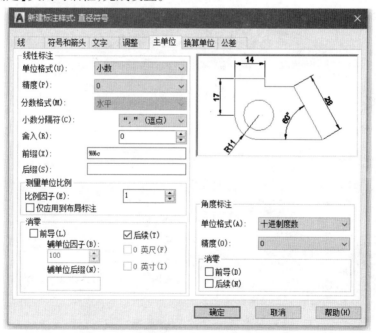

图 12.20　"主单位"选项卡(设置直径前缀)

3. 设置有极限偏差的尺寸标注样式

在弹出的"创建新标注样式"对话框中所设置的标注样式命名为"极限偏差",用于所有标注,如图 12.21 所示。单击【继续】,在弹出的"新建标注样式:极限偏差"对话框中各选项卡的设置如下。

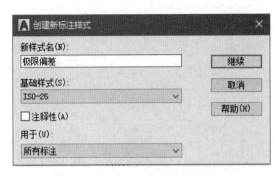

图 12.21　新建"极限偏差"标注样式

①"线"选项卡:基线距离设为 7,超出尺寸线设为 3,起点偏移量设为 0。

②"符号和箭头"选项卡:箭头大小设为 4,其余选项默认。

③"文字"选项卡:文字高度设为 3.5,文字对齐选 ISO 标准,其余选项默认。

④"调整"选项卡:选项默认。

⑤"主单位"选项卡:精度设为 0,前缀输入%%c,其余选项默认。

⑥"换算单位"选项卡:选项默认。

⑦"公差"选项卡:方式设为极限偏差,精度设为 0.000,上偏差设为−0.02,下偏差设为 0.041,高度比例设为 0.7,垂直位置设为中,如图 12.22 所示。

单击【确定】关闭对话框,完成设置。

图 12.22　"公差"选项卡(设置极限偏差)

4. 设置有公差带代号的尺寸标注样式

在弹出的"创建新标注样式"对话框中所设置的标注样式命名为"公差带代号",用于所有标注,如图 12.23 所示。单击【继续】,在弹出的"新建标注样式:公差带代号"对话框中各选项卡的设置如下。

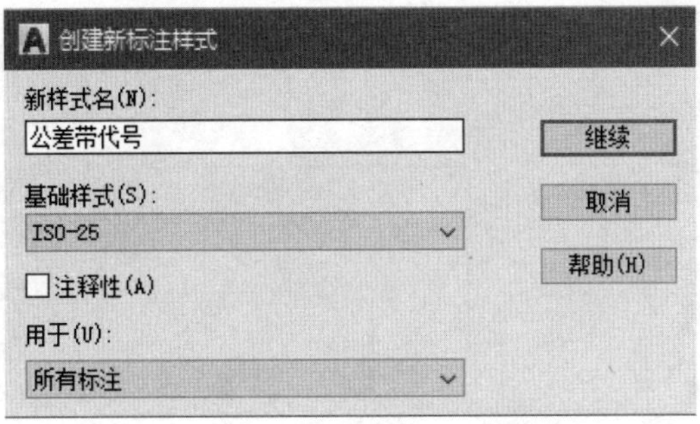

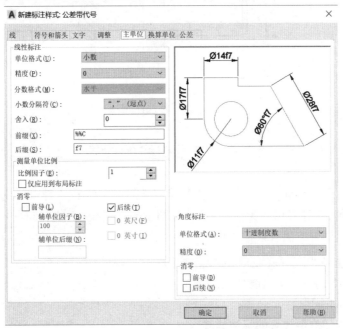

图 12.23　新建"公差带代号"标注样式

①"线"选项卡:基线距离设为 7,超出尺寸线设为 3,起点偏移量设为 0。

②"符号和箭头"选项卡:箭头大小设为 4,其余选项默认。

③"文字"选项卡:文字高度设为 3.5,文字对齐选 ISO 标准,其余选项默认。

④"调整"选项卡:选项默认。

⑤"主单位"选项卡:精度设为 0,前缀输入%%C,后缀输入 f7,其余选项默认,如图 12.24 所示。

⑥"换算单位"选项卡:选项默认。

⑦"公差"选项卡:选项默认。

单击【确定】关闭对话框,完成设置。

图 12.24　"主单位"选项卡(设置尺寸公差带代号)

在"标注样式管理器"中设置了几种常见的标注形式,如图 12.25 所示。也可以只创建一种尺寸标注的样式,其余尺寸标注的样式的变换利用修改和替代等命令完成。应用结果如图 12.26 所示。

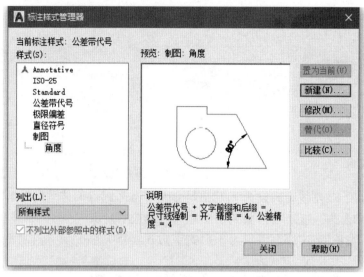

图 12.25　在"标注样式管理器"中设置的常见标注样式

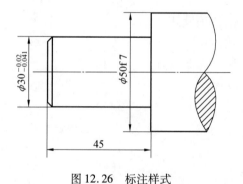

图 12.26　标注样式

12.6　多重引线的设置

用户可以使用引线标注一些注释、说明等。常用的引线有 3 种:形位公差的标注(引线有箭头)、倒角的标注(引线无箭头)及装配图中的指引线(引线有圆点)。

引线的设置执行方法有以下 3 种。

①面板标题:"默认"→"注释"→ 按钮;

②菜单栏:格式→多重引线样式;

③命令行:mleader。

1.设置形位公差带代号的标注样式

打开多重引线管理器,单击【新建】,在弹出的"创建新多重引线样式"对话框中所设置的新样式名命名为"形位公差",如图 12.27 所示。单击【继续】,在弹出的"修改多重引线样式:形位公差"对话框中各选项卡的设置如下。

图 12.27　"创建新多重引线样式"对话框

①"引线格式"选项卡:类型选直线,箭头符号选实心闭合,箭头大小设为 4,其余选项默认,如图 12.28 所示。

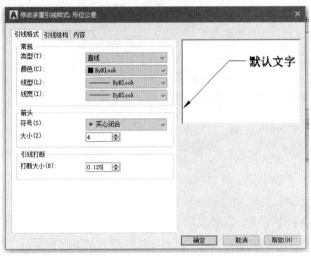

图 12.28　"引线格式"选项卡

②"引线结构"选项卡:最大引线点数设为 3,其余选项默认,如图 12.29 所示。

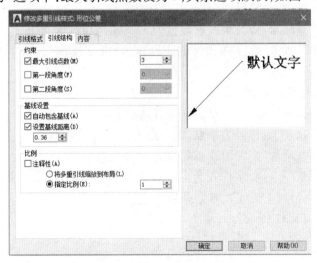

图 12.29　"引线结构"选项卡

③"引线内容"选项卡:文字样式为前面设置的"汉字、数字",文字高度设为 3.5,引

线连接均为第一行中间,其余选项默认,如图 12.30 所示。

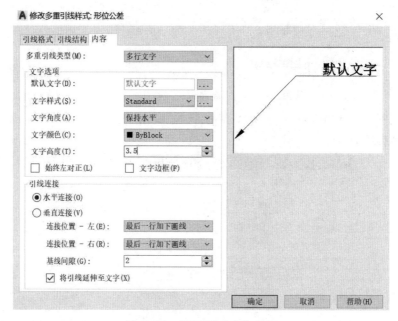

图 12.30 "引线内容"选项卡

单击【确定】,关闭对话框,完成设置。

倒角的标注和装配图中的指引线的标注,其创建方法和步骤同上。

2.设置倒角标注样式

"修改多重引线样式:倒角"对话框中各选项卡的设置如下。

①"引线格式"选项卡:符号选为无,其余选项默认。

②"引线结构"选项卡:最大引线点数为3,其余选项默认。

③"引线内容"选项卡:文字样式为前面设置的"汉字、数字",文字高度设为3.5,引线连接均选择"最后一行加下画线",其余选项默认。

3.装配图指引线标注样式

"新建多重引线样式:指引线"对话框中各选项卡的设置如下。

①"引线格式"选项卡:符号为小点,大小设为3,其余选项默认。

②"引线结构"选项卡:最大引线点数设为3,其余选项默认。

③"引线内容"选项卡:文字样式为前面设置的"汉字、数字",文字高度设为5,引线连接均选择"最后一行加下画线",其余选项默认。

标注结果如图 12.31 所示。

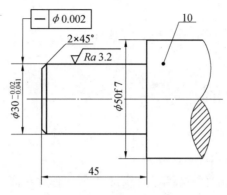

图 12.31　几种引线的标注

12.7　常用符号的创建

1. 粗糙度符号

粗糙度是机械设计中必不可少的标注内容,且应用频繁,如果做成块,在需要时可以方便地插入。表面粗糙度符号的画法如图 12.32 所示。

图 12.32　表面粗糙度符号的画法

(1)草图设置。

选中极轴 图标,新建 60°和 300°角,打开极轴追踪和对象捕捉模式,如图 12.33 所示,并设置交点捕捉追踪。

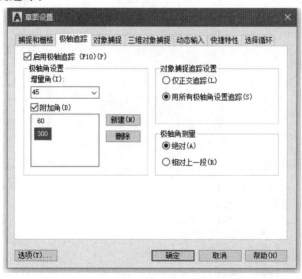

图 12.33　打开极轴追踪和对象捕捉模式

（2）绘制辅助直线。

①面板标题:"默认"→"绘图"→ ╱ 按钮;

②菜单行:绘图→直线;

③命令行:line。

切换到细实线层,打开正交状态。

命令行提示:

指定第一点:　　　　　　　　　　　　　　　　　//在适当位置画出一点

指定下一点或[放弃(U)]:↙任意一点　　　　　　//适当长度的一条水平线

使用偏移命令再绘出平行的两条直线(3.5 号字偏移距离为 5 mm),执行方法如下。

①面板标题:"默认"→"修改"→ ⊆ 按钮;

②菜单栏:修改→偏移;

③命令行:offset。

命令行提示:

当前设置:删除源=否 图层=源 OFFSETGAPTYPE=0

指定偏移距离或[通过(T)/删除(E)/图层(L)] <0.0000>:5 ↙

选择要偏移的对象,或[退出(E)/放弃(U)] <退出>:↙

指定要偏移的那一侧上的点,或[退出(E)/多个(M)/放弃(U)] <退出>:↙

选择刚画出的直线,分别在该直线的上方和下方各点一下,出现了 3 条平行线。

用相同绘直线的方法绘出 1 条与 3 条平行线相交的垂直线,如图 12.34 所示。

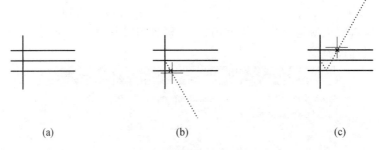

(a)　　　　　　　　　(b)　　　　　　　　　(c)

图 12.34　粗糙度符号的创建过程 1

（3）绘制斜边。

命令行提示:

指第一点或[放弃(U)]:↙　　　　　　　　　//捕捉中间辅助线与垂直线的交点

指定下一点或[放弃(U)]:↙　　　　　　　　//捕捉斜线与下辅助线的交点

指定下一点或[闭合(C)/放弃(U)]:↙　　　　//捕捉斜线与上辅助线的交点

（4）修剪。

①面板标题:"默认"→"修改"→ 🗡 按钮;

②菜单栏:修改→修剪;

③命令栏:trim。

命令行提示：

当前设置：投影 = UCS，边 = 无

选择剪切边…

选择对象或 <全部选择>：　　　　　　　　　　　　　//找到 1 个，选取左斜边

选择对象：　　　　　　　　　　　　　　//找到 1 个，总计 2 个，选取右斜边

选择对象：↙

选择要修剪的对象，或按住 Shift 键选择要延伸的对象，或

[栏选(F)/窗交(C)/投影(P)/边(E)/删除(R)/放弃(U)]：

　　　　　　　　　　　　　　// 选取左斜线位于中辅助线左边部分

选择要修剪的对象，或按住 Shift 键选择要延伸的对象，或

[栏选(F)/窗交(C)/投影(P)/边(E)/删除(R)/放弃(U)]：

　　　　　　　　　　　　　　//选取右斜线位于中辅助线右边部分

(5)删除多余辅助线。

①面板标题："默认"→"修改"→按钮；

②菜单栏：修改→删除；

③命令行：erase。

将图 12.35(a)所画图形修改为如图 12.35(b)所示的形状。

创建两种不同方向的粗糙度符号，如图 12.35(c)所示。图形尺寸如图 12.35(d)所示。

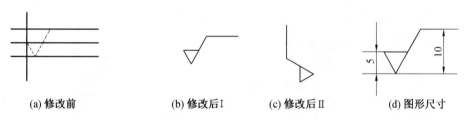

(a) 修改前　　　　　(b) 修改后Ⅰ　　　　　(c) 修改后Ⅱ　　　　　(d) 图形尺寸

图 12.35　粗糙度符号的创建过程 2

2. 基准符号

基准符号画法如图 12.36 所示。

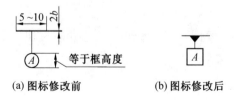

(a) 图标修改前　　　　　　　　(b) 图标修改后

图 12.36　基准符号画法

(1)绘制粗正三角形。

①面板标题："默认"→"绘图"→按钮；

②菜单栏：绘图→多段线；

③命令行：pline。

命令行提示：

指定起点：   //任意一点

当前线宽为 0.0000

指定下一个点或［圆弧(A)/半宽(H)/长度(L)/放弃(U)/宽度(W)］：W

指定起点宽度 <0.0000>:0 ↙

指定端点宽度 <1.0000>:7 ↙

指定下一个点或［圆弧(A)/半宽(H)/长度(L)/放弃(U)/宽度(W)］：<正交　开>

@0,6.062 ↙   //如图 12.37 所示

（Shift+鼠标右键,打开临时捕捉菜单,出现 ╱ 捕捉端点,单击左键确定,如图12.37所示）

指定下一点或［圆弧(A)/闭合(C)/半宽(H)/长度(L)/放弃(U)/宽度(W)］：W ↙

指定起点宽度 <1.0000>:0 ↙

指定端点宽度 <1.0000>:0 ↙

如图 12.37 所示,根据需要选取直线长度。

图 12.37　基准符号的创建过程 1

（2）绘制正方形。

①面板标题:"默认"→"绘图"→▢按钮→⬠多边形按钮;

②菜单栏:绘图→正多边形;

③命令行:polygon。

命令行提示：

命令: polygon

输入边的数目<4>:↙

指定正多边形的中心点或［边(E)］:

输入选项［内接于圆(I)/外切于圆(C)］:C ↙

指定圆的半径:<正交　开>3.5 ↙

（3）文字输入。

①面板标题："默认"→"注释"→ **A** 按钮；

②菜单栏：绘图→文字→多行文字；

③命令行：mtext。

命令行提示：

当前文字样式："标注"文字高度：3.5　　注释性：否

指定第一角点：

指定对角点或［高度（H）/对正（J）/行距（L）/旋转（R）/样式（S）/宽度（W）/栏（C）］：

在图 12.38 所示的多行文字对话框中输入字母 A，然后单击左键。移动字母 A 至正确位置。

若将粗糙度符号与形位公差基准符号制作成块体，可以方便地在图形中复制和粘贴。也可以用单行文字写字母 A。

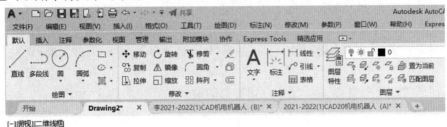

图 12.38　文字输入

3. 剖切符号

①面板标题："默认"→"绘图"→ 按钮；

②菜单栏：绘图→多段线；

③命令行：pline。

命令行提示：

命令：pline

指定起点：<正交　开>　　　　　　　　　　//在需要绘制剖切符号的位置指定起点

指定起点：

当前线宽为 0.0000

指定下一个点或[圆弧(A)/半宽(H)/长度(L)/放弃(U)/宽度(W)]：W✓

指定起点宽度 <0.0000>：1✓

指定端点宽度 <1.0000>：✓

指定下一个点或[圆弧(A)/半宽(H)/长度(L)/放弃(U)/宽度(W)]：@0,5✓

//绘出了粗实线段

指定下一点或[圆弧(A)/闭合(C)/半宽(H)/长度(L)/放弃(U)/宽度(W)]：W✓

指定起点宽度 <1.0000>：0✓

指定端点宽度 <0.0000>：✓

指定下一点或[圆弧(A)/闭合(C)/半宽(H)/长度(L)/放弃(U)/宽度(W)]：@5,0✓

//绘出了细实线段

指定下一点或[圆弧(A)/闭合(C)/半宽(H)/长度(L)/放弃(U)/宽度(W)]：W✓

指定起点宽度 <0.0000>：1.5✓

指定端点宽度 <1.5000>：0✓

指定下一点或[圆弧(A)/闭合(C)/半宽(H)/长度(L)/放弃(U)/宽度(W)]：@5,0✓

指定下一点或[圆弧(A)/闭合(C)/半宽(H)/长度(L)/放弃(U)/宽度(W)]：✓

//绘出了箭头

按回车键结束命令，完成了整个剖切符号的绘制，如图 12.39 所示。

图 12.39　剖切符号

12.8　绘制图框与标题栏

使用 AutoCAD 绘图与手工绘图一样要画出图框，将所有图形绘制在图框之内。

1. 细实线框(细实线层)

①面板标题："默认"→"绘图"→□ 按钮；

②菜单栏：绘图→矩形；

③命令行：rectang。

命令行提示：

命令：rectang

指定第一个角点或[倒角(C)/标高(E)/圆角(F)/厚度(T)/宽度(W)]：0,0✓

指定另一个角点或[面积(A)/尺寸(D)/旋转(R)]：420,297✓

2. 粗实线框(粗实线层)

重复上次矩形命令，命令行提示：

指定第一个角点或[倒角(C)/标高(E)/圆角(F)/厚度(T)/宽度(W)]：25,5✓

指定另一个角点或[面积(A)/尺寸(D)/旋转(R)]：@390,287✓

完成创建 A3 图纸的图框。也可以画完图后再根据打印比例确定图幅的大小,画出图框。

3. 绘制标题栏

重复上次矩形命令,命令行提示:

指定第一个角点或[倒角(C)/标高(E)/圆角(F)/厚度(T)/宽度(W)]:0,0↙

捕捉粗实线框的右下角点。

指定另一个角点或[尺寸(D)]:@-130,28↙

按照所标注尺寸画出其他图线。

图 12.40 所示为学校参考选用的标题栏格式。图 12.41 所示为国标规定的标题栏与明细栏格式。图 12.42 所示为标题栏在图框中的位置。

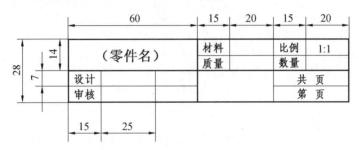

图 12.40　学校参考选用的标题栏格式

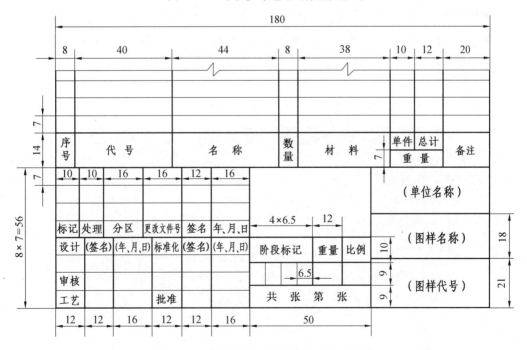

图 12.41　国标规定的标题栏与明细栏格式

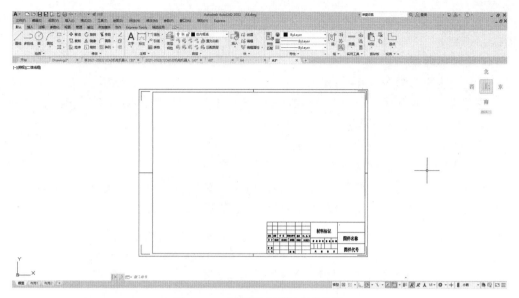

图 12.42 标题栏在图框中的位置

12.9 保存样板文件

保存样板命令操作有以下 2 种。

①面板标题：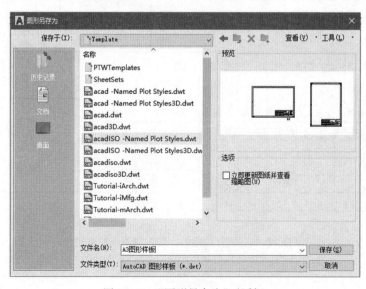→"另存为"→"图形样板"按钮；

②菜单栏：文件→另存为。

打开"图形另存为"对话框，如图 12.43 所示。在"文件类型"下拉列表框中选择"AutoCAD图形样板(＊.dwt)"选项；在"文件名"文本框中输入"A3 图形样板"；单击【保

图 12.43 "图形另存为"对话框

存】,打开"样板选项"对话框。在"说明"文本框中输入说明文字后单击【确定】,即完成
样板图的创建。"样板选项"对话框如图 12.44 所示。

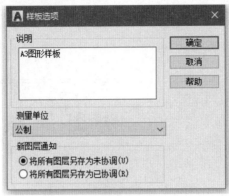

图 12.44　"样板选项"对话框

　　创建了图形样板后,在新建图样时,即可调用图形样板。当图形样板保存在"样板"
文件夹时,可从打开的"启动"对话框或"创建新图形"对话框中单击【使用样板】,在"选
择样板"下拉列表框中选取所建的样板图名称,例如 A3.dwt,即可创建一张已设置好的图
形样板。

　　当图形样板保存在其他文件夹时,可按指定路径打开此文件夹,再打开 A3 图形样
板,即可绘制图样。

第 *13* 章

绘 图 训 练

【学习目标】

为了加强对前面所学知识的理解运用,通过上机实践,可以熟练地掌握二维绘图的方法和思路、规律和技巧,提高绘图的速度以及精确度。

【知识要点】

二维图形绘制与编辑、图层设置、文字样式设置、标注样式设置等的方法与技巧。

13.1 二维绘图命令与二维编辑命令

13.1.1 判断题

1. 按照坐标值参考点的不同,坐标可以分为绝对坐标和相对坐标。　　　　　（　　）

2. 在矩形窗选方式中,十字光标必须由左上方至右下方拖曳。　　　　　　（　　）

3. 在执行编辑命令的过程中,若要全选对象,按下 Ctrl+A 键即可。　　　（　　）

4. 绘制椭圆与椭圆弧的命令为同一个命令,因此它们的菜单命令也相同。　（　　）

5. 利用 pline 与 line 命令绘制的连续直线作用完全相同。　　　　　　　（　　）

6. 默认情况下,通过指定圆弧半径值的方式绘制圆弧,当半径为正值时,将沿逆时针方向画弧;当半径为负值时,将沿顺时针方向画弧。

7. 可以绘制出标准圆形的命令有 arc、pline、circle、ellipse。　　　　　（　　）

8. 对图形大小进行等比例缩放时,图形的整体形状不会改变。　　　　　　（　　）

9. 偏移操作时可以通过输入偏移距离和拾取通过点 2 种方式来确定偏移后对象的位置。　　　　　　　　　　　　　　　　　　　　　　　　　　　　　　　　（　　）

10. 在使用 trim 命令修剪对象时,按住 Ctrl 键的同时单击某条线段可以将其延伸到修剪边界,相当于 extend 命令。　　　　　　　　　　　　　　　　　　　　　　（　　）

11. 使用 copy 命令复制对象只改变原对象的位置,而不改变其形状。　　　（　　）

12. 对用直线绘制的封闭矩形进行偏移,偏移后的对象将被放大或缩小。　（　　）

13. 矩形阵列时,若行间距为负值,则新对象将添加在原对象的上方。　　（　　）

14. 在环形阵列对象时,可以设定任意角度的包含角。　　　　　　　　　　( )

15. 一条闭合的线段只能被打断一次,不能进行二次打断操作。　　　　　　( )

13.1.2　上机实践

利用二维绘图编辑命令绘制如图 13.1 所示平面图形(不标注尺寸)。

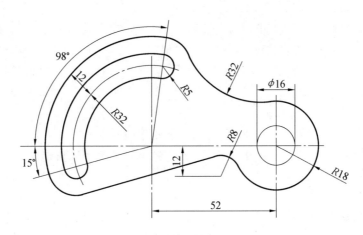

图 13.1　零件图 1

作图步骤如下。

(1)命令: <正交　开>。

(2)用点画线绘制中心线,如图 13.2 所示。

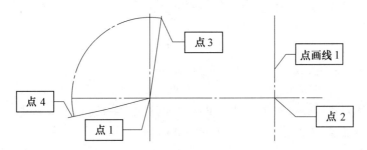

图 13.2　绘制中心线及射线

命令行提示:

命令: line

指定第一点:

指定下一点或[放弃(U)]: ↙　　　　　　　　　　　　　　//水平画一条点画线

指定下一点或[放弃(U)]: ↙　　　　　　　　　　　　　　//垂直交叉画一条点画线

命令: offset

指定偏移距离或[通过(T)/删除(E)/图层(L)] <0.0000>: 52 ↙

选择要偏移的对象,或[退出(E)/放弃(U)] <退出>: ↙　　//选择点画线 1 向左偏移

(3)用点画线绘制 2 条射线(基准线),如图 13.2 所示。

命令行提示:

命令: line

指定第一点: //指定交叉点 1

指定下一点或 [放弃(U)]: @34<82 ↙ //指定交叉点 1

指定下一点或 [放弃(U)]: @34<195 ↙

命令: circle

指定圆的圆心或 [三点(3P)/两点(2P)/切点、切点、半径(T)]: //指定交叉点 1

指定圆的半径或 [直径(D)]: 32 ↙

命令: trim

选择剪切边...

选择对象或 <全部选择>: //单击鼠标右键

选择要修剪的对象,或按住 Shift 键选择要延伸的对象,或

[栏选(F)/窗交(C)/投影(P)/边(E)/删除(R)/放弃(U)]:选择对象 ↙

(4)菜单命令:绘图→圆。

命令行提示:

命令: circle

指定圆的圆心或 [三点(3P)/两点(2P)/切点、切点、半径(T)]: //指定点 2 为圆心

指定圆的半径或 [直径(D)]: 8 ↙

命令: circle

指定圆的圆心或 [三点(3P)/两点(2P)/切点、切点、半径(T)]: //指定点 2 为圆心

指定圆的半径或 [直径(D)] <8.0000>: 18 ↙

命令: circle

指定圆的圆心或 [三点(3P)/两点(2P)/切点、切点、半径(T)]: //指定点 1 为圆心

指定圆的半径或 [直径(D)] <18.0000>: 32 ↙

命令: circle

指定圆的圆心或 [三点(3P)/两点(2P)/切点、切点、半径(T)]: //指定点 1 为圆心

指定圆的半径或 [直径(D)] <32.0000>: 44 ↙

命令: circle

指定圆的圆心或 [三点(3P)/两点(2P)/切点、切点、半径(T)]: //指定交叉点 1

指定圆的半径或 [直径(D)] <44.0000>: 12 ↙

命令: circle

指定圆的圆心或 [三点(3P)/两点(2P)/切点、切点、半径(T)]: //指定交叉点 2

指定圆的半径或 [直径(D)] <12.0000>: ↙

命令: fillet

选择第一个对象或 [放弃(U)/多段线(P)/半径(R)/修剪(T)/多个(M)]: R

指定圆角半径 <0.0000>: 32

选择第一个对象或 [放弃(U)/多段线(P)/半径(R)/修剪(T)/多个(M)]:

选择第二个对象,或按住 Shift 键选择要应用角点的对象: ↙

修剪图形如图 13.3 所示。

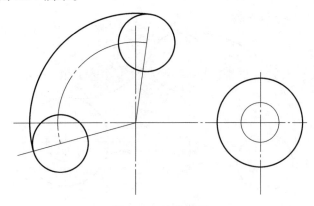

图 13.3　修剪图形

(5)倒圆角,如图 13.4 所示。

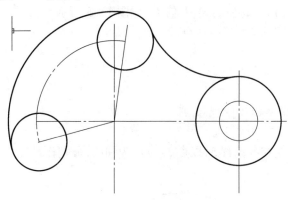

图 13.4　倒圆角

命令行提示:

命令:fillet

选择第一个对象或[放弃(U)/多段线(P)/半径(R)/修剪(T)/多个(M)]:R

指定圆角半径 <0.0000>:32

选择第一个对象或[放弃(U)/多段线(P)/半径(R)/修剪(T)/多个(M)]:

选择第二个对象,或按住 Shift 键选择要应用角点的对象:↙

(6)将水平中心线向下偏移 4,作一辅助线,并利用切点、切点、半径的方式绘制 R8 的圆。如图 13.5 所示。

命令行提示:

命令:offset

指定偏移距离或[通过(T)/删除(E)/图层(L)] <通过>:4↙

选择要偏移的对象,或[退出(E)/放弃(U)] <退出>:

指定要偏移的那一侧上的点,或[退出(E)/多个(M)/放弃(U)] <退出>:↙

命令:circle

指定圆的圆心或[三点(3P)/两点(2P)/切点、切点、半径(T)]:_ttr

指定对象与圆的第一个切点:

指定对象与圆的第二个切点:

指定圆的半径:8 ↙

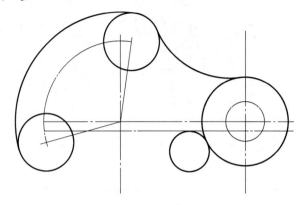

图 13.5　利用切点、切点、半径的方式绘制 R8 的圆

(7)作圆 R12 和圆 R8 的公切线,并修剪,如图 13.5 所示。

打开"对象捕捉"工具栏,捕捉切点。

命令行提示:

命令: line

指定第一点: _tan 到

指定下一点或[放弃(U)]: _tan 到

指定下一点或[放弃(U)]: ↙

(8)将 R32 圆弧左右各偏移 5,以点 3、点 4 为圆心,分别作半径为 R5 的 2 个圆,并修剪至完成,如图 13.6 所示。

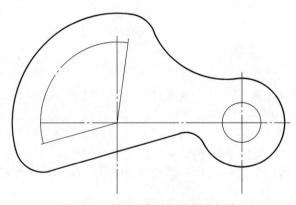

图 13.6　利用对象捕捉绘制公切线

13.2　精确绘图与图层管理

13.2.1　判断题

1.不能将保存为文件的图层状态同时调用到多个图形文件中。　　　　　　　　(　)

2. 关闭某个图层后,该层上的对象将被隐藏,而且不能被打印输出。　　　　　(　　)

3. 设置对象特性后,再设置该对象的图层特性,则该对象的特性也将被更改。

(　　)

4. 要使某个图层上的对象不能被编辑,但又需要显示在屏幕上,应该对该图层进行锁定操作。　　　　　　　　　　　　　　　　　　　　　　　　　　　　　(　　)

13.2.2　上机实践

按照第 12 章的方法创建并设置多个图层,然后将图层状态以"机械零件图标准图层"为名保存在本地磁盘(保存位置可以选择系统盘之外的分区),备以后调用。

13.3　文字输入与尺寸标注

13.3.1　判断题

1. 对于单个文字对象,执行 scaletext 或 scale 命令的效果相同。　　　　(　　)

2. 当前图形文件中已使用的文字样式不能被重命名和删除。　　　　　(　　)

3. 在文字编辑器中选中"2/3"后单击【堆叠特性】将创建出分数。　　　(　　)

4. 基线标注必须在已经进行了线性或角度标注的基础之上进行。　　　(　　)

5. 快速标注过程中的"基线"和"连续"选项分别与基线标注和连续标注功能等同,也需在已经进行了线性或角度标注的基础之上进行。　　　　　　　　　　(　　)

6. 形状公差都没有基准要求,位置公差都具有基准要求。　　　　　(　　)

7. 若要使用某个标注样式,必须首先将其置为当前方可使用。　　　(　　)

8. 关联标注可以使标注随着图形对象位置或度量值的变化而自动进行更正。

(　　)

13.3.2　上机实践

绘制如图 13.7 所示的图形。

作图步骤如下。

(1)作基准线,如图 13.8(a)所示。

(2)画圆及圆弧,如图 13.8(b)所示。

(3)经修剪后得图 13.8(c)。

(4)画外围部分的圆或圆弧和直线,如图 13.8(d)所示。

(5)经修剪后得图 13.8(e)。

(6)经倒圆角后得图 13.8(f)。

(7)绘制图形的上左半部,根据给出的尺寸作半径 $R9$ 的圆;通过偏移作与轴线间距为 14 的辅助线;再利用画圆命令的切点、切点、半径方式画左边的 $R60$ 和 $R18$ 的圆。如图 13.8(g)所示。

(8)分别利用修剪命令、镜像命令完成图形的上部,如图 13.8(h)所示。

(9)尺寸标注,绘图完成。

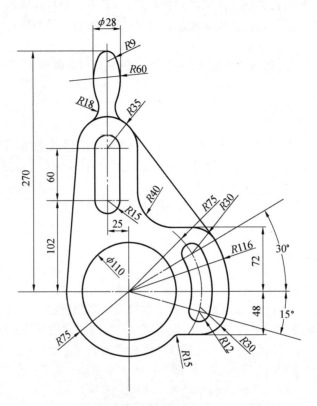

图 13.7　零件图 2

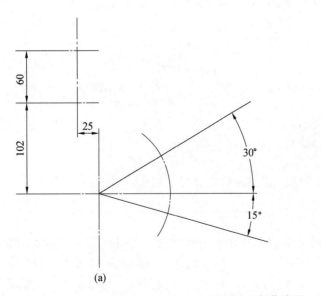

(a)

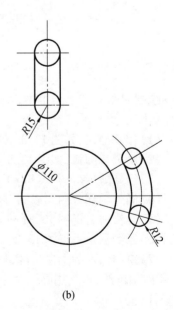

(b)

图 13.8　操作步骤

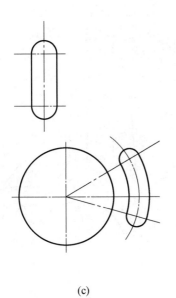

(c)

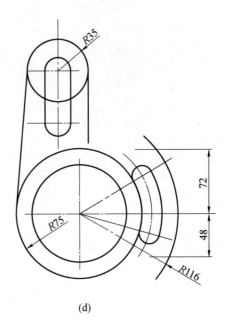

(d)

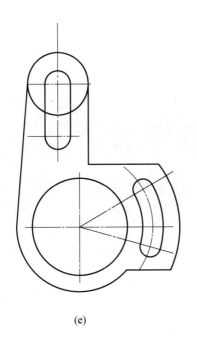

(e)

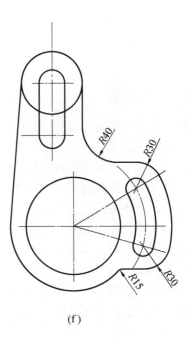

(f)

续图 13.8

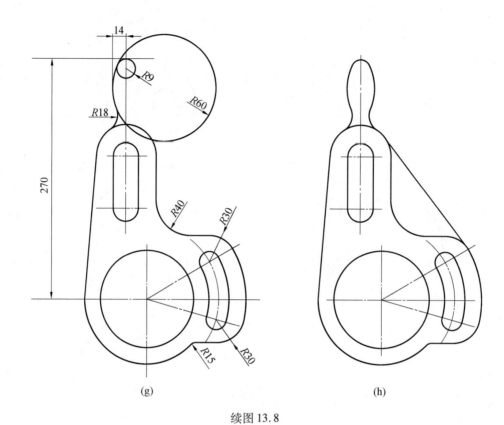

(g)   (h)

续图 13.8

13.4 图块和填充

13.4.1 判断题

1.关联图案填充后,填充图案会跟随填充边界的变化而变化。　　　　　(　　)

2.通过工具选项板填充的图案,不能对其进行各种编辑。　　　　　　(　　)

3.hatchedit 命令可以用来编辑图案填充。　　　　　　　　　　　　(　　)

4.在插入外部图块时,不能为图块指定缩放比例及旋转角度。　　　　(　　)

5.创建图块时,若没有为其指定基点,则系统会默认将图块左下角的点作为其插入基点。　　　　　　　　　　　　　　　　　　　　　　　　　(　　)

6.矩形、多段线、多边形及任何图块都可以使用 explode 命令进行分解,但直线、样条曲线、圆、圆弧、单行文字等对象不能被分解。　　　　　　　　　(　　)

7.保存为外部块的文件的后缀名为.dwg,因此,凡是.dwg 格式的图形文件均可作为外部块插入当前图形文件中。　　　　　　　　　　　　　　　(　　)

13.4.2 上机实践

绘制如图 13.9 所示的图形。

提示:利用圆的绘图命令中相切、相切、相切的方式,可以绘制出表面粗糙度 $\sqrt{}$ 的符号。

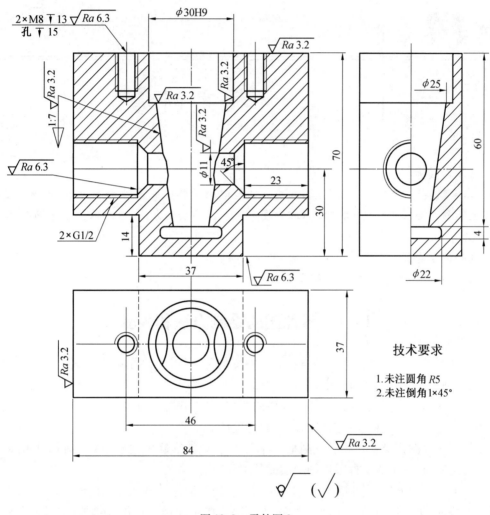

图 13.9　零件图 3

技术要求

1.未注圆角 R5
2.未注倒角1×45°

第**14**章

提 高 训 练

【学习目标】

本章以实际工程的一级减速器和虎钳的装配图及其中的零件绘制为例,介绍典型零件、装配图的绘制过程,使读者掌握零件图和装配图的绘制方法,达到融会贯通、举一反三的目的。

【知识要点】

常用 AutoCAD 基本命令的综合运用。

14.1　零件图的绘制方法和步骤

零件图是工程设计人员表达自己设计意图的工程设计"通用语言",其绘制需 2 个或 2 个以上视图表达。零件图是设计部门提交给生产部门的重要文件,它能准确反映出设计者的意图,并表达出机器或部件对零件的要求,也是制造和检验零件的依据。在绘制零件图时一定要考虑结构和制造的可能性和合理性。

绘制零件图正交多视图的规则是,视图的多少以能准确表达零件的所有信息为准。

在绘制时,一定要掌握零件图绘制的基本步骤。

(1)一定要分析所绘制零件的基本特征,包括外形尺寸的大小、图形的特点等,根据零件的特征,决定选用适当的样板文件,进而决定单位和尺寸比例。例如,如果图形外形尺寸过大,但结构较简单,图元过少,可将图形缩小到适当的比例(在用 AutoCAD 绘图过程中,零件图和装配图总是按照实际尺寸,按 1∶1 绘制,然后按绘图比例缩小或放大相应倍数,再放到相应样板文件中标注尺寸,标注尺寸时应进行相应设置,使标注尺寸为实际设计尺寸,在实际绘制中说明)。

(2)根据零件图的特点,一般绘制时首先确定零件的关键点,所谓的关键点是指通过这些点可确定多个尺寸,以达到简化绘图、提高效率的目的。一般首先绘制中心线,以确定关键点,这些关键点是绘制轮廓线的依据,有时准确确定关键点可达到事半功倍的效果。

(3)关键点确定后,就进入轮廓的绘制阶段。本阶段可根据零件图的特点,如是否对称,能否利用阵列命令绘制等,提高绘图效率,然后确定绘图的顺序,综合运用 AutoCAD

中所提供的各种绘图、编辑等工具绘图。如可利用偏移、阵列、移动等工具确定出零件各视图的轮廓线,然后对各视图进行详细的绘制、修改,删除多余的线段,添加倒角、倒圆角、剖面线等细节,按照零件的构造由外向内、由大到小绘图,以完成视图。

（4）完成了各视图的绘制后,须对绘制好的各视图进行尺寸标注,尺寸标注的方式应尽可能完整地表达零件信息。

（5）标注后,需完善技术要求或者完善标注信息（包括表面粗糙度、尺寸公差、形位公差、材料及其热处理和表面处理等）,填写标题栏等。

（6）细心校对全图,保存已完成绘制的零件图。

后面提到绘制零件图时,只讲零件图的绘制操作,其他步骤实例中不再赘述。

14.1.1　轴的绘制

轴类零件是机械中常见的零件,它的主要作用是支撑传动件,并通过传动件来实现旋转运动及传递转矩。轴类零件大多是同轴旋转体,可以利用基本的绘图命令来实现,也可利用图形的对称性绘制其中的一半,最后通过镜像命令来完成另一半。下面介绍轴的绘制过程,如图 14.1 所示。

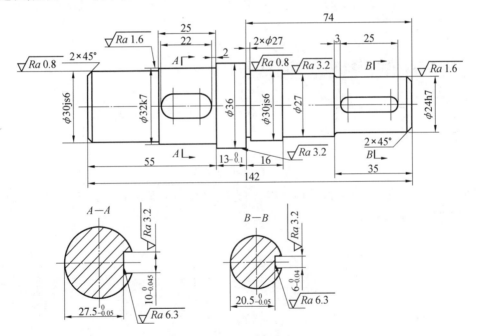

图 14.1　齿轮轴

该齿轮轴是由直线、圆和圆弧组成的,且结构是上下对称的,故可以用绘制直线命令、圆命令、延伸命令、倒圆角命令、倒角命令以及绘制圆弧命令画出一半图形,最后利用镜像命令实现全图。具体操作步骤如下。

（1）利用第 12 章所述步骤建立样板文件。

（2）利用直线命令按图 14.1 所示依次画出上半轮廓线。画直线时注意用鼠标给出直线的正确方向,键盘直接输入距离,将正交模式打开,最终绘制结果如图 14.2 所示。

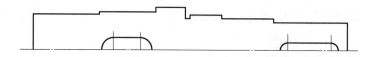

图 14.2　直线命令

（3）利用延伸命令对轴的每个台阶进行延伸,如图 14.3 所示。

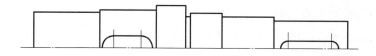

图 14.3　延伸命令

（4）利用倒角命令对两端进行 2×45°尺寸倒角,如图 14.4 所示。

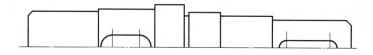

图 14.4　倒角命令

（5）绘制倒角线并修剪图形,如图 14.5 所示。

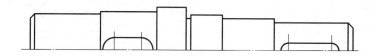

图 14.5　绘制倒角线

（6）利用倒圆角命令作如图 14.6 所示圆角,半径为 1.5 mm,修剪模式选"非修剪",操作后的效果如图 14.6 所示。

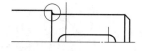

图 14.6　倒圆角命令

（7）利用修剪命令,将图 14.6 所示圆圈多余直线删除,操作后效果如图 14.7 所示。到此为止,将轴的一半绘制完成。

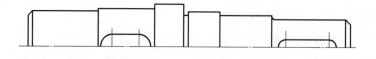

图 14.7　修剪命令

（8）利用镜像命令将中心线（轴心线）上方的图形进行镜像,结果如图 14.8 所示。

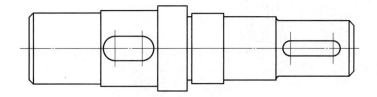

图 14.8 镜像命令

（9）绘制 2 个键槽剖面,如图 14.9 所示。

图 14.9 绘制键槽剖面

（10）利用块命令,将在模板文件中已经创建好的粗糙度符号插入图形的相应位置,如图 14.10 所示。

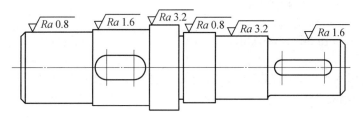

图 14.10 尺寸粗糙度

（11）标注尺寸,注意前缀和后缀及极限偏差等的标注。最终结果如图 14.1 所示。

14.1.2 齿轮的绘制

齿轮是盘盖类零件,结构比较复杂。盘盖类零件一般有沿周围分布的孔、槽等结构,常用主视图和其他视图结合起来表示这些结构的分布情况或形状。此类零件主要加工面是在车床上加工的,因此其主视图也按加工位置将轴线水平放置。

齿轮如图 14.11 所示,下面介绍绘制齿轮的基本步骤。

绘制之前,首先观察该零件图的特点,可以发现该图形基本是一个中心对称的图形,绘图时,只要绘制 1/4 图形,然后利用两次镜像命令,再根据图形局部做适当修改即可。

（1）利用第 12 章所述步骤建立样板文件。

（2）利用直线命令、倒角命令绘制左下角 1/4 部分,如图 14.12 所示。

（3）将该图形以垂直方向中心线为镜像线,进行一次镜像,如图 14.13 所示。

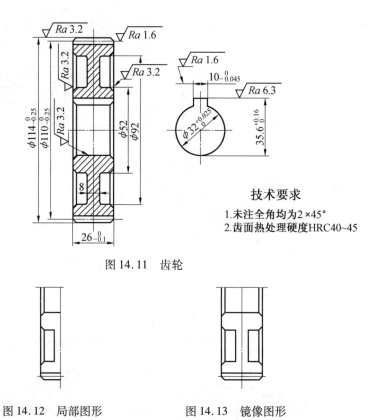

技术要求

1.未注全角均为2×45°
2.齿面热处理硬度HRC40~45

图 14.11　齿轮

图 14.12　局部图形　　　　图 14.13　镜像图形

（4）同理，以水平中心线为镜像线，进行第二次镜像，如图 14.14 所示。

（5）绘制右侧轴孔图形。注意：一定要注意和主视图的对应关系，如图 14.15 所示。

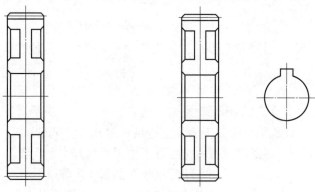

图 14.14　第二次镜像　　　　图 14.15　绘制轴孔

（6）按照视图的对应关系，修改主视图齿轮槽部分，修改后如图 14.16 所示。注意：A 点对应 B 直线；C 点对应 D 直线，将多余直线删除，并倒角。

（7）填充剖面线，填充后效果如图 14.17 所示。

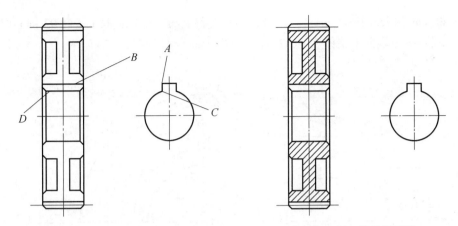

图 14.16 修改主视图   图 14.17 填充剖面线

（8）标注尺寸，注意前缀和后缀以及极限偏差等的标注。最终如图 14.18 所示。

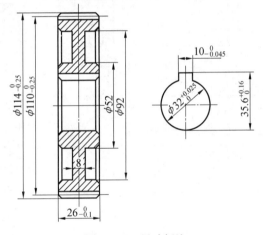

图 14.18 尺寸标注

（9）利用块命令，将在模板文件中已经创建好的粗糙度符号插入图形的相应位置，如图 14.11 所示。

（10）用多行文字输入技术条件，整个零件图完成，结果如图 14.11 所示。

14.1.3 箱体的绘制

箱体类零件是机器或部件的基础零件，它将机器或部件中的轴、套、齿轮等有关零件组装成一个整体，使它们之间保持正确的相互位置，并按照一定的传动关系协调地传递运动或动力。因此，其形状比较复杂，加工位置多变。在 AutoCAD 中绘制箱体类零件不仅可以掌握其绘制方法，而且可以巩固利用 AutoCAD 绘制零件图的技巧。

减速器箱体的绘制过程是二维图形比较典型的实例。下面以一级减速器的上箱体为例，介绍箱体类零件绘制的具体方法。减速器上箱体如图 14.19 所示。

（1）利用第 12 章所述步骤建立样板文件。

（2）将当前图层设置为中心线层，用直线命令绘制直线 L1、L2、L3，如图 14.20 所示（L1 和 L2 的间距为 70 mm）。然后选择偏移工具，将 L1 分别向右偏移 3 mm 和 22 mm，向左偏移

3 mm、40 mm、54 mm 和 67 mm;将 L2 分别向右偏移 3 mm、50 mm、84 mm 和 93 mm,向左偏移 3 mm;将 L3 分别向上偏移 7 mm、27 mm 和 67 mm,结果如图 14.20 所示。

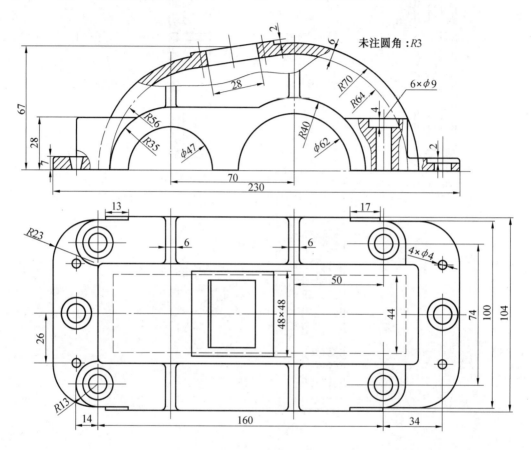

图 14.19　减速器上箱体

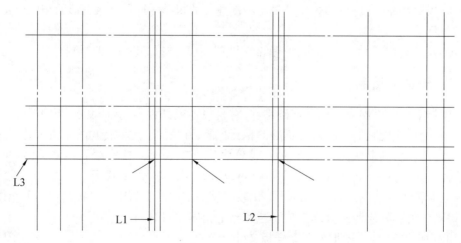

图 14.20　确定基准

（3）切换至粗实线层，选择圆工具以图 14.20 中箭头所指交点为圆心，按半径画圆如图 14.21 所示。其中，半径分别为 64 mm 和 56 mm 的两圆属于中心线层。

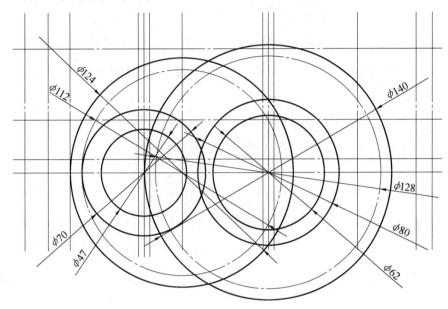

图 14.21　绘制圆

（4）利用直线命令绘制如图 14.22 所示的轮廓线。

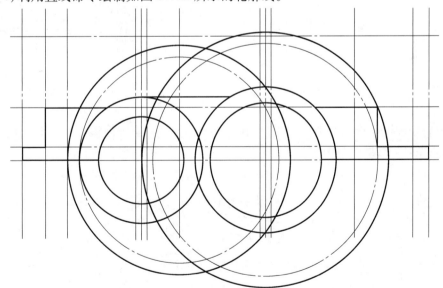

图 14.22　绘制轮廓线

（5）利用修剪和删除工具修剪并删除多余的线段和圆弧，结果如图 14.23 所示。

（6）利用直线的相切命令绘制与两圆相切的直线，然后设置当前图层为中心线层，利用直线命令并利用中点捕捉功能绘制辅助线，如图 14.24 所示。

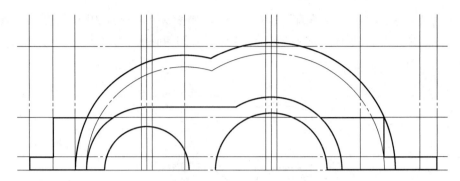

图 14.23　利用编辑命令去除多余图元

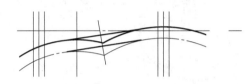

图 14.24　绘制直线

（7）切换至粗实线层,利用偏移工具对上方的直线向上偏移 2 mm,并利用直线命令填补两端的线段,利用删除命令删除多余的线段,结果如图 14.25 所示。

（8）选择偏移工具,将第(6)步绘制的中心线分别向左和向右偏移 14 mm 和 18 mm,并对其线型进行设置,图形的效果如图 14.26 所示。

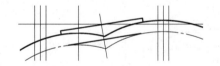

图 14.25　偏移和删除多余线段

图 14.26　利用偏移工具绘制图形

（9）将当前图层设置为细实线层,利用样条曲线命令,绘制波浪线,并修改暴露在外的图元的线型。结果如图 14.27 所示。

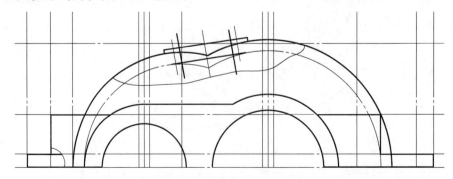

图 14.27　局部剖视绘制

（10）利用修剪、删除、打断和夹点的拉伸功能来修整、删除多余的线段,然后补上漏画的轮廓线,结果如图 14.28 所示。

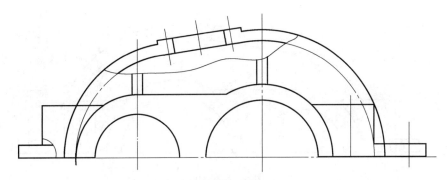

图 14.28　修改局部图形

（11）切换至剖面线层，选择填充命令，在"图案填充"选项板中设置结束后，在需要绘制剖面线的区域内单击鼠标，进行填充，结果如图 14.29 所示。

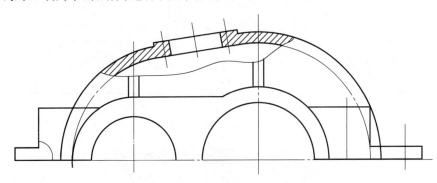

图 14.29　填充剖面线

（12）用同样的办法在其他需要剖开的部位绘制波浪线，具体的尺寸如图 14.19 所示，绘制结果如图 14.30 所示。

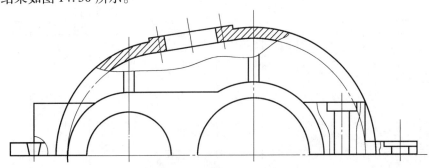

图 14.30　绘制波浪线

（13）利用圆角工具进行半径为 3 mm 的倒圆角，结果如图 14.31 所示。

（14）利用同第（11）步相同的方法绘制剖面线，结果如图 14.32 所示。

（15）将当前层设置为中心线层，利用直线命令绘制定位辅助线，如图 14.33 所示。

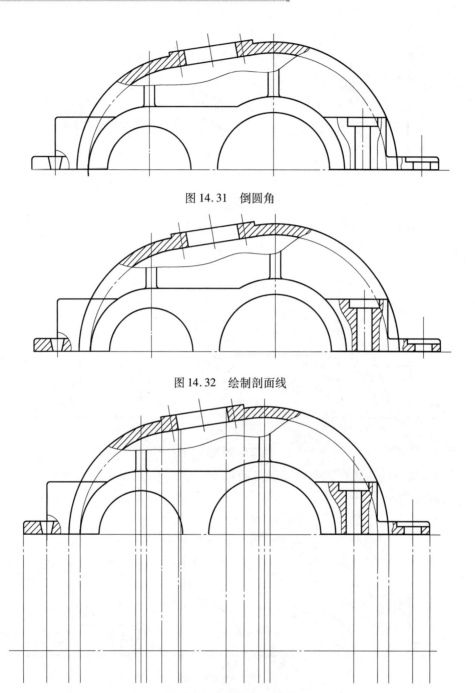

图 14.31　倒圆角

图 14.32　绘制剖面线

图 14.33　绘制定位辅助线

（16）利用偏移工具将图 14.33 中的水平中心线分别向上偏移 17 mm、22 mm、26 mm、37 mm、50 mm 和 52 mm，绘制的结果如图 14.34 所示。

（17）切换至粗实线层，选择圆和直线工具，参照图 14.19 的尺寸绘制轮廓线和圆，结果如图 14.35 所示。

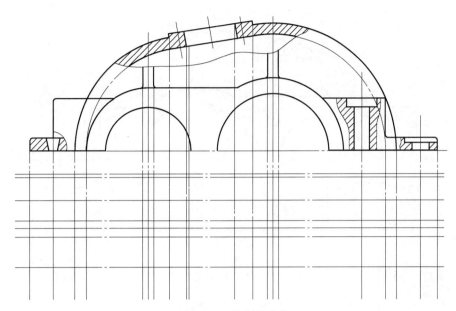

图 14.34 绘制轮廓线

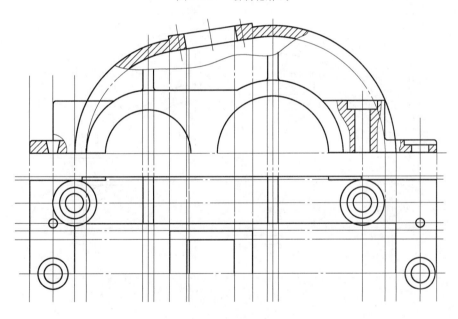

图 14.35 绘制轮廓线和圆

（18）利用修剪、打断、夹点的拉伸以及删除工具修剪并删除多余的线段,结果如图
14.36 所示。

（19）利用圆角命令,分别绘制半径为 23 mm 和 3 mm 的圆角,结果如图 14.37 所示。

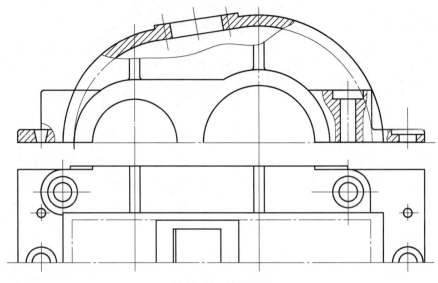

图 14.36　编辑图元

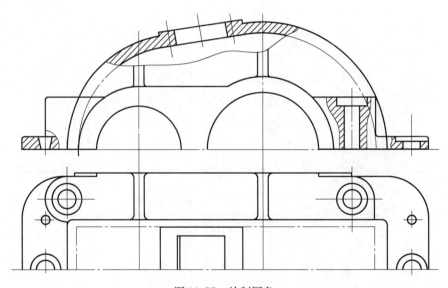

图 14.37　绘制圆角

（20）利用镜像工具，绘制俯视图轮廓线的另一半，结果如图 14.38 所示。

（21）利用删除命令，删除多余的圆（两端的小圆），如图 14.39 所示。

（22）将当前图层设置为标注层，选择标注工具进行标注，结果如图 14.19 所示。

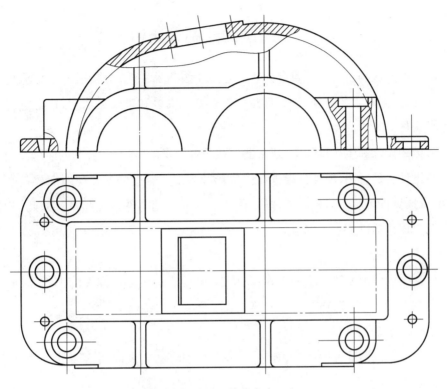

图 14.38 镜像命令

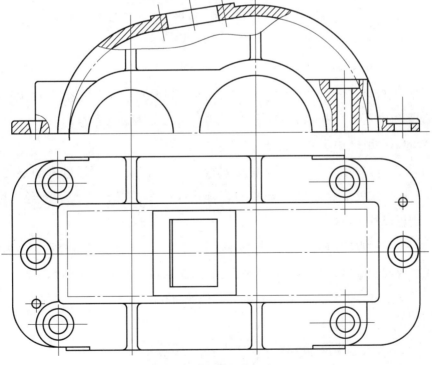

图 14.39 删除多余图元

14.2　装配图的绘制方法和步骤

装配图是机械制图的一个重要内容。它是了解机器结构、分析机器工作原理和功能的技术文件,是制定工艺规程,进行机器装配、检验、安装和维修的依据,也是进行技术交流的参考文件。

在机械的设计和生产过程中,通常要先按设计要求画装配图,合理的装配图应该能够准确反映设计者的意图,能够指导零部件生产和装配。然后根据装配图完成各个零件图的绘制,依据零件图制造出相应零件后,再按照装配图把零件装配起来。因此,一张完整的装配图应该包括以下主要内容。

(1)一组视图。

这些视图用各种表达方法来正确、完整、清晰地表达机器或部件的工作原理、各零件的装配关系、零件的连接方式、传动线路以及零件的主要结构形状等。

(2)必要的尺寸标注。

标注出表示机器部件的性能、规格,以及装配、检验、安装时所必要的一些尺寸、配合和位置关系等。

(3)技术要求。

用文字或符号说明机器或部件的一些非图形信息,包括零件的性能、装配和调整要求、验收条件、试验和使用规则等。

(4)标题栏、明细栏和零件序号。

装配图中,应该在标题栏中填写产品名称、比例以及责任人等内容,还必须对各种零件进行编号,并在明细栏中依次填写其序号、名称、数量和材料等信息。

在 AutoCAD 2022 中绘制装配图的一般步骤如下。

(1)按照第 12 章所述,选定相应标准模板文件,规范绘图环境,管理图层、线宽、线型、颜色、打印样式以及引线、文字样式、标注样式等。选择图纸、页面设置、绘制标题栏、零部件明细栏以及分配和布置视图。

(2)绘制各个视图和具体零件。应按照设计的步骤,先选定主要视图,大多为确定内部传动关系或配合较多的视图,一般是从内到外,即先画内部配合或传动关系,再确定外部箱体或其他附件。主要视图确定后,确定其他视图。

(3)标注尺寸和书写技术要求。

(4)书写标题栏和零件明细栏。

本章介绍的用 AutoCAD 2022 绘制装配图和通常在生产实际所应用的稍有差别,它是以所有的零件图作为参照绘制装配图,以期通过这个训练,让读者掌握绘制装配图的基本方法和步骤。下面以工业上常用的一级减速器为例,绘制装配图。

减速器是由安装在机体内的齿轮传动、蜗杆传动或二者组合而成的独立的传动装置,常用于原动机和工作机之间。减速器由于结构紧凑、效率高、使用维护简单,已在机械装置中得到广泛应用。下面以图 14.40 为例,绘制一级直齿圆柱齿轮减速器。

（1）利用第 12 章所述步骤建立样板文件。用 A0 图纸,并确定绘图比例为 1∶1。

（2）确定俯视图为主要视图,首先绘制俯视图。先绘制俯视图中的主要尺寸,即 2 个齿轮轴孔的中心线,如图 14.41 所示。

（3）绘制齿轮轴和轴,绘制结果如图 14.42 所示。

（4）绘制齿轮。注意齿轮全剖和齿轮轴局部剖视,齿轮的分度圆与齿轮轴的分度圆一定重合。绘制结果如图 14.43 所示。

（5）绘制轴系部件。有些轴系部件为标准件,需查阅手册得到相应尺寸。绘制结果如图 14.44 所示。

（6）绘制箱体,包括轮廓及其他相关信息。绘制时要综合运用绘图、编辑等命令。绘制结果如图 14.45 所示。

（7）俯视图完成后,根据俯视图的尺寸,画出主视图的中心线,确定主视图的位置如图 14.46 所示。

（8）主视图主要包括上箱体和下箱体及其一些附件,上箱体和下箱体的绘制步骤大同小异,按照 14.1.3 节绘制即可,在此不再赘述。绘制效果如图 14.47 所示。

（9）添加螺栓、螺母、窥视孔盖、游标等附件及局部剖视等,将该视图补充完全。注意在修改时,多利用修剪、延伸、镜像等常用编辑命令,以提高绘图速度。绘制后效果如图 14.48 所示。

（10）绘制 A 向和 B 向视图,如图 14.49 所示。

（11）标注外形尺寸及配合尺寸等相关尺寸,如图 14.50 所示。

（12）添加零件编号,如图 14.51 所示。

（13）填写零件明细栏和标题栏,如图 14.52 所示。

（14）保存,退出,完成整个图形的绘制。

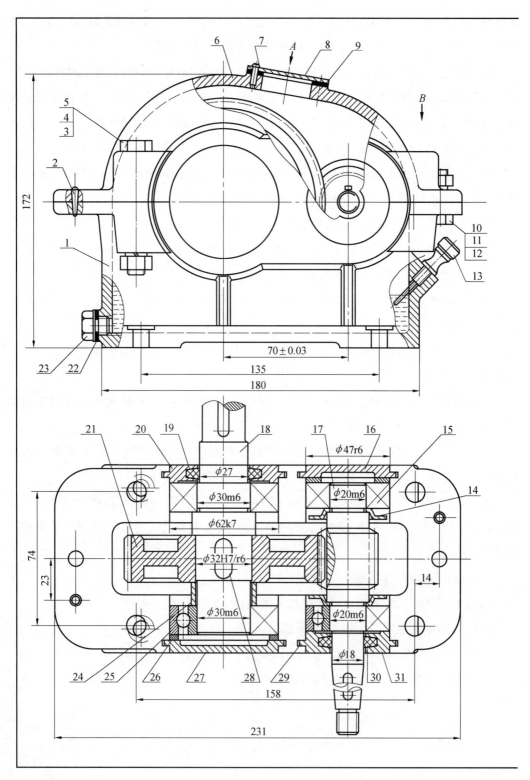

图 14.40 一级直齿

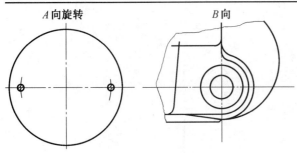

技术要求

1. 装配前，所有零件用煤油清洗，滚动轴承用汽油清洗，箱体与箱盖内不允许有任何杂物存在
2. 用涂色法检验着色面积不小于50%，必要时用研磨时修理
3. 检查减速器剖分面、各接触面及密封片，均不允许漏油
4. 箱体内装HJ－50润滑油至规定高度

序号	代　号	名　　称	数量	材　料	单件重量	总计重量	备注
31	JS－00－20	可通端盖	1	HT200			
30	JS－00－19	油封	1	毛毡			
29		滚动轴承 204	2				GB/T 276－2013
28		键 A10×7×20	1	45			GB/T 1096－2003
27	JS－00－18	端盖	1	HT200			
26	JS－00－17	调整环	1	Q235A			GB/T 276－2013
25		滚动轴承 206	2				
24	JS－00－16	调整套筒	1	Q235A			
23	JS－00－15	螺塞	1	Q235A			
22	JS－00－14	垫圈	1	石棉橡胶纸			
21	JS－00－13	输出齿轮	1	35SiMn			
20	JS－00－12	可通端盖	1	HT200			
19	JS－00－11	油封	1	毛毡			
18	JS－00－10	输出轴	1	45			
17	JS－00－09	输入齿轮轴	1	35SiMn			
16	JS－00－08	端盖	1	HT200			
15	JS－00－07	调整环	1	Q235A			
14	JS－00－06	挡油环	2	Q235A			
13	JS－00－05	油尺	1	Q235A			
12		垫圈8	2	65 Mn			GB/T 93－1987
11		螺母 M8	2	Q235A			GB/T 6170－2015
10		螺栓 M8×25	2	Q235A			GB/T 5782－2016
9	JS－00－04	垫片	1	石棉橡胶纸			
8	JS－00－03	视孔盖	1	Q235A			
7		半圆螺钉 M3×10	4	Q235A			GB/T 65－2016
6	JS－00－02	箱盖	1	HT200			
5		垫圈10	4	65 Mn			GB/T 97.1－2002
4		螺母 M10	4	Q235A			GB/T 6170－2015
3		螺栓 M10×68	4	Q235A			GB/T 5782－2016
2		销 4×18	2	45			GB/T 117－2000
1	JS－00－01	箱体	1	HT200			

标记	处理	分区	更改文件号	签名	年、月、日		（单位或学校）		
设计			标准化				**齿轮减速器**		
					阶段标记	重量	比例		
校对							1:1	JS－00－00	
审核			工艺		共10张	第 1 张			

圆柱齿轮减速器装配图

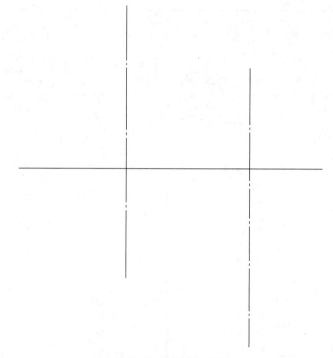

图 14.41　绘制中心线

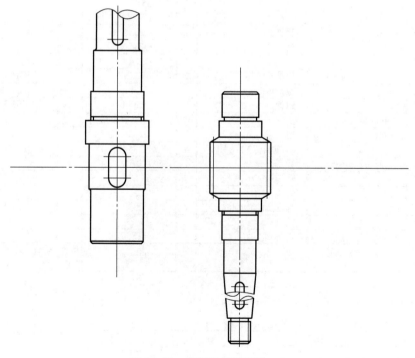

图 14.42　绘制齿轮轴和轴

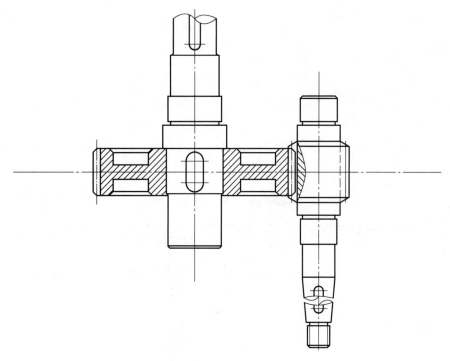

图 14.43　绘制齿轮

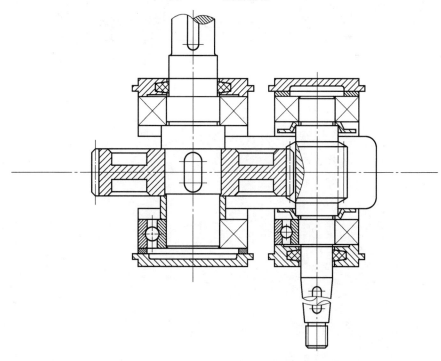

图 14.44　绘制轴系部件

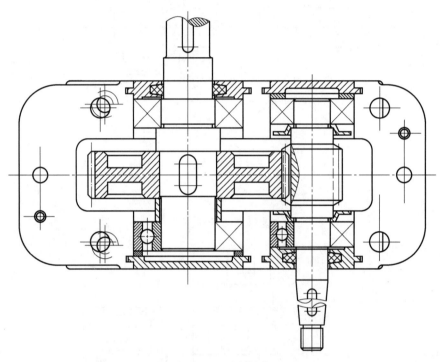

图 14.45　绘制箱体

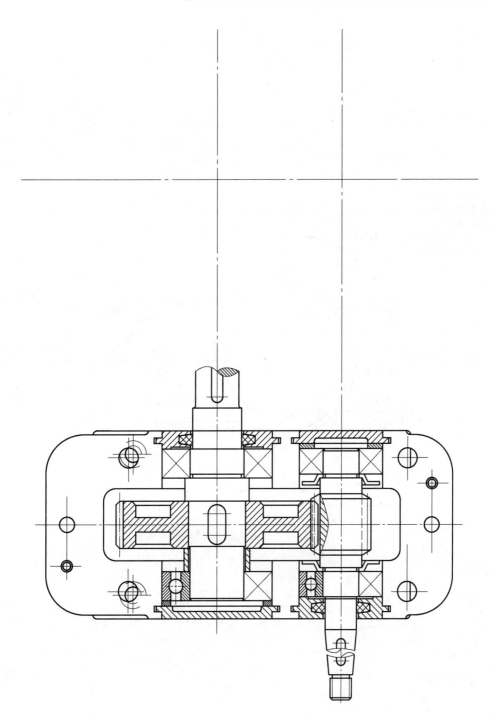

图 14.46 绘制主视图的中心线

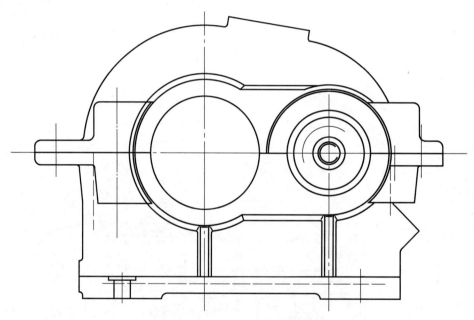

图 14.47　绘制上箱体和下箱体

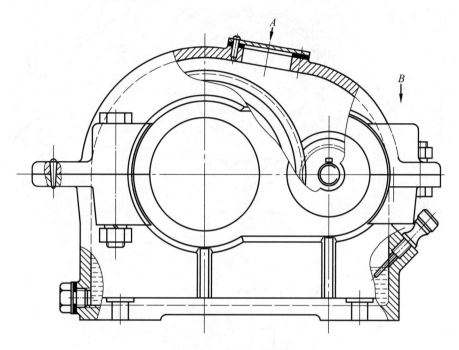

图 14.48 主视图完成图

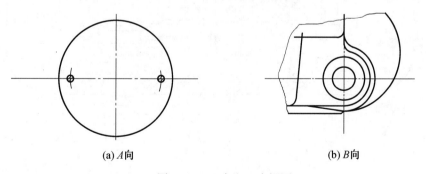

(a) *A* 向   (b) *B* 向

图 14.49 *A* 向和 *B* 向视图

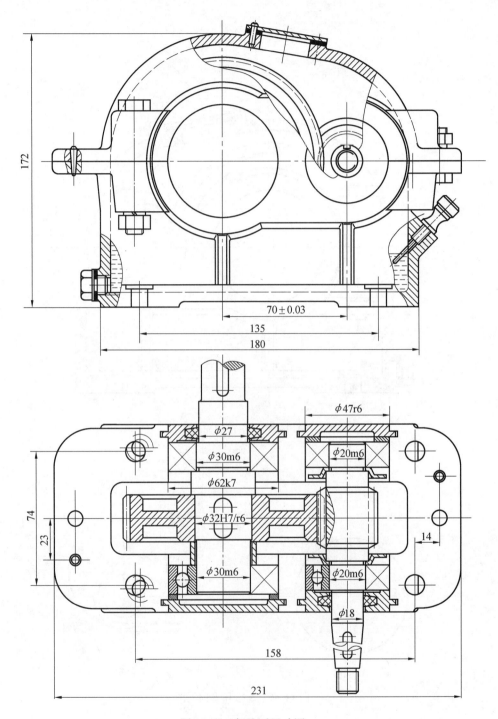

图 14.50　标注后尺寸图

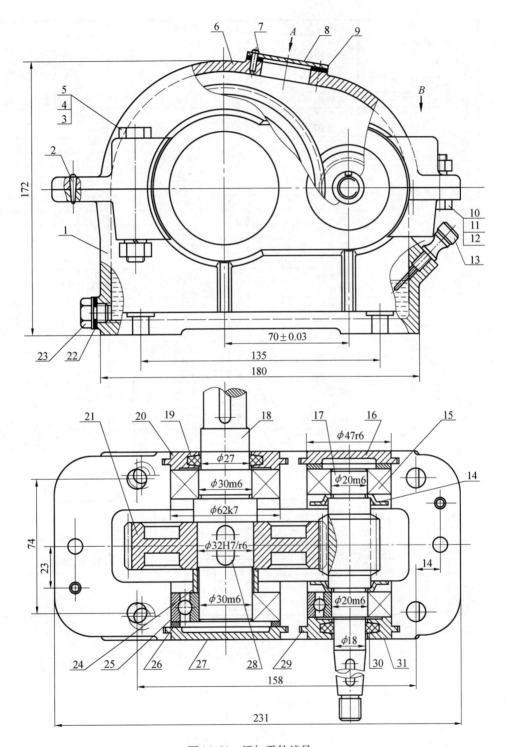

图 14.51　添加零件编号

序号	代 号	名 称	数量	材 料	单件 重量	总计 重量	备注
31	JS-00-20	可通端盖	1	HT200			
30	JS-00-19	油封	1	毛毡			
29		滚动轴承 204	2				GB/T 276-2013
28		键 A8×7×20	1	45			GB/T 1096-2003
27	JS-00-18	端盖	1	HT200			
26	JS-00-17	调整环	1	Q235A			GB/T 276-2013
25		滚动轴承 206	2				
24	JS-00-16	支撑环	1	Q235A			
23	JS-00-15	螺塞	1	Q235A			
22	JS-00-14	垫圈	1	石棉橡胶纸			
21	JS-00-13	齿轮	1	35SiMn			
20	JS-00-12	可通端盖	1	HT200			
19	JS-00-11	油封	1	毛毡			
18	JS-00-10	轴	1	45			
17	JS-00-09	齿轮轴	1	35SiMn			
16	JS-00-08	端盖	1	HT200			
15	JS-00-07	调整环	1	Q235A			
14	JS-00-06	挡油环	2	Q235A			
13	JS-00-05	油尺	1	Q235A			
12		垫圈8	2	65 Mn			GB/T 93-1987
11		螺母 M8	2	Q235A			GB/T 6170-2015
10		螺栓 M8×25	2	Q235A			GB/T 5782-2016
9	JS-00-04	垫片	1	石棉橡胶纸			
8	JS-00-03	视孔盖	1	Q235A			
7		半圆螺钉M3×10	2	Q235A			GB/T 65-2016
6	JS-00-02	机盖	1	HT200			
5		垫圈 10	4	65 Mn			GB/T 97.1-2002
4		螺母 M10	4	Q235A			GB/T 6170-2015
3		螺栓 M10×68	4	Q235A			GB/T 5782-2016
2		销 4×18	2	45			GB/T 117-2000
1	JS-00-01	机体	1	HT200			

标记	处理	分区	更改文件号	签名(年、月、日)			
设计			标准化		阶段标记	重量	比例
							1:1
审核					齿轮减速器		JS-00-00
工艺			工艺		共10张 第1张		

图 14.52 填写零件明细栏和标题栏

附　录

附录 1　常用命令及简写

附表 1　常用命令及简写

常用命令全称	简写	命令含义	备注
line	l	绘制直线	
ray		绘制射线	
xline	xl	绘制构造线	
rectang	rec	绘制矩形	
polygon	pol	绘制正多边形	
circle	c	绘制圆	
arc	a	绘制圆弧	
donut	do	绘制圆环	
ellipse	el	绘制椭圆	
ddptype	ddp	设置点的样式	
point	po	点的绘制方法	
divide	div	定数等分	
measure	me	定距等分	
mline	ml	绘制多线	
mlstyle	mls	设置多线样式	
pline	pl	绘制多段线	
pedit	pe	编辑多段线	
spline	spl	绘制样条曲线	
splinedit		编辑样条曲线	
erase	e	删除	
oops 或 undo	u	恢复上一次操作	
move	m	移动	
rotate	ro	旋转	
align	al	对齐	
copy	co、cp	复制	

续附表 1

常用命令全称	简写	命令含义	备注
array	ar	阵列	
offset	o	偏移	
mirror	mi	镜像	
trim	tr	修剪	
extend	ex	延伸	
scale	sc	缩放	
stretch	s	拉伸	
lengthen	len	拉长	
chamfer	cha	倒角	
fillet	f	圆角	
explode	x	分解	
break	b	打断	
properties	pr	特性	
matchprop	ma	特性匹配	
ucs	uc	创建坐标系	
ucsicon		坐标系的图标	
grid		栅格间距开关设置	
snap	Sn	捕捉开关设置	
ortho		正交开关设置	
osnap	os	对象捕捉设置	
dsettings	ds	自动捕捉设置	
ddosnap	ds	对象捕捉设置	
redraw		重新绘制	
regen		重新生成	
zoom	z	缩放视图	
pan	p	平移视图	
dist	di	查询距离	
measuregeom		查询面积	
id		查询点坐标	
layer	la	创建图层	

续附表 1

常用命令全称	简写	命令含义	备注
color	col	设置图层颜色	
linetype		设置线型比例	
lweight	lw	设置图层线宽	
laytrans		转换图层	
style	st	设置文字样式	
dtext	dt	单行文字输入与编辑	
ddedit		单行文字编辑或多行文字编辑	
mtext	t	多行文字输入	
tablestyle		创建与设置表格样式	
table		创建表格	
dimstyle	d	设置尺寸标注样式	
dimlinear	dli	线性尺寸标注	
dimaligned	dal	对齐尺寸标注	
dimbaseline	dba	基线尺寸标注	
dimcontinue	dco	连续尺寸标注	
dimradius	dra	半径尺寸标注	
dimdiameter	ddi	直径尺寸标注	
dimcenter	dce	圆心尺寸标注	
dimcangular	dan	角度尺寸标注	
dimordinate	dor	坐标尺寸标注	
qdim		快速尺寸标注	
qleader		引线尺寸标注	
dimspace		调整标注间距	
dimtedit		编辑标注文字	
dimoverride		尺寸变量替换	
dimedit		尺寸编辑	
tolerance		标注形位公差	
block	b	创建块	
insert	i	插入块	
attdef		定义块属性	

续附表 1

常用命令全称	简写	命令含义	备注
eattedit		编辑块属性	
region		使用面域命令	
boundary		使用边界命令	
union		并集运算	
subtract		差集运算	
intersect		交集运算	
bhatch	bh	图案填充	
hatchedit		编辑图案	
fill		控制图案填充的可见性	
group	g	相对组合	
view	V:	设置当前坐标	
	F1	切换帮助	
	F2	显示文本窗口	
	F3	对象捕捉开关	
	F4	数字化仪的开关	
	F5	切换等轴测平面	
	F6	动态 UCS 开关	
	F7	栅格开关	
	F8	正交开关	
	F9	捕捉开关	
	F10	极轴追踪开关	
	F11	对象捕捉追踪开关	
	F12	动态输入开关	

附录2　综合习题一

习题1

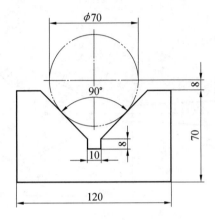

习题2

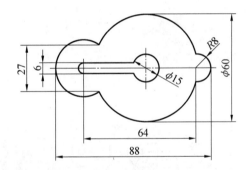

习题3

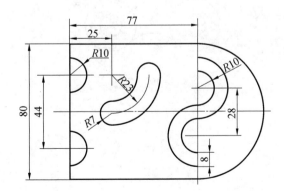

习题 4

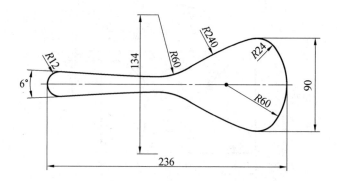

习题 5

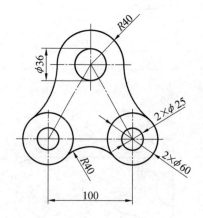

习题 6

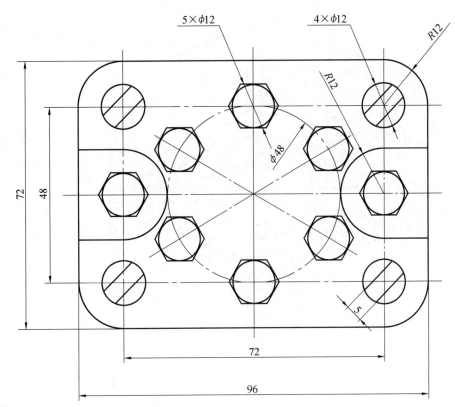

习题 7

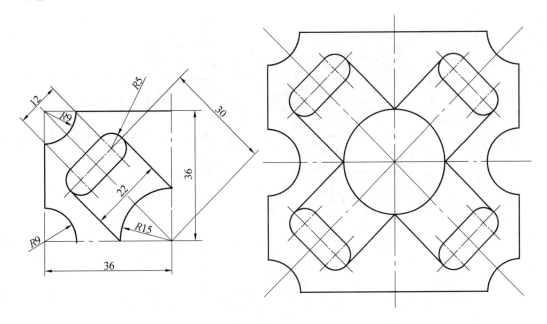

习题 8

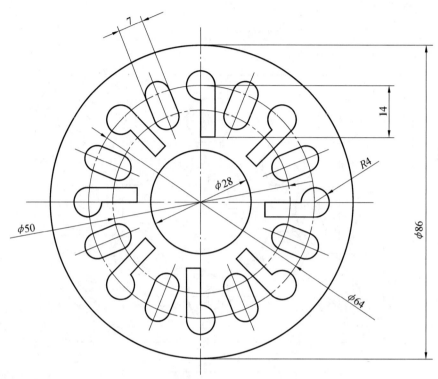

习题 9

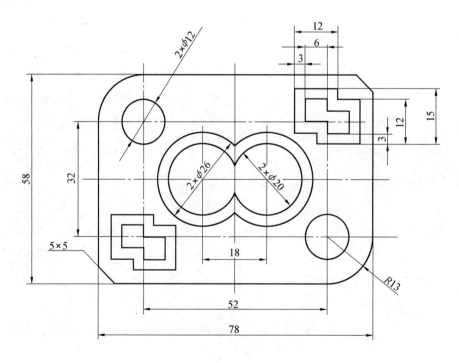

习题 10

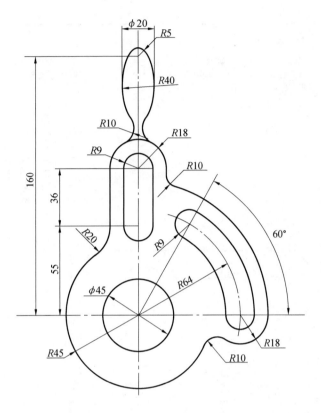

习题 11

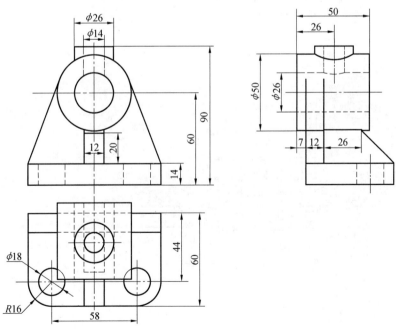

习题 12

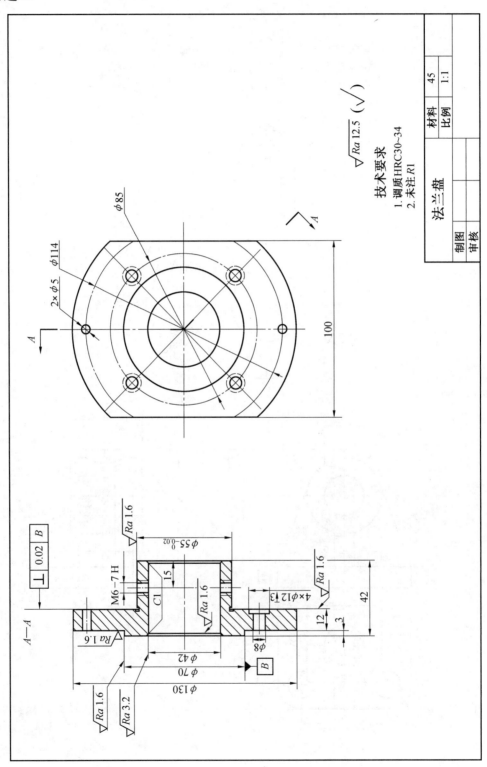

习题 13

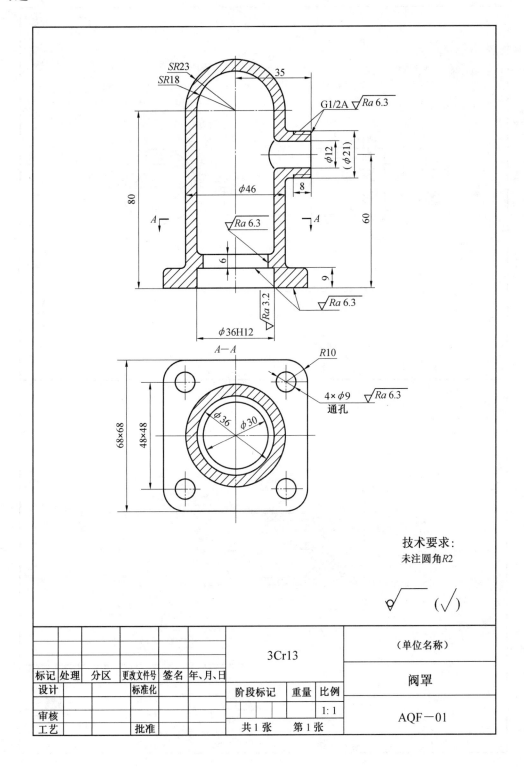

技术要求：
未注圆角R2

标记	处理	分区	更改文件号	签名	年、月、日	3Cr13			（单位名称）
设计			标准化						阀罩
						阶段标记	重量	比例	
审核								1：1	AQF－01
工艺			批准			共1张　　第1张			

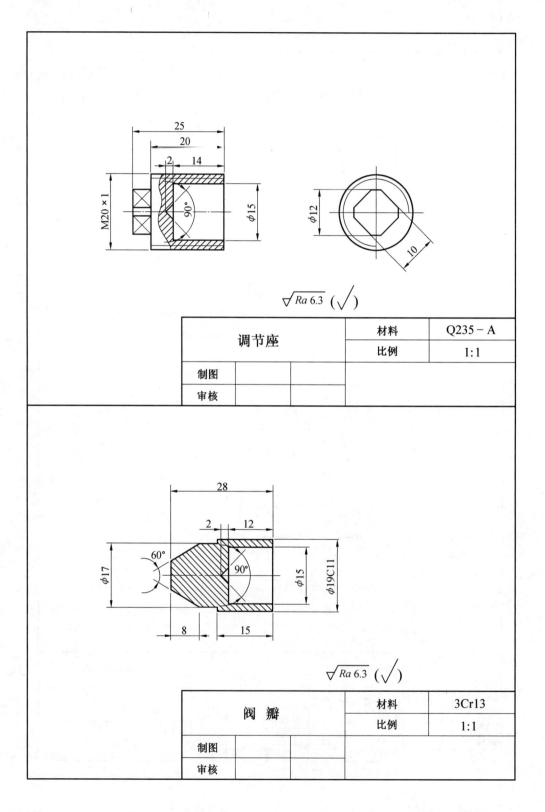

调节座		材料	Q235−A
		比例	1:1
制图			
审核			

阀　瓣		材料	3Cr13
		比例	1:1
制图			
审核			

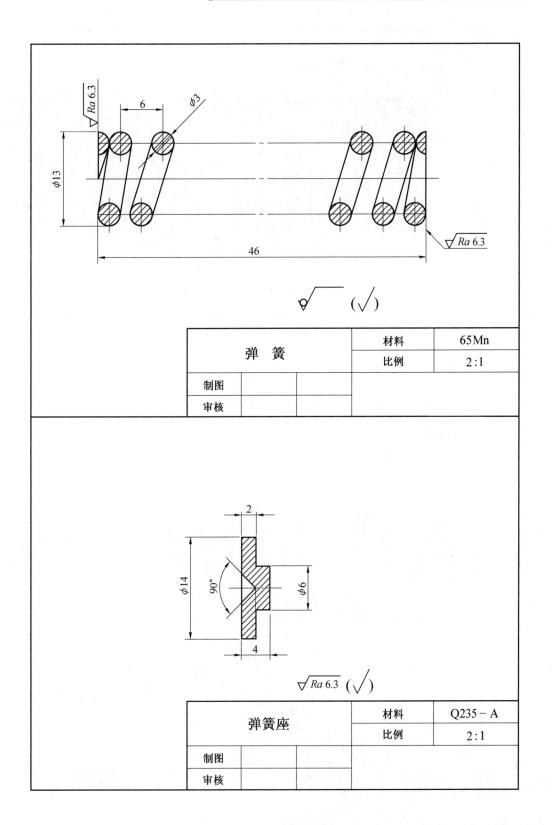

弹　簧	材料	65Mn
	比例	2：1
制图		
审核		

弹簧座	材料	Q235－A
	比例	2：1
制图		
审核		

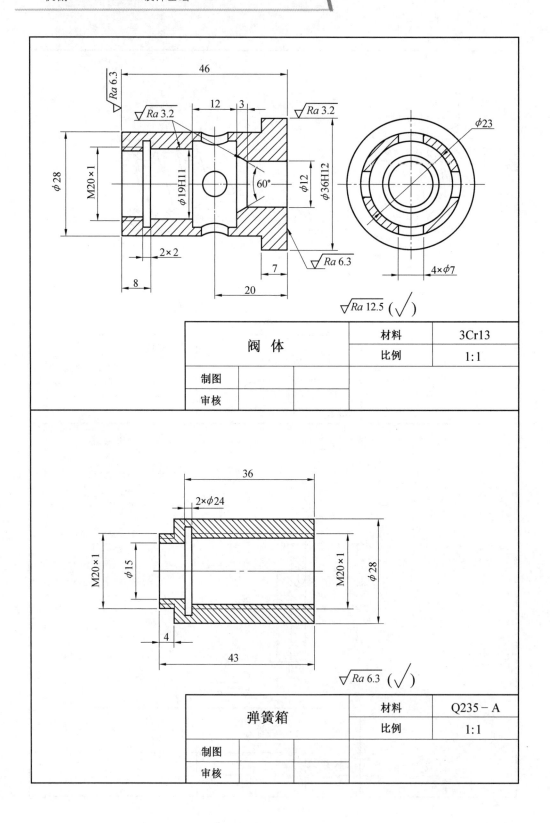

阀 体	材料	3Cr13
	比例	1:1
制图		
审核		

弹簧箱	材料	Q235 − A
	比例	1:1
制图		
审核		

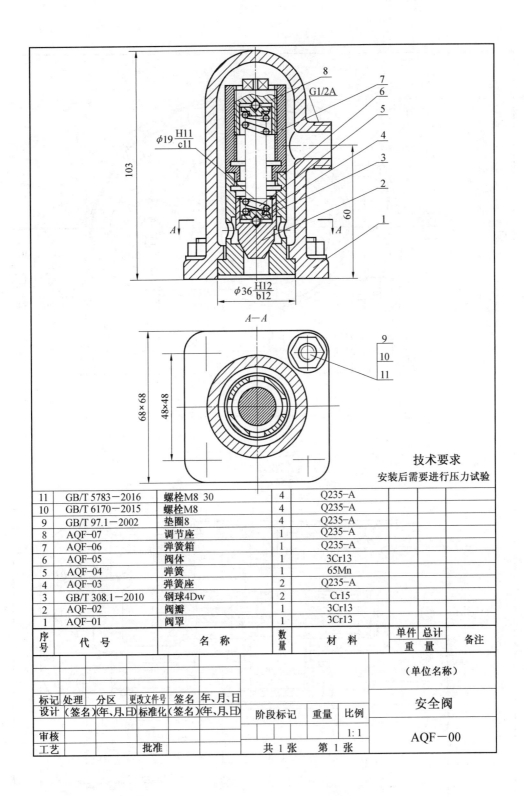

技术要求
安装后需要进行压力试验

11	GB/T 5783－2016	螺栓M8 30	4	Q235－A		
10	GB/T 6170－2015	螺栓M8	4	Q235－A		
9	GB/T 97.1－2002	垫圈8	4	Q235－A		
8	AQF－07	调节座	1	Q235－A		
7	AQF－06	弹簧箱	1	Q235－A		
6	AQF－05	阀体	1	3Cr13		
5	AQF－04	弹簧	1	65Mn		
4	AQF－03	弹簧座	2	Q235－A		
3	GB/T 308.1－2010	钢球4Dw	2	Cr15		
2	AQF－02	阀瓣	1	3Cr13		
1	AQF－01	阀罩	1	3Cr13		
序号	代　号	名　称	数量	材　料	单件　总计 重　量	备注

					(单位名称)	
标记	处理	分区	更改文件号	签名	年、月、日	安全阀
设计	(签名)	(年、月、日)	标准化	(签名)	(年、月、日)	
审核				阶段标记	重量	比例
工艺			批准			1:1
				共 1 张　第 1 张		AQF－00

习题 14

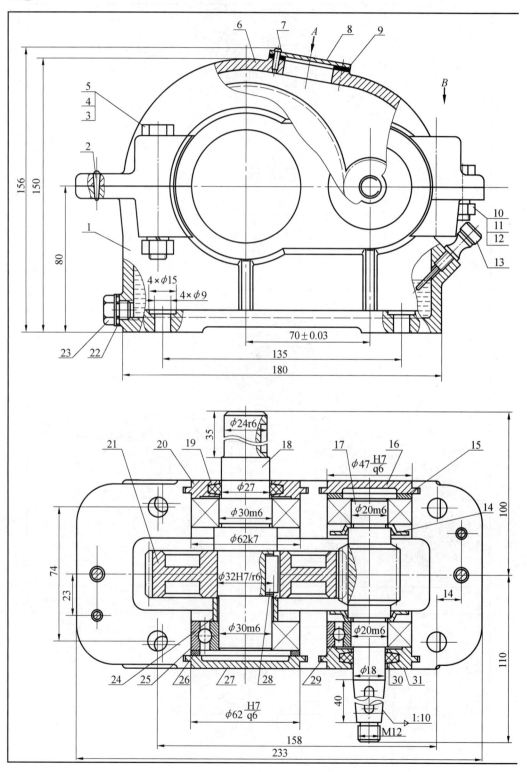

序号	代 号	名 称	数量	材 料	单件重量	总计重量	备 注
31	JS-00-20	可通端盖	1	HT200			
30	JS-00-19	油封	1	毛毡			
29		滚动轴承 204	2				GB/T 276－2013
28		键 A10×7×20	1	45			GB/T 1096－2013
27	JS-00-18	端盖	1	HT200			
26	JS-00-17	调整环	1	Q235A			GB/T 276－2013
25		滚动轴承 206	2				GB/T 276－2013
24	JS-00-16	调整套筒	1	Q235A			
23	JS-00-15	螺塞	1	Q235A			
22	JS-00-14	垫圈	1	石棉橡胶纸			
21	JS-00-13	齿轮	1	35SiMn			
20	JS-00-12	可通端盖	1	HT200			
19	JS-00-11	油封	1	毛毡			
18	JS-00-10	输出轴	1	45			
17	JS-00-09	输入齿轮轴	1	35SiMn			
16	JS-00-08	端盖	1	HT200			
15	JS-00-07	调整环	1	Q235A			
14	JS-00-06	挡油环	2	Q235A			
13	JS-00-05	油尺	1	Q235A			
12		垫圈8	2	65 Mn			GB/T 93－1987
11		螺母 M8	2	Q235A			GB/T 6170－2015
10		螺栓 M8×25	2	Q235A			GB/T 5782－2016
9	JS-00-04	垫片	1	石棉橡胶纸			
8	JS-00-03	视孔盖	1	Q235A			
7		半圆螺钉M3×10	2	Q235A			GB/T 65－2000
6	JS-00-02	箱盖	1	HT200			
5		垫圈10	4	65 Mn			GB/T 97.1－2002
4		螺母 M10	4	Q235A			GB/T 6170－2015
3		螺栓 M10×68	4	Q235A			GB/T 5782－2016
2		销 4×18	2	45			GB/T 117－2000
1	JS-00-01	箱体	1	HT200			

标记	处理	分区	更改文件号	签名	年、月、日			（单位或学校）	
设计			标准化			阶段标记	重量	比例	齿轮减速器
								1:1	
校对						共1张	第1张		JS-00-00
审核			工艺						

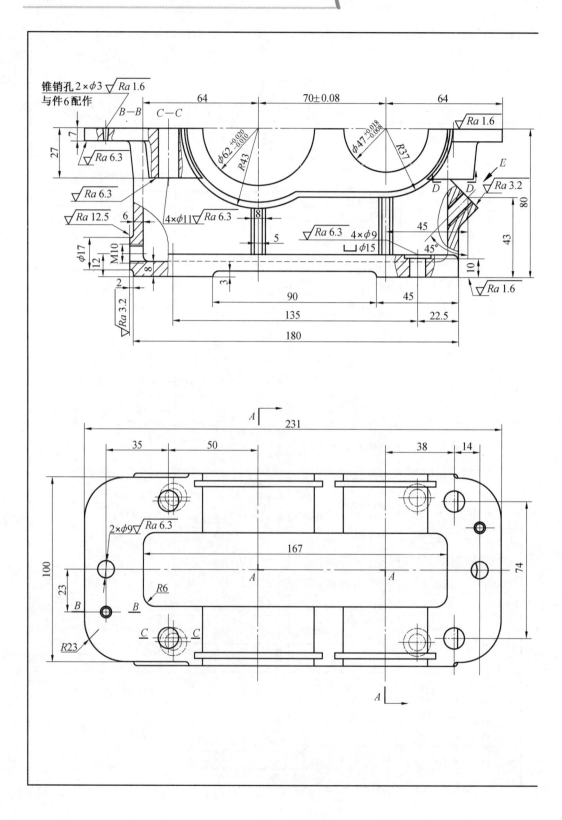

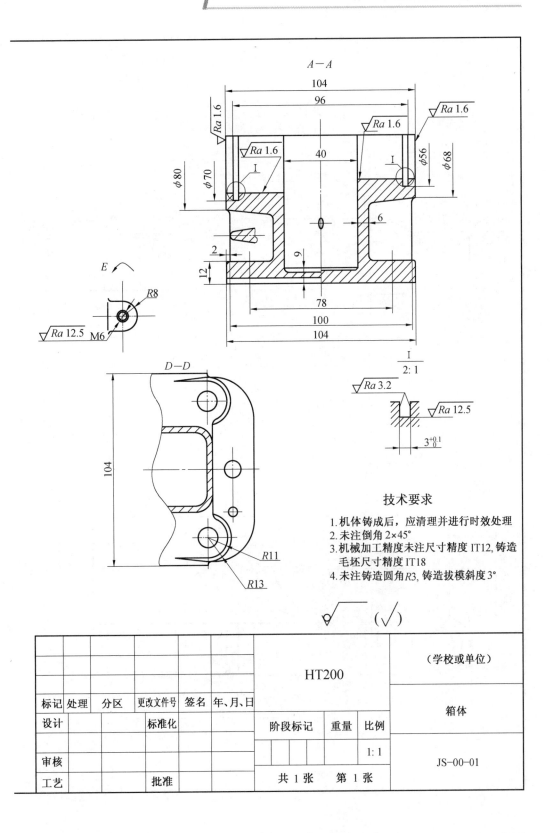

$A-A$

技术要求

1. 机体铸成后, 应清理并进行时效处理
2. 未注倒角 2×45°
3. 机械加工精度未注尺寸精度 IT12, 铸造毛坯尺寸精度 IT18
4. 未注铸造圆角 $R3$, 铸造拔模斜度 3°

标记	处理	分区	更改文件号	签名	年、月、日	HT200			（学校或单位）
设计			标准化						箱体
						阶段标记	重量	比例	
审核								1:1	JS-00-01
工艺			批准			共 1 张　　第 1 张			

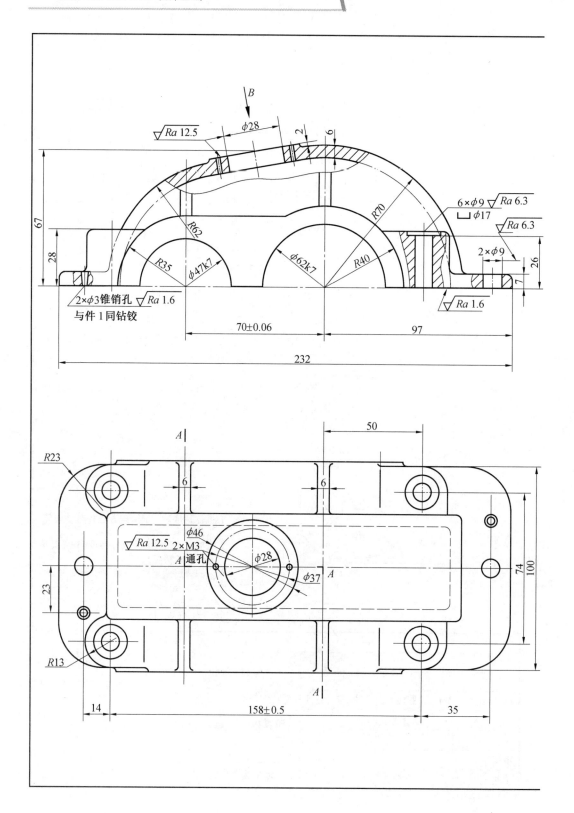

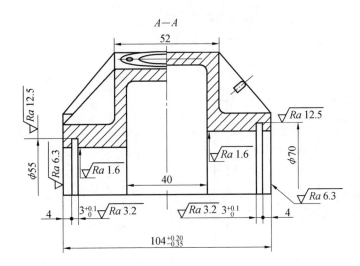

$A-A$

技术要求

1. 箱盖铸成后，应清理并进行时效处理
2. 未注倒角 2×45°
3. 机械加工精度未注尺寸精度 IT12, 铸造
   毛坯尺寸精度 IT18
4. 未注铸造圆角 $R3$, 铸造拔模斜度 3°

 (√)

标记	处理	分区	更改文件号	签名	年、月、日				（单位或学校）
						HT200			箱　盖
设计			标准化			阶段标记	重量	比例	
审核								1：1	JS-00-02
工艺			工艺			共 1 张　第 1 张			

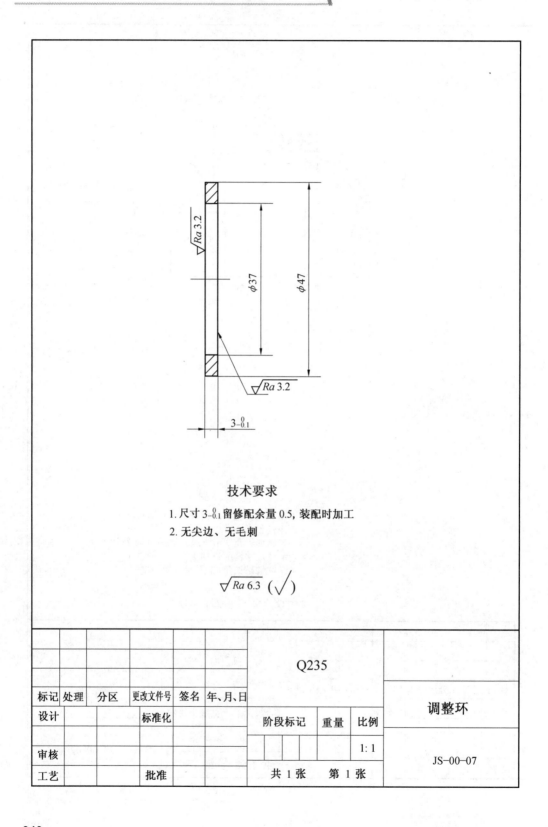

技术要求

1. 尺寸 $3_{-0.1}^{0}$ 留修配余量 0.5, 装配时加工
2. 无尖边、无毛刺

$\sqrt{Ra\,6.3}\left(\sqrt{}\right)$

标记	处理	分区	更改文件号	签名	年、月、日	Q235			调整环	
设计			标准化			阶段标记	重量	比例		
审核								1:1	JS-00-07	
工艺			批准			共 1 张 第 1 张				

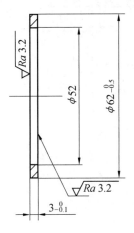

技术要求

1. 尺寸 $3_{-0.1}^{0}$ 留修配余量 0.5，装配时加工
2. 无尖边、无毛刺

$\sqrt{Ra\,6.3}\ \left(\sqrt{\ }\right)$

标记	处理	分区	更改文件号	签名	年、月、日	Q235A			调整环
设计			标准化			阶段标记	重量	比例	
审核								1∶1	JS-00-17
工艺			批准			共 1 张　　第 1 张			

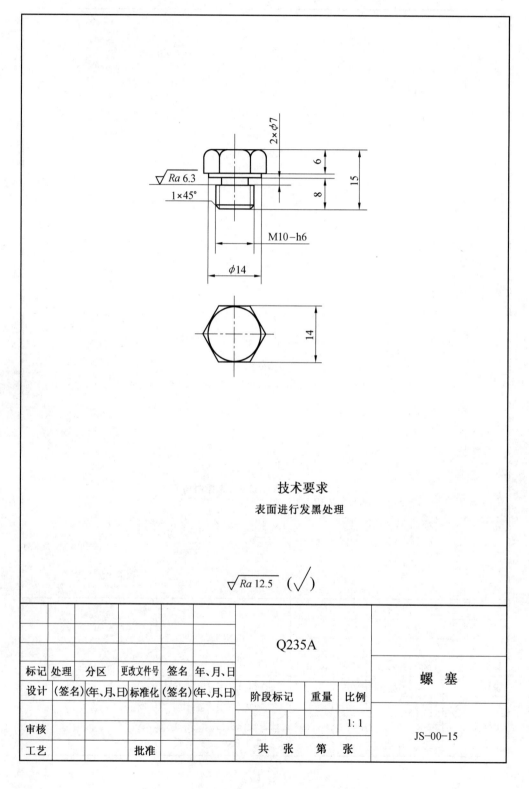

技术要求
表面进行发黑处理

$\sqrt{Ra\,12.5}$ $(\sqrt{})$

						Q235A				螺 塞
标记	处理	分区	更改文件号	签名	年、月、日					
设计	(签名)	(年、月、日)	标准化	(签名)	(年、月、日)	阶段标记	重量	比例		
								1:1	JS-00-15	
审核						共　张　第　张				
工艺			批准							

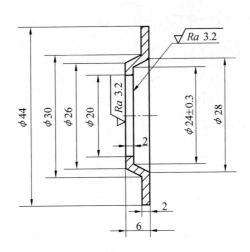

技术要求

1. 外表面进行发黑处理
2. 未注圆角$R1$

$\sqrt{Ra\ 6.3}\ (\sqrt{\ })$

标记	处理	分区	更改文件号	签名	年、月、日				Q235A		
设计			标准化								
						阶段标记	重量	比例	挡油环		
审核								1:1			
工艺			批准			共 1 张	第 1 张		JS-00-06		

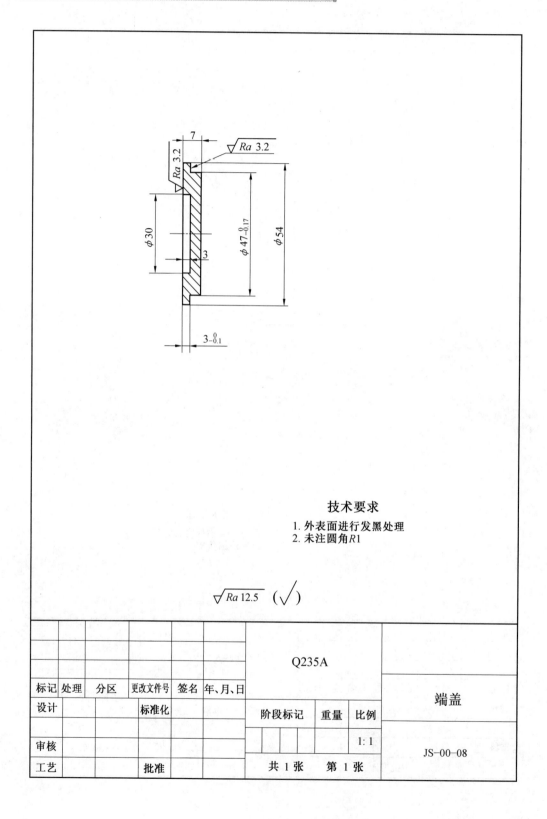

技术要求

1. 外表面进行发黑处理
2. 未注圆角 $R1$

$\sqrt{Ra\,12.5}$ $\left(\sqrt{}\right)$

标记	处理	分区	更改文件号	签名	年、月、日		Q235A				端盖
设计			标准化				阶段标记		重量	比例	
审核										1:1	JS-00-08
工艺			批准				共 1 张		第 1 张		

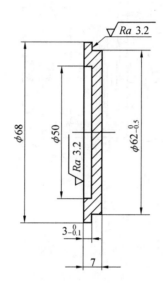

技术要求

1. 外表面进行发黑处理
2. 未注圆角 $R0.5$

$\sqrt{Ra\ 12.5}$ $\left(\sqrt{}\right)$

标记	处理	分区	更改文件号	签名	年、月、日				Q235A	
设计			标准化			阶段标记	重量	比例	端盖	
审核								1：1	JS-00-18	
工艺			批准			共 1 张	第 1 张			

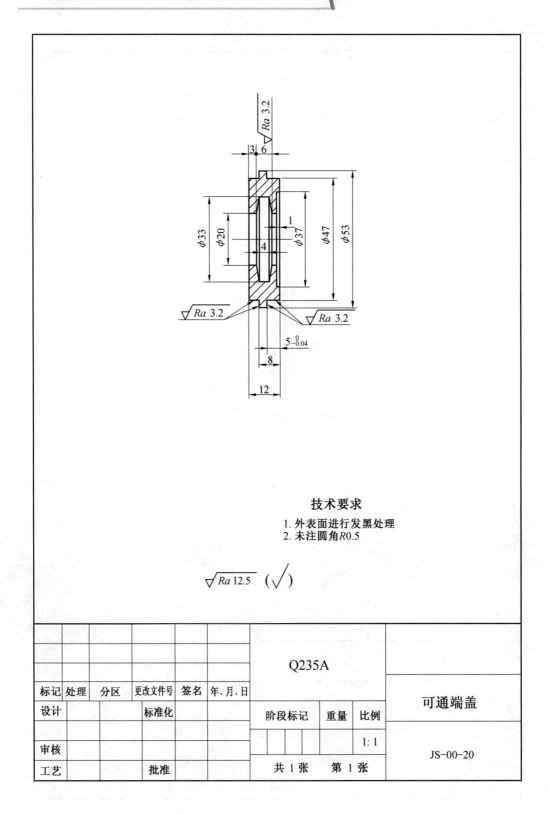

技术要求

1. 外表面进行发黑处理
2. 未注圆角 $R0.5$

$\sqrt{Ra\ 12.5}$ $\left(\sqrt{} \right)$

标记	处理	分区	更改文件号	签名	年、月、日				Q235A	
设计			标准化						可通端盖	
						阶段标记	重量	比例		
审核								1:1	JS-00-20	
工艺			批准			共 1 张	第 1 张			

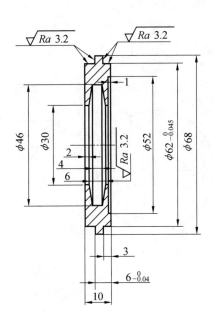

技术要求

1. 表面进行发黑处理
2. 未注圆角 $R0.5$

$\sqrt{Ra\ 12.5}\ \left(\sqrt{\ }\right)$

标记	处理	分区	更改文件号	签名	年、月、日	Q235A			
设计			标准化						可通端盖
						阶段标记	重量	比例	
审核								1：1	JS—00—12
工艺			批准			共 1 张		第 1 张	

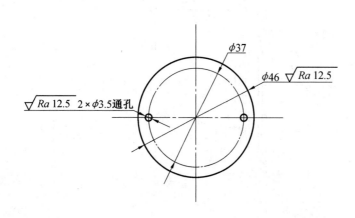

技术要求

1. 表面进行发黑处理
2. 未注倒角0.5×45°

标记	处理	分区	更改文件号	签名	年、月、日		Q235A			视孔盖
设计			标准化				阶段标记	重量	比例	
审核									1：1	JS—00—03
工艺			批准				共 1 张		第 1 张	

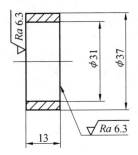

技术要求
1. 未注倒角0.5×45°
2. 表面进行发黑处理

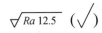

标记	处理	分区	更改文件号	签名	年、月、日				
设计			标准化						调整套筒
						阶段标记	重量	比例	
审核								1∶1	JS-00-16
工艺			批准			共 1 张　第 1 张			

15

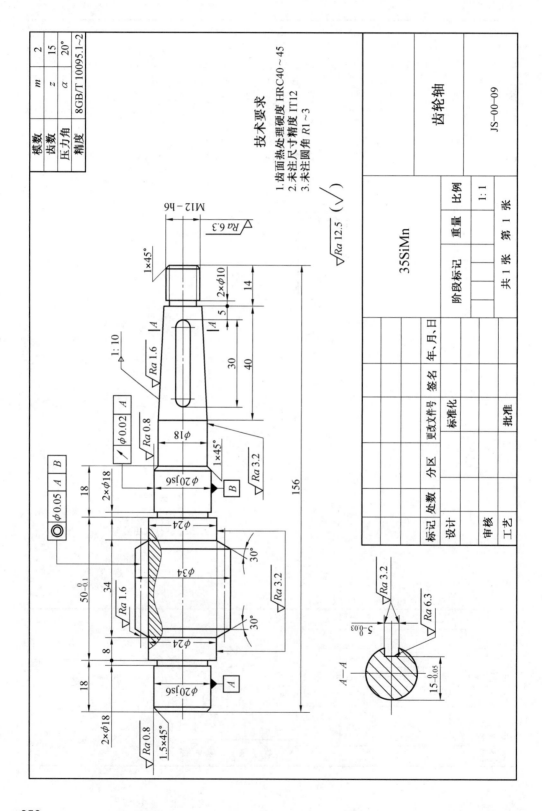

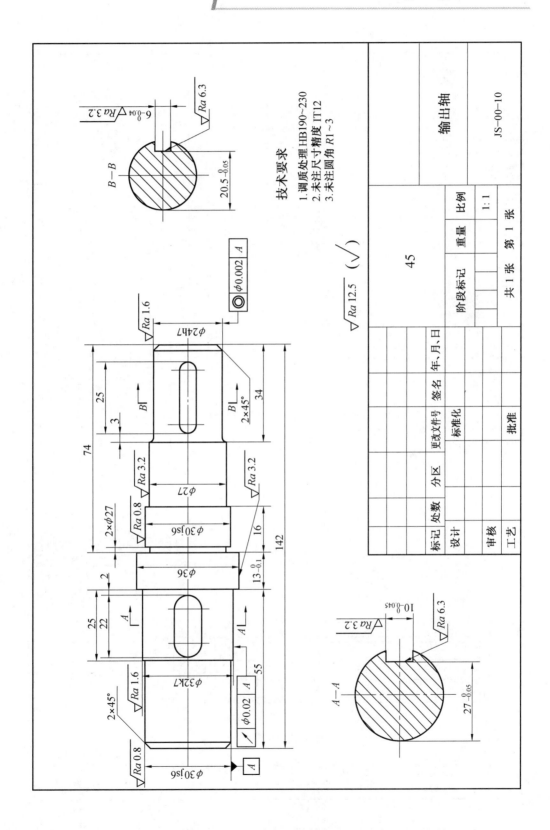

技术要求
1. 调质处理 HB190~230
2. 未注尺寸精度 IT12
3. 未注圆角 R1~3

$\sqrt{Ra\ 12.5}$ ($\sqrt{}$)

45

			阶段标记		重量	比例
						1:1
			共 1 张		第 1 张	

输出轴

JS—00—10

标记	处数	分区	更改文件号	签名	年、月、日		
设计							
审核			标准化			
工艺			批准			

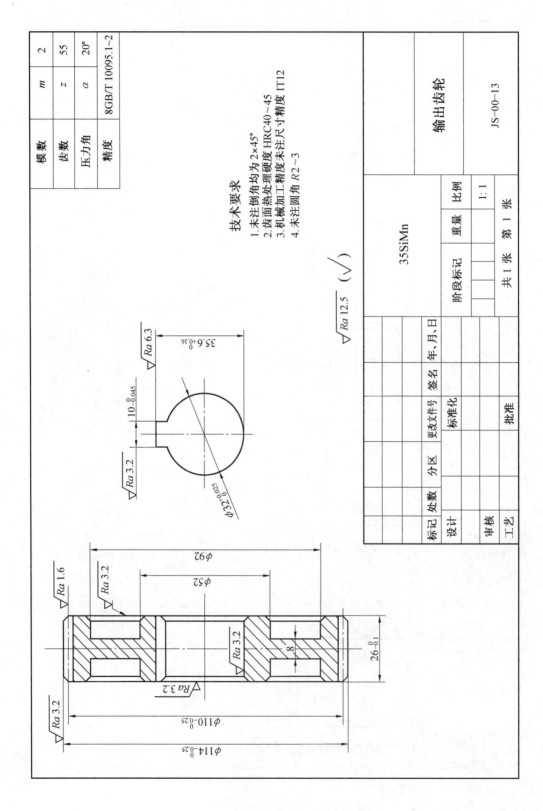

模数	m	2
齿数	z	55
压力角	α	20°
精度	8GB/T 10095.1~2	

技术要求

1. 未注倒角均为 2×45°
2. 齿面热处理硬度 HRC40~45
3. 机械加工精度未注尺寸精度 IT12
4. 未注圆角 R2~3

$\sqrt{Ra\ 12.5}$ ($\sqrt{\ }$)

							输出齿轮		
							JS-00-13		
						35SiMn	阶段标记	重量	比例
									1:1
								共 1 张 第 1 张	
标记	处数	分区	更改文件号	签名	年,月,日				
设计									
审核		标准化							
工艺		批准							

$\sqrt{Ra\ 6.3}$

$35.6^{+0.16}_{0}$

$10^{0}_{-0.045}$

$\sqrt{Ra\ 3.2}$

$\phi 32^{+0.025}_{0}$

$\sqrt{Ra\ 1.6}$

$\sqrt{Ra\ 3.2}$

$\phi 92$

$\phi 52$

$\sqrt{Ra\ 3.2}$

8

$26^{0}_{-0.1}$

$\sqrt{Ra\ 3.2}$

$\phi 110^{0}_{-0.25}$

$\sqrt{Ra\ 3.2}$

$\phi 114^{0}_{-0.25}$

附录3　综合习题二

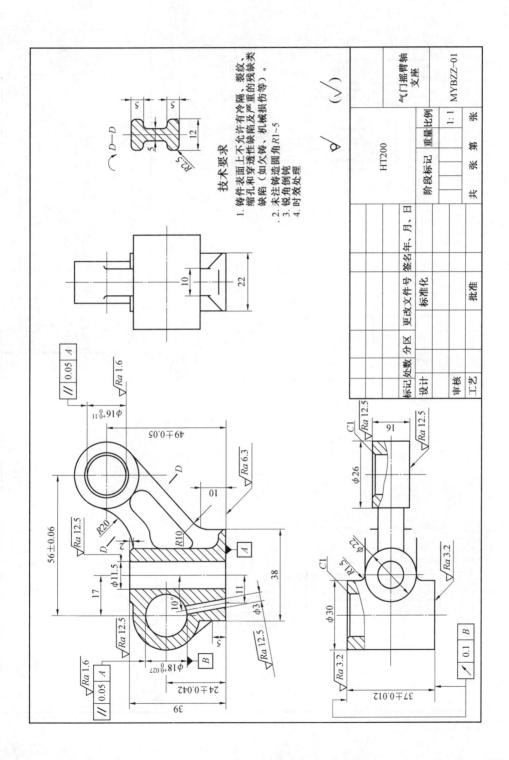

技术要求

1. 铸件表面上不允许有冷隔、裂纹、缩孔和穿透性缺陷及严重的残缺类缺陷（如欠铸、机械损伤等）。
2. 未注铸造圆角 R1~5。
3. 锐角倒钝。
4. 时效处理

HT200

气门摇臂轴支座

MYBZZ-01

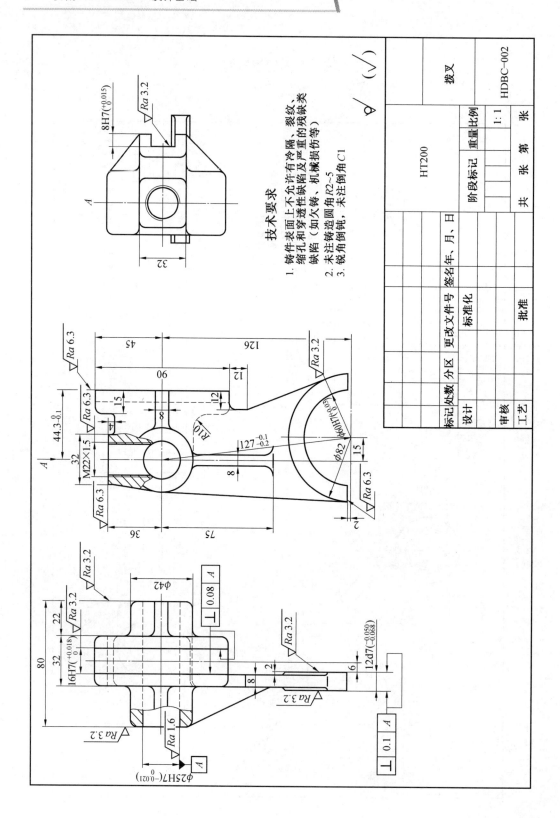

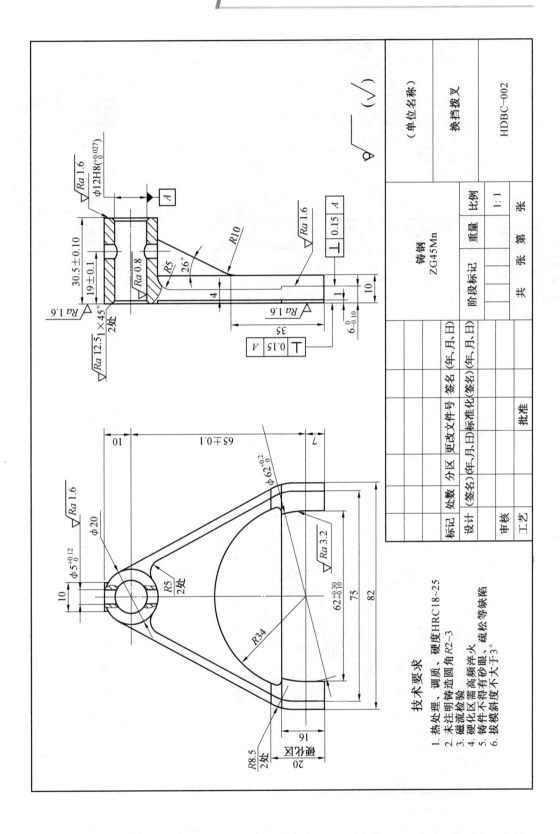

技术要求
1. 热处理、调质、硬度HRC18~25
2. 未注明铸造圆角R2~3
3. 磁流检验
4. 硬化区高频淬火
5. 铸件不得有砂眼、疏松等缺陷
6. 拔模斜度不大于3°

（单位名称）

拨挡拨叉

HDBC-002

铸钢
ZG45Mn

比例　1：1

共　张　第　张

355

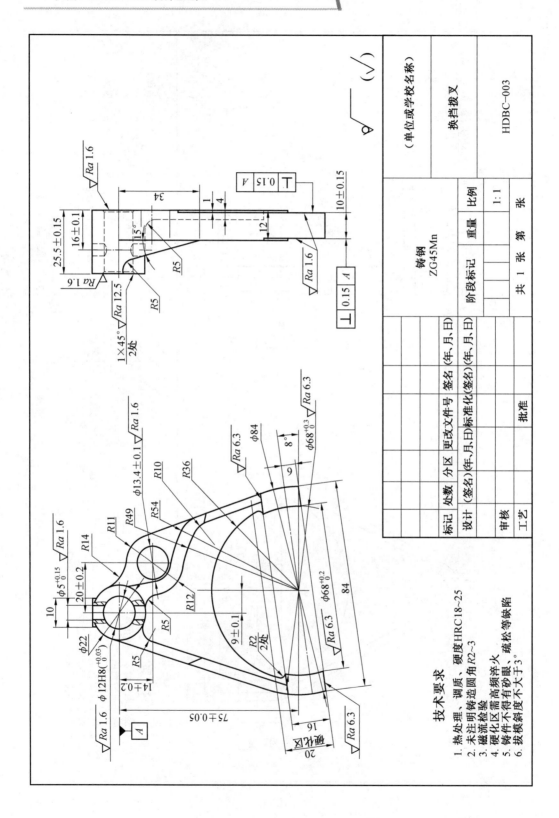

技术要求

1. 热处理、调质、硬度HRC18~25
2. 磁流检验
3. 未注明铸造圆角R2~3
4. 硬化区需高频淬火
5. 铸件不得有砂眼、疏松等缺陷
6. 拔模斜度不大于3°

							(单位或学校名称)
							换挡拨叉
					铸钢 ZG45Mn	HDBC-003
				阶段标记	重量	比例	
						1:1	
标记	处数	分区	更改文件号	签名(年.月.日)		共 1 张	第 张
设计	(签名)	(年.月.日)	标准化(签名)	(年.月.日)			
审核							
工艺			批准				

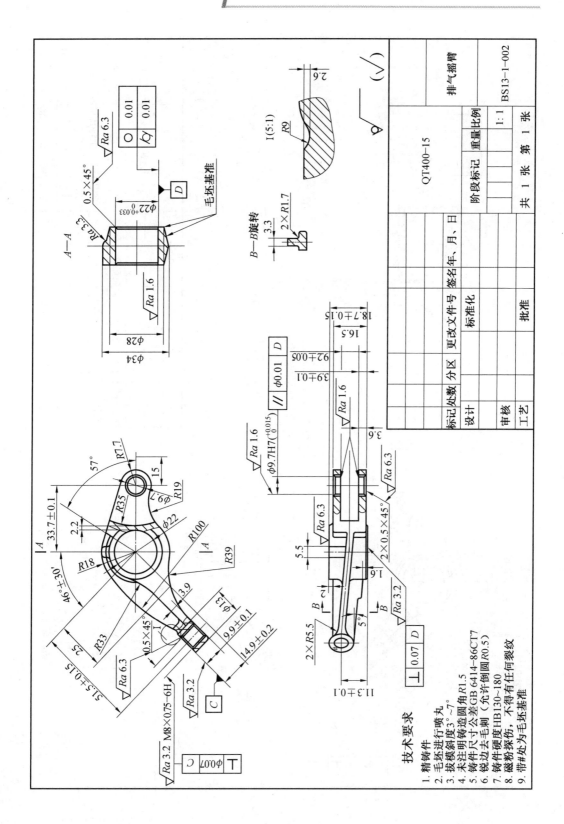

技术要求
1. 精铸件
2. 毛坯进行喷丸
3. 拔模斜度3°～7°
4. 未注明铸造圆角R1.5
5. 铸件尺寸公差GB 6414-86CT7
6. 锐边去毛刺（允许倒圆圆R0.5）
7. 铸件硬度HB130～180
8. 磁粉探伤，不得有任何裂纹
9. 带#处为毛坯基准

				QT400-15		排气摇臂
				阶段标记	重量 比例	BS13-1-002
标记 处数 分区	更改文件号	签名 年、月、日			1:1	
设计						
		标准化			共 1 张 第 1 张	
审核						
工艺		批准				

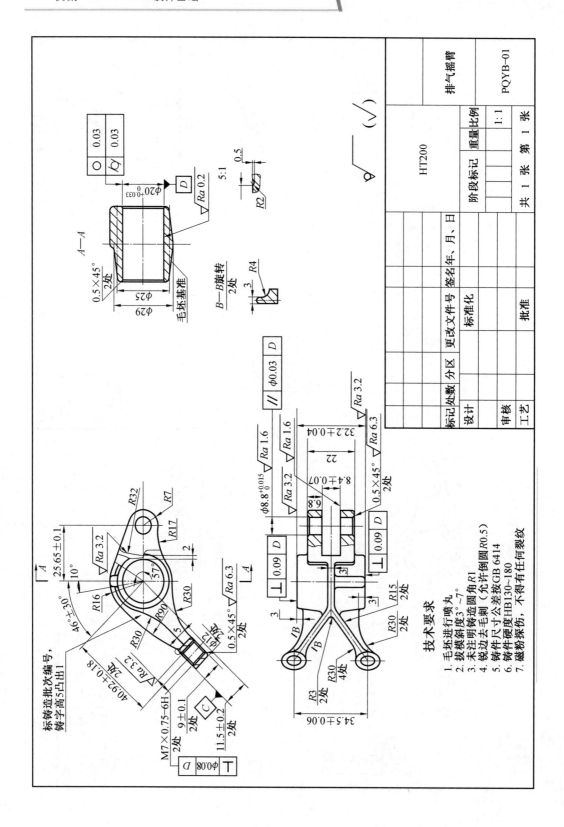

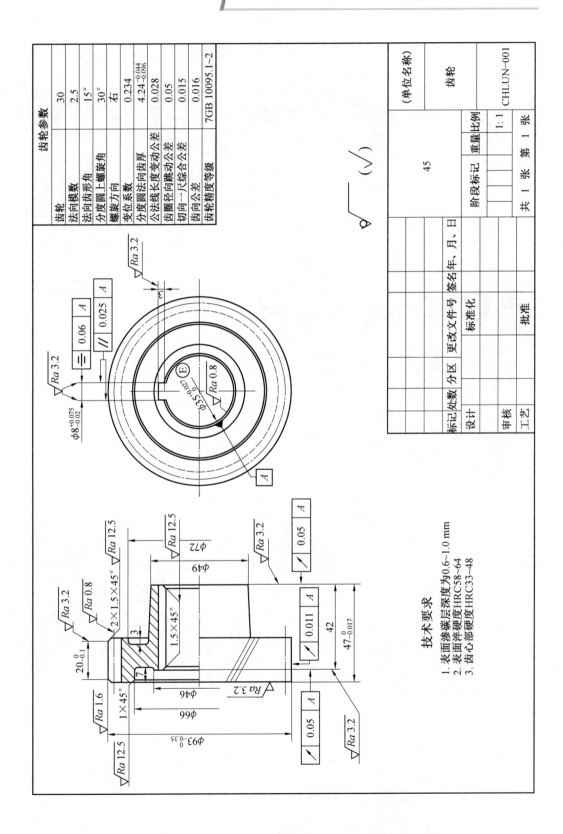

齿轮参数		
齿数	30	
法向模数	2.5	
法向齿形角	15°	
分度圆上螺旋角	30°	
螺旋方向	右	
变位系数	0.234	
公法线长度法向齿厚	$4.24_{-0.096}^{-0.044}$	
分度圆法向齿厚变动公差	0.028	
齿圈径向跳动公差	0.05	
切向一齿综合公差	0.015	
齿向公差	0.016	
齿轮精度等级	7GB 10095.1~2	

技术要求

1. 表面渗碳层深度为0.6~1.0 mm
2. 表面淬硬度HRC58~64
3. 齿心部硬度HRC33~48

（单位名称）		齿轮	
	阶段标记	重量	比例
			1：1
45			
	共 1 张	第 1	张
			CHLUN-001

标记	处数	分区	更改文件号	签名	年、月、日
设计					
			标准化		
审核					
工艺			批准		

359

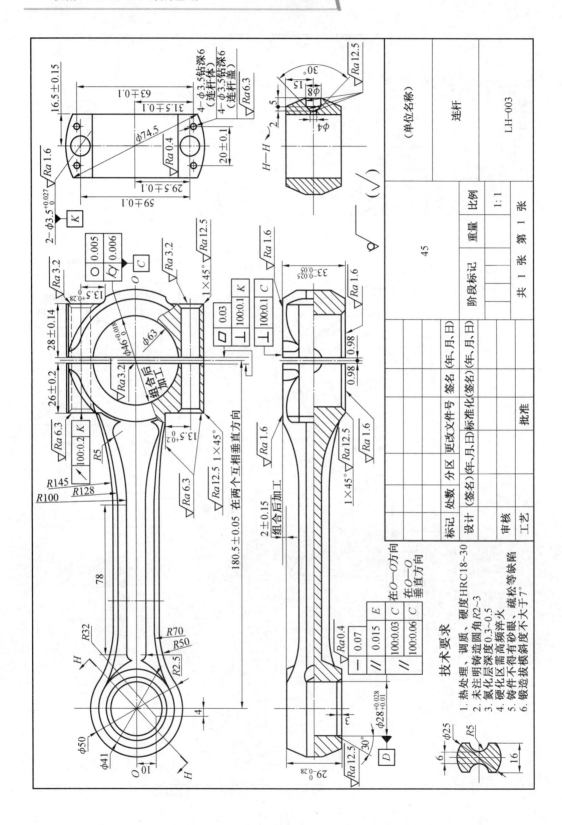

参 考 文 献

[1]王亮申.计算机绘图 AutoCAD2014[M].北京:机械工业出版社,2013.

[2]薛焱.中文版 AutoCAD2014 基础教程[M].北京:清华大学出版社,2014.

[3]荣涵锐.机械设计 CAD 技术基础 AutoCAD2004[M].哈尔滨:哈尔滨工业大学出版社,2004.

[4]孙家广.计算机辅助设计技术基础[M].北京:机械工业出版社,2009.

[5]周勇光.中文版 AutoCAD2014 工程制图实用教程[M].北京:机械工业出版社,2013.

[6]肖静. 精通 AutoCAD2014 中文版[M].北京:清华大学出版社,2014.

[7]王慧,姜勇. AutoCAD2014 机械制图实例教程[M].北京:人民邮电出版社,2023.

[8]周军.AutoCAD2014 中文版实用基础教程[M].北京:化学工业出版社,2013.

[9]张爱梅.机械制图与 AutoCAD 基础教程[M].北京:北京大学出版社,2007.

[10]郑阿奇.AutoCAD 机械制图与识图实例教程实用教程[M].3 版.北京:电子工业出版社,2010.

[11]周明贵.机械制图与识图难点分析及实例详解[M].北京:化学工业出版社,2014.

[12]刘瑞新.AutoCAD2014 中文版应用教程[M].北京:机械工业出版社,2014.

[13]成大先.机械设计手册:应用教程单行本机械制图·精度设计[M].5 版.北京:化学工业出版社,2010.

[14]杨明中,荣涵锐,等.机械设计[M].北京:机械工业出版社,2001.

[15]张永茂,王继荣,等.AutoCAD2014 中文版机械绘图实例教程[M].北京:机械工业出版社,2013.

[16]梁德本,叶玉驹.机械制图手册[M].3 版.北京:机械工业出版社,2003.